AF869124

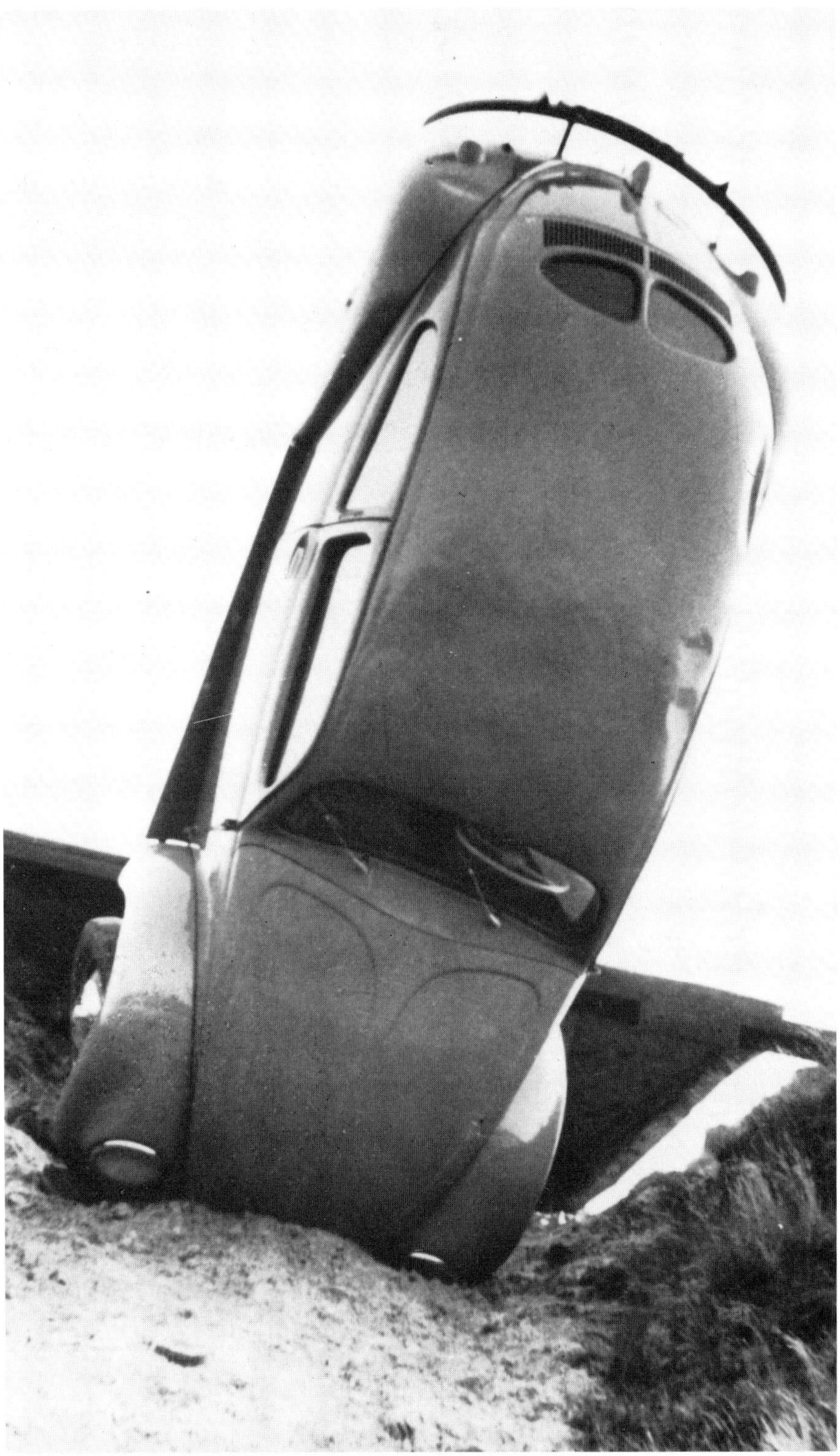

CIP-Kurztitelaufnahme der Deutschen Bibliothek
Aller Welts Wagen : d. Geschichte e. automobilen Wirtschaftswunders ; von Porsches Volkswagen-Vorläufer zum Käfer-Ausläufer-Modell / Ulrich Kubisch. - Berlin : Elefanten Press, 1986.
(EP ; 185)
ISBN 3-88520-185-2
NE: Kubisch, Ulrich [Hrsg.]; GT

© **ELEFANTEN PRESS VERLAG GmbH 1986**

Alle Nachdrucke, Vervielfältigungen jeder Art, Verwendung in Funk und Fernsehen sowie sonstige Verwertungen auch in Auszügen, nur mit schriftlicher Genehmigung des Verlags. Alle Rechte vorbehalten.

Redaktion/Lektorat: Hermann-J. Pölking
Layout: Helmut Albers Herstellungsservive
Umschlag: Jürgen Holtfreter
Satz: Limone, Berlin
Umschlaglitho: Claus Iller, Köln
Druck: Oktoberdruck, Berlin
Bindung: Heinz Stein, Berlin

Auflage: 5-4-3-2-1
(letzte Ziffer nennt Auflage)
Erscheinungsjahr 1988 1987 1986
(letztes Jahr ist das Erscheinungsjahr)

ISBN 3-88520-185-2

ELEFANTEN PRESS Verlag GmbH,
Postfach 30 30 80, 1 Berlin 30

Elefanten Press Galerie
Zossener Str. 32, 1 Berlin 61

Das Buch erscheint zu einer Ausstellung in der ELEFANTEN PRESS GALERIE. Die Ausstellung kann entliehen werden. Nachfragen bitte an die VAS GmbH.

Ausstellungskonzeption und -bau:
VAS GmbH
Lützowstr. 105, 1000 Berlin 30
Ausstellungskonzeption:
Tom Fecht
Fachberatung:
Ulrich Kubisch
Hermann-J. Pölking

Bildnachweis:
(Klammer nennt Anzahl der Abbildungen) Volkswagen AG (105) Archiv Kubisch (22) Wilhelm Karmann GmbH (9) Museum für Verkehr und Technik (8) Porsche AG (7) Kamei (7) auto press, Neckarsulm (7) Bundespost-Museum (3) Volkswagen de Mexiko, S.A. (3) Volkswagen of America Inc. (2) Stiftung Deutsche Kinemathek (2) Volks wagen do Brasil (1) IDAF, London (1) Markt für klassische Automobile (1) Rudi Heppe (1) Halwart Schrader (1) Janucz Piekalkiewcz (1) Privat (1)

Ulrich Kubisch

ALLER WELTS WAGEN

DIE GESCHICHTE EINES AUTOMOBILEN WIRTSCHAFTSWUNDERS
Von Porsches Volkswagen-Vorläufer zum Käfer-Ausläufer-Modell

Reihe
VERKEHRSKULTUR
UND -TECHNIK
herausgegeben von
Ulrich Kubisch und
Hermann-J. Pölking

Elefanten Press

INHALTSVERZEICHNIS

VORBEMERKUNG

Dieses Buch kommt 20 Jahre zu früh oder ein (Jubiläums-)Jahr zu spät. Noch liegt der selbst produzierte Dreck des katalysatorlosen Auspuffs und nicht die Patina der nostalgischen Erinnerung auf dem Gegenstand unserer Betrachtung. Beim Überholvorgang gewähren wir ihm noch nicht den Kulturbonus des historischen Kulturguts, sondern den bösen Blick des eiligen Zeitgenossen in den Rückspiegel. In unserem Bewußtsein ist er noch allgegenwärtig, auf den Straßen macht er sich schon rar. Die ehemalige Nation der Volkswagenfahrer und -fahrerinnen ist sich noch nicht bewußt, daß ihr Fahrgestell ins Wirtschaftswunderland immer mehr aus dem Verkehr gezogen wird. Bei den die heutigen Golf-, Kadett- und Sierra-Fahrern kommt dabei keineswegs Klage auf. Der Ausstieg aus dem Volkswagen-Käfer gilt den meisten noch heute als automobile Emanzipation. Die wenigsten sehnen sich nach ihren persönlichen Pioniertagen mit diesem Automobil zurück.

Dies Buch kalkuliert das Fehlen der Käfer-Nostalgie ein. Es paßt ihm ins Konzept. So kann auf jede Schwärmerei verzichtet werden. Zwischen den Buchdeckeln präsentiert sich trotzdem nicht die zum Prinzip erhobene Uniformität der Wolfsburger Produktion, sondern eine den Allerwelts-Leser überraschende Käfer-Parade. Es kam dem Autor darauf an, die vielen dem Käfer geschneiderten Kleider zu präsentieren — vom Wehrmachtsgrün zum Colani-Plastik —, seine Weltläufigkeit und die seiner Konstruktion innewohnende produktive Kraft darzustellen, die Firmen-Imperien, neue Könige, Arbeitsplätze, Kreativität und Verkehrsströme hervorbrachte.

Er versucht dies mit einem Augenzwinkern, wo es angebracht ist, und der Autor bedauert, nicht immer das Understatement-Niveau der Käfer-Werber von »Doyle Dane Bernbach« erreicht zu haben. Der Volkswagen hat 51 Jahre Geschichte begleitet und ein

wenig auch gemacht. Deutsche Geschichte dieser Zeit ist mehr als nur schmerzlich. So konnte auch dieses Buch nicht darauf verzichten, den Finger in Wunden zu legen. Wenn die Wunde noch schmerzt, so ist das gut. Wer aber aufschreit, weil er diese Wunden zu automobilhistorischen Tabuzonen erklärt hat, dem sind sie wohl noch nicht ganz ausgeheilt und ihm sei gesagt, daß der Volkswagen nicht von den Leistungen seiner Entstehungszeit, sondern den Verfehlungen kündet — z.B. von jenen, denen er seine Existenz verdankt und die auch an seinem Wesen die Welt genesen lassen wollten.

Die Volkswagen-Käfer-Geschichte ist noch nicht am Ende. Sie geht jenseits des Atlantiks weiter. Der Allerweltswagen schwärmt noch immer in alle Welt aus. Diesem Kapitel der Modell-Geschichte widmet das Buch besonderes Augenmerk. Dies allein baut schon einer unangebrachten Nostalgie vor. Wenn dieses Buch den Käfer auch auf den Straßen lassen möchte, fährt es ihn doch zugleich auf einen musealen Sockel. Kultur ist nicht nur das, was abgestorben ist, sondern auch was lebt.

»Aller Welts Wagen« ist bei weitem nicht das erste Käfer-Buch. Es wird nicht das letzte sein. Es wurde nicht aus einem Insider-Blickwinkel geschrieben, sondern von jemandem, der in Automobilen die ideale Gußform von Zeit-, Sozial-, Kultur- und Technikgeschichte sieht. Das macht seinen Charakter aus.

Soziale Hintergründe sind nicht alles. Der Wechsel von Bremszylindern und Armaturenbrett-Verkleidungen auch nicht. »Aller Welts Wagen« interessiert sich für beides — eigentlich mehr, als der Raum dieses Bandes hergab! Die Herausgeber haben zu Beginn ihrer Recherchen in der VW-Archivsbibliothek arbeiten können. Zwei Volkswagen-Buchansätze, die sie dort fanden, haben ihnen gefallen; aber so sollte dieses Buch auf keinen Fall werden: Hans-Rüdiger Etzold hat mit einer bis zur letzten Schraube reichenden Liebe zum Detail den Käfer bis heute in drei Bänden dokumentiert. Sie haben dem Autor manche Frage beantwortet. Nur wenige Zentimeter neben seinen drei Büchern fanden wir ein vor einigen Jahren in Tokio erschienenes Buch. Von der — spärlichen — englischen Sprache und der Aufmachung her gesehen wandte es sich an ein internationales Publikum. »The Evolution of the Volkswagen« hieß es und präsentierte auf 100 Seiten immer wieder die gleiche Seitenansicht des Käfers. Ein Band mit tiefer Erkenntnis. Die Japaner haben sie lächelnd zur Kenntnis genommen und nicht befolgt. Sie ahnten, Erfolge wiederholen sich nicht immer. »Aller Welts Wagen« hat sich diese Lehre zu Herzen genommen und sucht eigene Wege zu diesem automobilen Wirtschaftswunder. Der Leser darf ihnen folgen.

Ulrich Kubisch/Hermann-J. Pölking

P.S. Wir sind vielen zu Dank verpflichtet: allen voran Herrn Dr. Wiersch, Herrn Hansen und Fräulein Nickel vom VW-Museum und -Archiv, Herrn Werkmeister von der Firma Karmann, Frau Wisner vom Bundespost-Museum, den Firmen Kamai, Oettinger, Westfalia, Herrn Kühle (Canadur), der Polizei Bremen, dem Museum für Verkehr und Technik Berlin – insbesondere Herrn Schmalfuß, dem Verkehrsmuseum Nürnberg, Herrn Alfred Gottwald, der Firma Porsche, Frau Zartmann und Herrn Westrup von der auto press in Neckarsulm und allen an der technischen Herstellung Beteiligten für ihren Langmut.

Nachdenken über eine Konstruktion, die die Welt veränderte

Ein automobiles Wirtschaftswunder?

Im Jahre 1969 war die nachkriegsdeutsche Wohlstandswelt nicht mehr ganz in Ordnung. Auf den Straßen hatten zwei wilde Jahre lang die Studenten demonstriert und den Bürger um die zipfelmützige Nachtruhe gebracht. In Bonn wurde dank »umfallender« FDP aus einem sozialdemokratiVizeder Bundeskanzler Willy Brandt. Im fernen Vietnam gingen neokoloniale Gleichungen nicht mehr auf. Aus vielen Soldaten und noch mehr Dollars ließ sich kein Sieg mehr addieren.

1969 konnte ein Bundesbürger sich schon fragen, woran er eigentlich sei. Aber es veränderte sich doch nicht alles! Dem Zeitungs- und Illustrierten-Leser des Jahres 1969 tat es die Volkswagen AG kund: Zur allzu bekannten Frontansicht des Käfers stellte das Werk fest: *»Es gibt noch Dinge, auf die man sich verlassen kann.«* Eine Feststellung, die drei Jahre vor der Öl- und Automobilabsatzkrise durchaus richtig war. Die unpretentiöse Anzeige, die eher an Persilwerbung als an freche Käferwerbesprüche erinnert, wurde ein Jahr lang im Wechsel mit einer visuell gleichen Schwester geschaltet: *»Da weiß man, was man hat«*, war ihre Botschaft.

Wußten die Bundesdeutschen nach 20 Jahren Massenmotorisierung dank Volkswagen, was sie an ihrem Allerweltswagen hatten? Zweifel sind angebracht.

Sie wußten, was die immer massivere Werbung ihnen in kleinen Häppchen servierte. Das war wohlklingendes Nichtwissen. »Er läuft und läuft und läuft und läuft ...« ist das Grundversprechen jedes Automobils, und nur das in die Unendlichkeit entschwindende Heck des Käfers und die sich verflüchtende Stimme des Sprechers im Werbespot assoziieren eine erwähnenswerte Eigenschaft — Haltbarkeit — , die aber nicht als Garantieversprechen gegeben wird und somit in keiner VW-Werkstatt einklagbar war.

Sie wußten, was die persönliche Volkswagengeschichte gelehrt hatte. Die Älteren hatten ihre ersten Autokilometer noch in Zwickauer Sperrholzkarossen zurückgelegt und ein durchgerütteltes Verhältnis zum Individualverkehr. Die Männer der mittleren Generation hatten ihren Führerschein in Uniform erworben und die ersten vier Räder mehr aus russischem Schlamm gehoben als über Siegesstraßen gefahren. Nach dem Krieg hatten sie sich in die Fast-Automobile von Lloyd und Glas gezwängt oder automobile Abenteuer auf drei Rädern gewagt, die zwar kein Vertrauen in den Individualverkehr, aber teuer bezahlte Erfahrungen gebracht hatten. Die zahlten sich Ende der fünfziger Jahre für das Volkswagenwerk aus.

Der deutsche Volkswagenfahrer wußte, was er am Volkswagen an Qualität und Zuverlässigkeit hatte, weil die billigere Konkurrenz um des lieben Preises willen hier sparen mußte. Daß sich gerade um den Volkswagen der Mythos deutscher Wertarbeit rankte, ist nur im Vergleich zu den Kleinwagen deutscher, italienischer und französischer Bauart zu erklären, die sich Pfusch in Konstruktion und Produktion leisten konnten, weil der Nachkriegsmarkt ein »Angebotsmarkt« war. Gekauft wurde, was es gab und erschwinglich war. Durch diese Verhältnisse wurden nicht nur die Kleinwagenkuriositäten, sondern auch die Massenproduktion des Volkswagenwerks erst ermöglicht. Denn selbst VW-Direktor Nordhoff mußte zugestehen, »daß der Volkswagen zunächst mehr Fehler als ein Hund Flöhe hatte«. Die größten waren unter seiner Leitung eliminiert, als der Kunde wieder König wurde und die Nachfrage einem Angebotsüberhang gegenüberstand.

VOLKSWAGEN UND MASSENMOTORISIERUNG

Wußten also die Millionen Volkswagen-Fahrer, was sie hatten? 1969 nicht. Vielen ging erst Komfort und autotechnischer Sachverstand auf, als sie die soziale Leiter vom Volkswagen in die Mittelklasse, zur neuen Generation von Ford- und Opel-Fahrzeugen, heraufgeklettert waren, oder Wolfsburg ihnen — den Markentreuen mit dickerem Portemonnaie — den Golf vom Band in die Garage schickte. Da wußten sie, daß sie zwanzig, dreißig Jahre nicht Automobiltechnik der Nachkriegs-, sondern der Vorkriegszeit gefahren hatten. Allerdings ausgereift und gekrönt mit Versatzstücken des technischen Fortschritts wie Federbeinvorder- und Schräglenker-Hinterachse. Die Auto-Journalisten hatten es ihren ungläubigen Lesern schon seit 1953 gesagt. Aber sie galten als Mercedes-infiziert und Borgward-verliebt. Der Volkswagen Käfer markiert nicht den Einstieg in die Massenmotorisierung. Sie begann mit zweirädrigen Mopeds, Motorrädern und Rollern und den mit Sperrholz und Zweitaktern erkauften Preiswundern aus Bremen (Lloyd) und Dingolfing (Goggo). Sie holten die Anschaffung eines Motorfahrzeugs in den Vorstellungshorizont von Otto Normalverbraucher und gewöhnten ein Volk an die Vorzüge beschleunigter und überdachter Fortbewegung.

Der Volkswagen nahm die durchfrorenen und durchnäßten Zweiradfahrer und die todesmutigen Lloyd-Fahrer in seine Gemeinde auf, als diese sich höhere Stundenlöhne erstritten und den Traum vom Eigenheim realisiert hatten.

Porsches Wagen schuf nicht die Massenmotorisierung, sondern konsolidierte sie und verbreiterte ihre Basis, indem er durch seine Robustheit den weniger Bemittelten ein Vertrauen erweckendes Gebrauchtwagenangebot offerierte. Jeder Käfer-Käufer trieb das Schwungrad der Käfer-Expansion an. Er ermöglichte eine noch größere Massenfertigung, die wiederum vom Werk nicht in Kapitalrücklagen oder Gesellschaftergewinne gesteckt wurde — weil es ein Jahrzehnt lang keine Besitzer gab! —, sondern durch Preissenkung den Absatz ankurbelte. Die Rechnung dieser Unternehmenspolitik ging nicht nur in immer mehr privaten Haushalten, sondern auch für VW auf. Wolfsburg setzte auf Massenfertigung, noch größer, als sie Porsche jemals projektiert hatte, und machte trotz spitzer Kalkulation satte Gewinne. Aus ihnen wurden die Investitionen getätigt, die

einem schon »unrationalen« Produkt zu rationeller Fertigung verhalfen.

Mit dieser Konzeption wäre der Wagen zu einem Millionen-Automobil geworden. Aber nicht Produktionsweltmeister und der Aller-Welts-Wagen. In solche Höhen katapultierten ihn die Ungereimtheiten des internationalen Währungssystems und die Andersartigkeit seiner Konzeption im Vergleich zur automobilen Masse.

VOLKSWAGEN GOES WEST

Die Autoren Hickethier, Lützen, Reiss und andere Berliner Medienleute nannten ihr 1974 erschienenes Volkswagenbuch »das deutsche auto«. Das Buch, mit seinem Schwerpunkt auf »Volkswagenwerbung und Volkskultur« ist sicher das intelligenteste Käfer-Buch, das bis heute erschienen ist. Aber der Titel zielt voll daneben. Zwar wurde der Wagen im deutschen Faschismus konzipiert, aber seine technischen Lösungen waren 1938 nicht nach deutscher Art, sondern absolut modern und von internationalem Standard. Seine Rolle in der »deutschen Volkskultur« war eine aktive, er veränderte sie, aber er nahm nichts aus ihrem Formenfundus auf, wie etwa »Graetz«-Radios plüschiges Biedermeier mit Katzenauge und Euroskala kombinierten. Er führte die Erkenntnisse der Aerodynamik vor und kanonisierte sie auch für denjenigen, der »Stromlinie» und »Volkswagen« noch nie assoziiert hatte.

Die Volkswagenkultur war international. Aber sie hatte keinen internationalen Standard. Der Volkswagen war für die Amerikaner immer etwas anderes als für die Deutschen, und die Mexikaner und Brasilianer hauchten ihm eine ganz andere Seele ein als es die »Gringos« nördlich des Rio Grande taten.

Der außergewöhnlichste Erfolg des Wagens wurde in den USA gemacht. Die Spur des Erfolgstäters haben die Millionen »beatles«, die auf US-Straßen fuhren, verwischt. Aber den Hebel, den er benutzte, zeigen deutlich die ersten USA-Prospekte. Es war der Preis. Dank eines von den USA diktierten Weltwährungssystems, das die Deutsche Mark mit ungefähr 1 : 4,2 unterbewertete und im Jahre 1944 geschaffen worden war, erzielte Volkswagen auf dem US-Markt trotz Transportkosten mehr als auf dem Inlandsmarkt. (Nach den Plänen der Alliierten sollte Deutschland keine hochentwickelte Industrie mehr aufbauen, deutsche Kohle und Rohstoffe sollten billig, US-Weizen und Technik teuer werden). Dem US-Bürger erschien der Preis gleichzeitig unseriös niedrig, und es war ein Glück für den Wagen, daß er so anders aussah. Als geschrumpelter Straßenkreuzer wäre er Texanern und den Bergarbeitern in den Appalachen als Potemkinsche Gaukelei erschienen, (die sie Adolf Hitler, den sie für seinen Vater hielten, auch zugetraut hätten. Denn von Porsche erfuhren sie erst mehr, als James Dean sich im 356-Cabrio aus dessen Fabrik zu Tode gefahren hatte). So aber machten sie Materialgeiz, Genügsamkeit deutscher Arbeiter und Raffinement deutscher Ingenieurskunst für die Preissensation des Volkswagens verantwortlich — und für den mangelnden Komfort. Im Land der schwebenden Karossen und Automatikgetriebe war der Wagen zunächst der automobile Faustkeil einer unterentwickelten Gesellschaft. Aber wo der primitive Faustkeil zuschlug, hinterließ er Spuren, während die hochentwickelten Fahrwerkzeuge der US-Autoindustrie immer mehr in leere Nachfragemärkte zielten.

Spekulation wird bleiben, warum Amerikaner, die durchaus in der Lage gewesen wären, das doppelte beim Kauf eines Autos und das dreifache an der Tankstelle zu zahlen, zu diesem Faustkeil griffen. Sicher ist nur, daß die Verkaufserfolge nicht nur aus dem Kaufverhalten am unteren Ende der US-Gesellschaftspyramide resultierten. Natürlich ist gerade in den USA der Wagen kein klassenloses Gefährt gewesen. Aber niemand hat ihm je das Stigma des Billig-Fahrzeugs nehmen können, das er während der siebziger Jahre in der Bundesrepublik sehr schnell bekam und in Westeuropa immer hatte.

Er war die Einstiegsmotorisierung für junge Leute und schlecht bezahlte Angestellte und Arbeiter, der Zweitwagen für die Hausfrauen der endlosen Vorstädte. Aber eben auch für Wallstreet-Makler und Pflanzer eine Alternative. Karmann-Ghia und VW-Cabrio galten als ausgefallen und gaben der »jeunesse dorée« einen europäischen Status.

GROSS UND KLEIN IN USA

Bis zu einem gewissen Grad kann die US-Werbung als Indikator des Käfer-Erfolgs westlich des Atlantiks gelten. Denn zum Konzept der Agentur »Dane Doyle Bernbach« wurde die »Ehrlichkeit« erkoren. Jede Großsprecherei sollte in den Werbefeldzügen vermieden, keine Aussage und optische Perspektive verfälscht werden. Man wollte sagen, wie der Wagen ist, und begann mit dem Auffälligsten: »Er ist häßlich«, verkündete DDB und sagte laut, was jeder US-Bürger zu sehen glaubte. Nun ist Geschmack keine statische Größe und in Deutschland behauptete niemand, der Wagen sei ein ästhetischer Glücksfall. Aber als »häßlich« empfand man ihn zwischen Flensburg und Garmisch nicht. Er war eher ein ästhetisches Neutrum oder der Nullpunkt auf der Schönheitsskala der Automobilkonkurrenz. Für den von ausladenden Pontonkarosserien geprägten Geschmack des amerikanischen Autofahrers war seine Karosserieform zwar überholt, aber freistehende Kotflügel und Trittbretter hatten auch noch einige US-Wagen. Die aber waren ausladend groß. Der Käfer war klein.

Man kann nicht verkaufen, was man nicht hat — will man ehrlich sein. Aber jeder Handeltreibende weiß, daß sich Schönheit besser verkauft. Nordhoff wollte den Käfer nicht ändern, also veränderte DDB den Geschmack der Amerikaner. »Small is beautiful«, erzählte man 1.000-Hektar-Farmern, Wolkenkratzerbewohnern und Weltraumpionieren. Wer weiß — ich weiß es nicht —, an welchen Erfahrungshorizont die DDB-Werber anknüpften, aber von fernsehgewohnten Kindern, aus den Hütten der nationalen Minderheiten und den Kleinstädten des mittleren Westens schallte die neue Botschaft zu den Großen zurück.

Bevor sich die Gewagtheit der Aussage erweisen konnte, hatte DDB das Postulat aufgefüllt mit all den tatsächlichen und vermeintlichen Käfer-Vorteilen: dem Heckantrieb, der Zuverlässigkeit, Sparsamkeit, den ausgeklügelten Qualitätskontrollen im Werk, dem Servicenetz, der leichten Austauschbarkeit der Karosserieteile, der konstanten Modellpolitik.

Die US-Käufer identifizierten sich mit ihrem Produkt. Diese Identifikations-»Bewegung«, durch zahlreiche Clubgründungen und Aufkleber manifestiert, ging von den ersten aus, die sich für einen Volkswagen entschieden hatten, und wird wohl in der Rechtfertigungsnotlage dieser Kaufpioniere begründet gewesen sein. Sie nahmen all die Werbeargumente begierig auf — oft wurden unter VW-Fahrern und Intellektuellen in den Illustrierten zuerst die neuen Käferanzeigen studiert, um dann auf Parties als Witz oder Gesprächsstoff eingesetzt zu werden —, und wenn diese ihnen beim besten Willen keine liefern konnten, wandten die VW-Fahrer deren Methode des »Understatements« an. Hier

KB
011-915

findet der Sport »Wieviele Menschen gehen in einen VW?« (denn der VW bietet wenig Platz) und »Ein VW fährt übers Wasser« (Der Volkswagen ist technische Hausmannskost) seine Begründung.

Käfer-Fahrer-Bewegung und außergewöhnliche Werbung verliehen dem Wagen eine Aura, die sich auf sein »Innenleben« auswirkte. Spätestens mit Walt Disneys »Herbie«-Filmen erfuhren auch die Europäer davon, deren Verhältnis zu ihrem Wagen von lieblosem Besitzerstolz geprägt war.

Die Deutschen durften erleben, daß die Amerikaner von »ihrem« Wagen auf seine deutschen Erbauer schlossen. Seine Eigenschaften wurden auch den Deutschen zugestanden und lassen sich wohl am besten als »Tüchtigkeit« zusammenfassen. Allerdings mußte dieser Rückschluß, der wohl mehr ein Kurzschluß war, es mitsichbringen, daß Deutschland als ein Land der simplen Gemüter und liebevoll zu hätschelnder Kinder erscheint — Deutschland und seine VW-Produzenten als Heinzelmännchen von der Zonengrenze!

KÄFER—MASSEN

Für einen Teil der Amerikaner blieb der Wagen aber immer »Hitlers car«. ein »Herrenvolkswagen«. Viele jüdische Amerikaner setzten sich nicht in die Ausgeburt von Hitlers Motorisierungsplänen, und die »Ode an einen Herrenvolkswagen« verrät, daß auf den Volkswagen durchaus der Schatten seiner Geschichte fallen konnte. In Deutschland war die KdF-Vergangenheit zwar nicht zu verdrängen, zuviele prozessierten noch um die Erfüllung ihres KdF-Sparvertrages, aber sie wurde von vielen auch immer mit dem »Autobahnargument« (»Etwas Gutes hat Hitler doch gemacht ...«) geschluckt.

In den USA wurde der Mythos des Volkswagens geschaffen. Er hatte objektive Ursachen, wenn diese auch von durchaus persönlichen und willkürlichen Entscheidungen einzelner abhingen. Vor allem die Persönlichkeit Heinrich Nordhoffs muß zur Erklärung überraschend erscheinender Entwicklungen der Volkswagen-Geschichte herangezogen werden. Seine Beharrlichkeit, die Zeitgenossen oft als Sturheit und mangelnden Einfallsreichtum des Werks interpretierten, hat die Produktionskurve in Höhen getrieben, in denen eigene (Markt)-Gesetze wirkten. Seine Entscheidung, die Entwicklungsmillionen nicht für neue Modelle, sondern zur Perfektion der Porsche-Konstruktion zu verwenden, war bis zu seinem Tod eine einsame Entscheidung. Hätte nicht das Erbe des deutschen Faschismus dem Werk eine Gesellschaftsrechtskonstruktion beschert, die es in eine Kapitalgesellschaft ohne Kapitalisten verwandelte, manch Aufsichtsrat hätte ihn sicher gebremst. Nordhoff setzte das aber die Krone eines Monarchen auf. Seine Freunde behaupten, der »König von Wolfsburg« sei »aufgeklärt« gewesen. Beobachter und Mitarbeiter fanden auch den Titel eines Diktators angemessen. Sein Glaube an die Käfer-Konstruktion hielt bis zu seinem Lebensende an, und wer weiß, ob er den Käfer als Konzern-Flaggschiff nicht auch über die Volkswagen-Krise der siebziger Jahre gebracht hätte. Auf jeden Fall wurden mit den Millionen Käfern, die Nordhoff entgegen dem Rat der vermeintlichen Fachöffentlichkeit weiterbauen ließ, als die Konkurrenz schon die dritte Fahrzeuggeneration in der VW-Geschichte taufte, ungewöhnliche Gewinne eingefahren. Mit diesen Milliarden frischten die Nordhoff-Nachfolger das durch die Käfer-Monokultur einseitig gewordene Wolfsburger »know how« durch Porsche-, NSU- und DKW-Entwicklungen wieder auf. Zusammen mit der durch den Käfer geprägten Modellpolitik der steten Weiterentwicklung und Großserie wurde aus diesen Ansätzen der heute differenzierte Weltkonzern.

Ein Industrieprodukt wie der Volkswagen-Käfer macht mit seinem Material-, Kapital- und Produktionsvolumen seine eigene Geschichte. Beim Käfer kommen Erscheinungen hinzu, die z.T. Fords T-Modell, aber auch vergleichbare Markenerfolge wie Coca-Cola und Vespa-Roller nicht mit sich brachten. Sie liegen in den Umständen der Entstehung der Volkswagen-Konstruktion und -Konzeption.

Der Volkswagen ist eine in Blech und Eisen geformte Idee des deutschen Faschismus. Weil er aus den Köpfen kam, veränderte er u.a. so grundlegend die Landschaft.

EIN AUTO MACHT KONZERNE

Das VW-Werk wurde in einer Landschaft bei Braunschweig errichtet, wo sonst nur Füchse die nächste Jagd erwartet hätten. Mit allen Repressionsmitteln des deutschen Faschismus schleppte man Arbeitskräfte in diesen Raum, die für die Fortbewegungsträume der gläubigen KdF-Sparer Barackenlager und Zwangsarbeit ertragen mußten.

Wider Erwarten und gegen alle alliierten Reparationspläne wanderte das Werk 1945 nicht über die Zonengrenze, als Ersatz für von Deutschen zerstörte Fabriken in die westliche Sowjetunion, sondern fand fürsorgliche britische Besatzer, die sich mit einer Mischung aus Florence Nightingale und englischem Sportsgeist dem technisch noch flegelhaften Nazi-Wagen annahmen. Die britischen Offiziere kommen in der VW-Geschichte als gute Stiefväter, der britischen Automobilindustrie als »Brutus« vor. Zumindest schärften sie das Messer, mit der die Automobilindustrie der Insel später attackiert wurde.

Ist das Volkswagenwerk die Hauptlinie der Käfer-Dynastie, so gehört in die Käfer-Familie auch das Haus Porsche. Nicht nur die größte, auch die kleinste (und feinste) bundesdeutsche Autofabrik wurde aus dieser »Käfer-Rippe« und zuerst nach seinem Ebenbild geformt. Der Porsche 356 kann noch ganz als Rennwagenversion des Volkswagens gesehen werden. Die Mehrheit der für seine Produktion verwendeten Teile stammt aus den VW-Elementen. Zudem stehen der Familie Porsche Konstruktionsrechte zu, die zumindest Nordhoff anerkannte. Zu den beiden Auto-Konzernen gesellen sich Firmen wie die Osnabrücker Karmann-Werke, die ohne Käfer-Cabrio und Karmann-Ghia wahrscheinlich längst mit ihren ehemals wichtigsten Auftraggebern Hanomag und Adler aus dem Automobilbau verschwunden wären. Firmen wie der Sonderzubehör-Lieferer Kamei, der aber auch die spartanische Käfer-Ausstattung schon früh als Marktlücke entdeckte, und natürlich die Werber von DDB.

Wolfsburg war nicht Detroit sondern norddeutsches Flachland und während an die Gestade des Erie-Sees noch Arbeitermassen zu locken und mobilisieren waren, kam Volkswagen zu den Arbeitern nach Hannover, Kassel, Ingolstadt, Emden und bis nach Puebla, Sao Paulo, Vitenhage und Lagos.

NACHBETRACHTUNG

Neben der großen gibt es viele kleine Volkswagen-Geschichten. Sie können aus den unterschiedlichsten Perspektiven erzählt werden: Aus der Sicht des Bundespost-Paketboten, des zur Überkopfarbeit gezwungenen KFZ-Lehrlings, der auf dem Rücksitz eingeengten Schwiegermutter und des Jungen in der Kofferablage, der die Welt durch die zweigeteilte Heckscheibe sieht.

Trotz des immer gleichen Blicks über die Fronthaube spielen diese Geschichten in jeweils eigenen Welten. Zu groß ist das Heer der Käfer-Fahrer geworden und zu lang der Zeitraum, in dem der Wagen Geschichte und Geschichten machte. Er deckt sich mit keinen Unter-, Mittel- und Oberklassen, nicht mit Faschismus, Nachkriegszeit, goldenen Fünfziger, unruhigen Sechziger und depressiven siebziger Jahren. Volkswagen-Masse und Volkswagen-Epoche lassen sich nicht etikettieren wie sich der ehemals deutsche Volkswagen nicht mehr nationalisieren läßt, weder germanisieren noch amerikanisieren oder mexikanisieren.

Er ist eher die dauerlaufende Idee der individuellen Fortbewegung, mehr als Bugattis und Messerschmitt-Kabinenroller. Einem unperfekten Wagen mit dunkler Vergangenheit ist es zugefallen, zu dokumentieren, daß weder enge Innenmaße, noch beschlagene Frontscheiben, Kriege, Energie- und Wirtschaftskrisen, kurz: eigene Mängel und schlimme Folgen über die Idee der individuellen Fortbewegung triumphieren konnten.

Ode an einen Herrenvolkswagen
von Moishe, dem tollen Überlebenden

Heil du, Geschäft des Jahrhunderts,
*Herren*volkswagen, kurz VW.
Vom *Fuehrer* selbst so benannt, wie's heißt.
Ursprünglich nur fürs *Herrenvolk* gedacht,
Jetzt für jedermann, einschließlich Nicht-Arier und sogar für Juden und Neger zu haben.

Mein Herz hüpft, wenn ich Dein Vorzüge betrachte:
Motor und Luftkühlung, und sogar im Heck.
Und eine Motorhaube, gebogen
Wie die Karikatur einer Judennase
In *Der Stuermer.*
Er läuft und läuft weiter
Mit jedem Liter Benzin,
Der leider nicht
Für einen Molotow-Cocktail gegen die SS verbaucht worden ist.
Er parkt gleichermaßen bequem
(Moderne Formgebung, natürlich)
Vor Supermärkten, Kirchen, KZs, Synagogen, Krematorien...

Hoch der *Herrenvolks*wagen! *Jawohl!*
Und für ein paar Mark und Pfennig extra
Kann er in eine leicht transportierbare
Gaskammer verwandelt werden,
Mit einem Stückchen Gummischlauch
Am luftgekühlten Motor (Heck) —
Für jeden Haushalt das praktische Gerät
Zur *Endlösung* aller Probleme.

Ich weiss nicht, was kann das bedeuten
Daß ich
So traurig fühle, immer wenn ich sehe,
Wie *Herrenvolks*wagens ihre Krummnasen
In jeden Winkel stecken und schnüffeln
Nach *Lebensraum,* ja?
Mein *Lebensraum?* Dein *Lebensraum?*

Ein vorzüglicher Wagen, *jawohl.*
Starker Motor, gute Leistung.
Alle Teile alljährlich austauschbar,
Heute ebenso nützlich wie anno 44,
Und absolut
Ungeeignet für *Rassenschande.*

Jedoch,
Oh gebt mir einen Ford oder vielleicht einen Chevy,
Meinetwegen auch einen Dodge oder einen Buick,
Einen Tschaika, einen Pobjeda,
Einen Triumph oder zwei
(Herr, gewähre uns einen oder zwei Triumphe),
Einen Peugeot,
Oder, am besten, einen Sabra.

*Denn ist das nicht ein Herrenvolk*swagen?
Ja das ist,
Das wirklich ist ein *Herrenvolk*swagen.

Die *kursiv* gedruckten Wörter sind auch im englischen Originaltext in deutsch und wurden so übernommen. Erschienen in einer jüdischen Zeitschrift, New York)

Ferdinand Porsches Weg zum Volkswagen

Eine deutsch-österreichische Konstrukteur-Karriere

Bevor Ferdinand Porsche 1931 seine eigene Firma gründete, hatte er schon ein Dutzend Fahrzeuge konstruiert, die nicht seinen Namen trugen: schwere Geschütze im Auftrag der Wiener Aristokratie, Löschautos der Feuerwehr und Mörserzugwagen der österreichischen Artillerie. Später folgten Touren- und Rennwagen für Austro-Daimler und Daimler-Benz, etwa der legendäre Kompressorwagen Mercedes SSK, auf dem Rudolf Caracciola große Siege errang.

Obwohl Ferdinand Porsche seine eigene Firma erst 1931 gründete, läßt sich eine »Porsche-Automobilgeschichte« bis in das Jahr 1900 zurückverfolgen. Damals, an einem Septembermorgen auf dem Semmering bei Wien, prüfte der junge Konstrukteur gerade ein von ihm für die Firma Lohner entwickeltes Elektromobil mit Radnabenmotoren. Das Gefährt schaffte mit dem Saft aus der Batterie stolze 40 km/h.

Elektrizität schien Porsche anfangs überhaupt mehr zu interessieren als der benzingetriebene Motorwagen. So versah der junge Spenglersohn Ferdinand, Jahrgang 1875, schon als Spenglerlehrling und Reichenberger k.u.k. Staats-Gewerbeschüler die väterliche Werkstatt mit einer selbstgebastelten Dynamoanlage und verdiente sein erstes Geld durch Anlage von Haustelefonen und elektrischen Glocken in seiner böhmischen Heimat.

Auch als Lehrling bei der Firma Bela Egger, die später von der Brown, Boveri & Co. übernommen wurde, fiel er durch Ideen auf. In diesem Wiener Unternehmen fing er 1894 an und — so die Porsche-offiziell gepflegte Legende — *»lernte und liebte in wohlverstandener Abwechslung (1903 heiratete er die Angestellte Luise Kaes)«*. Nebenher besuchte Ferdinand Porsche noch als »Schwarzhörer« die Technische Hochschule in Wien. Ein Studium im üblichen Sinne absolvierte er nie, doch die Technik beherrschte er von Grund auf.

1899/1900 baute der junge Porsche für den kaiserlichen Hofkutschenfabrikanten Lohner im Wiener Floridsdorf sein erstes Auto, die schon erwähnte Elektrochaise, die über einen Aktionsradius von 50 Kilometern verfügte. »Elektrische Selbstfahrer« nahmen damals noch einen breiten Raum im Fahrzeugbau ein, und fast sah es so aus, als ob der »transportablen Elektrizität« eher die Zukunft gehören sollte als dem spritfressenden Kraftwagen.

Auf der Pariser Weltausstellung 1900 legte der Porsche-Lohner-Wagen mit den Radnabenmotoren (um lange Übertragungswege zu vermeiden) den Grundstein zur weiteren Karriere des »Self-Made-Man«.

In der Folgezeit arbeitete Ferdinand Porsche daran, den Aktionsradius seiner Elektrowagen zu erhöhen. Das Ergebnis waren benzin-elektrische »Mischwagen«, bei denen ein Generator mit Hilfe eines Benzinmotors betrieben wurde. Allerdings waren diese Konstruktionen extrem aufwendig und teuer, so daß die Wiener Automobilfabrik Lohner bald nicht mehr das Geld für weitere Versuchsvehikel des technikbesessenen Porsche besaß — und man sich 1905 im Zorn voneinander trennte.

Ferdinand Porsche wechselte als technischer Direktor zur Austro-Daimler AG. Hier beschäftigte er sich neben Benzinwagen weiterhin mit seinen benzin-elektrischen Zugmaschinen, die im Ersten Weltkrieg sogar einige Bedeutung erlangten. Ferry Porsche, einziger Sohn des Konstrukteurs, erinnert sich in seinen Memoiren:

»Im Verlauf des Krieges wurde Treibstoff rationiert. Mein Vater, der inzwischen Generaldirektor von Austro-Daimler geworden war und dem die Technische Hochschule in Wien in Anerkennung seiner Verdienste als Konstrukteur von Auto- und Flugzeugmotoren einen Ehrendoktortitel verliehen hatte, stellte seinen Radnaben-Elektromotor in den Dienst der österreichischen Rüstungsindustrie. So entwarf er zum Beispiel einen sogenannten 'Train', der in der k.u.k. Armee verwendet wurde. Er bestand aus einer benzin-elektrischen Zugmaschine, die mehrere automatisch gesteuerte Anhänger zog, die mit Elektromotoren an den Rädern ausgerüstet waren. Jeder Anhänger war selbstgetrieben, wobei der Strom der Motoren über Kabel von der Zugmaschine zugeführt wurde. Beim Passieren von Brücken, die nur ein begrenztes Gewicht tragen konnten, bewährte sich dieses System hervorragend. Die Zugmaschine fuhr zuerst hinüber, verlängerte ihr Kabel zu jedem Anhänger und holte ihn einzeln herüber. Dann konnte der ganze 'Train' wieder zusammengekoppelt werden und seine Fahrt fortsetzen.« Die Porsche-Zugmaschine bewältigte selbst steile Bergstrecken und wurde von den österreichischen Truppen an der Italienfront und in Galizien eingesetzt. Die »Krönung« von Porsches rüstungstechnischen Konstruktionen stellten seine Schwerlast-Zugmaschinen dar. Sie zogen die damals schwersten Geschützmörser der Welt, welche die Skoda-Werke in Pilsen entwickelt hatten. Das österreichische »Ehrenbuch unserer Artillerie« urteilte über den Kraftprotz von Porsche-Zugmaschine und den Brecher von Mörser auf Seite 197 wie folgt:

»Eine Überraschung für die ganze kriegführende Welt hatte unsere Festungsartillerie aber doch, den 30,5-cm-Mörser, Muster 11, der gleich bei den ersten Kämpfen um die belgischen und französischen Festungen an der deutschen Westfront mitwirkte und dabei ganz hervorragende Erfolge erzielen konnte. Die große Bedeutung dieses Geschützes (für das die österreichisch-ungarische parlamentarische Delegation zwar dem Kriegsminister General Auffenberg nicht die Gelder bewilligte, welche aber trotzdem bestellt wurden und plötzlich da waren, Anmerkg.d.V.) lag weniger in seiner großen Wirkung und Schußweite als vielmehr in seiner großen Beweglichkeit, welche die Mörserbatterie befähigte, den

Oben: Ferdinand Porsche 1897 mit Eigenkonstruktion in der elterlichen Wohnung. Rechte Seite, oben: Werkstätte von Lohner in Wien um 1903. Rechte Seite, unten: Porsche Train für die k.u.k. Artillerie um 1912.

Feldarmeen zu folgen und binnen kürzester Zeit zur Wirkung zu kommen, was bei den handstreichartigen Überfällen auf die belgischen Festungen von ausschlaggebender Bedeutung war.«

Jedes Geschoß wog übrigens 1.000 Kilogramm, das Rohr allein 26 Tonnen — für Porsches Schwerlastzug kein Problem!

Nach dem Ersten Weltkrieg, als die Ära der Rüstungsvehikel und Mörser durch die Alliierten in St. Germain beendet wurde, machte sich Ferdinand Porsche sogleich an den Bau von Gebrauchsautomobilen. »Der Spiegel« berichtete in einem Beitrag zur Geschichte des Volkswagens über diesen Lebensabschnitt Porsches:

»Auch hier schlug der Erfinder Porsche mit seinen uferlosen Ideen zuweilen dem Generaldirektor Porsche und seiner kommerziellen Marschroute Schnippchen. Es war die Zeit, als jedem, der sich einen Austro-Daimler kaufte, von Freunden die Anekdote aufgetischt wurde: 'Jemand, der sich im Frühjahr einen Austro-Daimler gekauft hat, kommt im Herbst zur Fabrik wegen eines Ersatzteiles. Der Werkstattleiter guckt zuerst verdutzt, schlägt sich dann vor die Stirn und sagt: 'Ja mei, dös oite Modell hobns noch, dös is ja scho so lang überholt. Mir ham derweil scho vier neie Konstruktionen und von Eahner is nix mehr do.'«

Auf Anregung des Grafen Kolowrat, eines Filmmagnaten, machte sich Ferdinand Porsche an die Entwürfe für einen kleinen Sportwagen mit 1100 ccm-Motor, der Graf Kolowrat zu Ehren nach dessen Vornamen »Sascha« bezeichnet wurde. 1922 schnitt er gleich bei der Targa Florio in Sizilien, dem härtesten Straßen-Rundkursrennen der Welt, erfolgreich ab.

Im gleichen Jahr nahmen allerdings auch die Dispute zwischen dem Erfinder und Querkopf Porsche und der Austro-Daimler AG so zu, daß sich der Konstrukteur nach einem neuen Wirkungskreis umsehen mußte. Bei den Wienern empfahl sich der Choleriker mit einem ruppigen »Leckts mich, ihr Saubagasch!« und wechselte zu Daimler-Motoren-Aktiengesellschaft nach Untertürkheim über.

Dies war zugleich der Auftakt zu einem neuen Kapitel in der deutschen Rennsportgeschichte. Porsches 2-Liter-Mercedes-Kompressorwagen schlug die gesamte Konkurrenz — von Bugatti bis zu Amilcar — und gewann 1926 auch den Großen Preis von Deutschland (mit Rudolf Caracciola am Steuer). Porsches 6-Zylinder-Kompressorwagen vom Typ SSK zählen in der automobilen Fachwelt bis heute neben dem im Vergleich simplen Käfer zu den Heighlights der hundertjährigen Kraftfahrzeughistorie. Die wenigen noch erhaltenen Exemplare sind heute kaum noch bezahlbar (um 500.000 DM).

Nach sechs Jahren in Untertürkheim bekam Ferdinand Porsche wieder einmal Krach. Er schied 1929 aus und ging zu Steyr nach Österreich, wo er zum technischen Gesamtleiter ernannt wurde. Allerdings fielen seine teuren technischen Experimente nicht gerade auf fruchtbaren Boden, besonders nachdem die Hausbank von Steyr zusammenbrach und Steyr in der Not mit Austro-Daimler fusionierte.

Ferry Porsche: *»Die gleichen Leute, deretwegen er einst von Austro-Daimler wegging, wollten ihn natürlich auch nicht bei Steyr sehen. Für meinen Vater erhob sich die Frage: Was sollte er in Zukunft tun? Er hatte zahlreiche neue Angebote. Ich erinnere mich besonders an eines, das von der tschechischen Automobilfabrik Skoda in Pilsen kam. Sie wollten ihn unbedingt verpflichten, nachdem durchgesickert war, daß er Steyr verlassen wollte. Aber im Kopf meines Vaters reifte eine andere Idee. Er hatte langsam genug davon, für andere zu arbeiten.«*

Ferdinand Porsche, das »Ruck-Zuck-Genie« wollte sich seine technischen Entwicklungsmöglichkeiten nicht länger von kaufmännischem Etatdenken auf den Kopf stellen lassen. Er wollte sein eigener Herr werden und gründete ein unabhängiges Konstruktionsbüro »im Herzen Europas«, wie er sich auszudrücken pflegte, in Stuttgart.

Erste Aufträge kamen von der Chemnitzer Autofabrik Wanderer über einen Mittelklassewagen (Zweiliter-Wanderer), nachdem die Porsche GmbH am 25. April 1931 in das Handelsregister eingetragen worden war.

In Porsches Biographie tauchen immer wieder Rüstungsproduktionen auf. Auch bei Porsche, wie bei vielen, die von 1914-1945 in Deutschland Flugzeuge, Schiffe, Raketen und Autos bauten, spielte Politik angeblich keine Rolle.

Sein langjähriger Privatsekretär und Neffe Ghislaine E.J. Kaes urteilte über den Menschen Porsche: *»Er sah sich ausschließlich als Techniker, und (...) hätte wohl auch für den Teufel konstruiert, wenn der Auftrag für ihn als Konstrukteur interessant gewesen wäre.«*

Oben: Mercedes-Benz Kompressorwagen 1926. Am Steuer Rudolf Carraciola. Rechte Seite, oben: Rennwagen »Sascha«, den Ferdinand Porsche 1922 für Austro-Daimler konstruierte. Rechte Seite, unten: Wanderer W 21 von Porsche mit einer speziellen Stromlinienkarosserie, rechts im Bild der Konstrukteur Porsche.

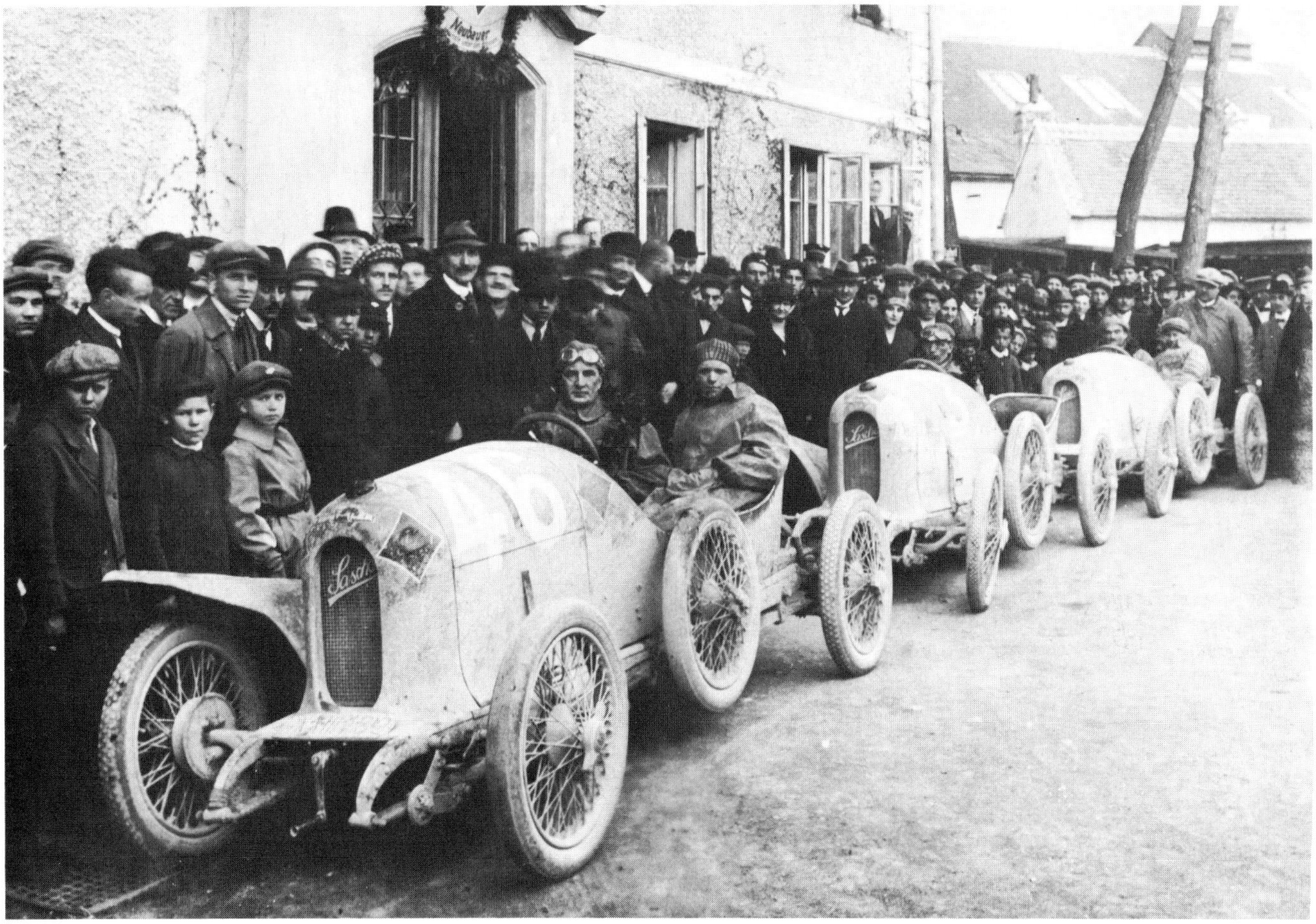

IIIA-20660

Die Vorläufer

Versuchswagen von Zündapp und NSU
Die Stromlinienform im Automobilbau

Er ist grau und buckelig. Er wirkt zerbrechlich. Wir schauen einmal hin und sind uns nicht sicher. Wir schauen noch einmal hin — und dann erkennen wir in ihm seine über 20.000.000 Verwandten, die über die Straßen der Welt fuhren und fahren. In Wolfsburgs VW-Museum steht der Urahn aller Volkswagen Käfer. Ferdinand Porsches Versuchswagen für NSU.
Der häßliche NSU-Wagen hatte noch einen etwas älteren Vetter. Der kam aus Nürnberg, war genauso buckelig, hatte aber noch nicht die 50 Jahre später weltbekannte Zunge, die die Wolfsburger Käfer der Konkurrenz entgegenstreckten, sondern die typische lange Fronthaube der dreißiger Jahre mit noch freistehenden Kotflügeln. Die beiden Vorläufer von Zündapp und NSU stehen zum Käfer in einem ähnlichen Verwandtschaftsverhältnis wie die Neandertaler zum homo sapiens — nicht irgendein Kleinwagenprojekt oder irgendeine Porscheentwicklung sind sie, sondern Verwandte 2. Grades, gescheiterte Ansätze zur falschen Zeit.

Ein richtiges Volksauto« wollte Motorradfabrikant Fritz Neumeyer bauen und wurde sich 1931 mit Deutschlands Automobilkonstrukteur Nr. 1 einig. Ferdinand Porsche konstruierte für die Nürnberger Zündapp-Werke den ersten Käfer-Vorläufer mit Fünfzylinder-Sternmotor im Heck. Nachdem Neumeyer seine Pläne für die Volksmotorisierung stillschweigend wieder ad acta legte, mußte Porsche — um 30.000 RM und einen Prototyp reicher — nach einem weiteren Interessenten für sein Kleinwagen-Konzept Ausschau halten.

Schon nach zehn Kilometern Fahrt ging nichts mehr. Das Öl kochte aus dem völlig überhitzten Sternmotor heraus, das Kühlwasser brodelte im Heck, und das fünfzylindrige Aggregat mußte wieder einmal komplett ausgebaut werden, weil es anders selbst für kleinste Reparaturen nicht zugänglich war. Ferdinand Porsche quittierte den Exitus der Maschine in schöner Regelmäßigkeit mit einem Cholerikerausbruch und schimpfte über seinen Vertragspartner Fritz Neumeyer, der bei ihm ein »Volksauto« bestellt hatte, aber zugleich unzählige Sonderwünsche geltend machte, deren Sinn Porsche nicht einsah.

Fritz Neumeyer war Inhaber der Zündapp-Werke, eine der größten Motorradfabriken Europas mit Sitz in Nürnberg. Sein erstes großes Geld hatte der Geheimrat Dr.-Ing. e.h. Neumeyer 1917 mit Zündern für Artilleriegeschosse verdient. Zeitweise beschäftigte er dafür über 1300 Mitarbeiter. In den zwanziger Jahren propagierte er sein Konzept von einem billigen »Motorrad für Jedermann« und hatte damit in der Inflationszeit großen Erfolg. Später verschrieb sich Neumeyer mit fast kindlicher Begeisterung dem Automobil. Das »Volksauto« verstand er als konsequente Fortsetzung des Gedankens der seit 1922 propagierten »Jedermann«-Motorisierung durch sein »Volksmotorrad«.

Bereits 1924 bestand bei Zündapp die Absicht, einen Kleinwagentyp der britischen Rover-Werke in Moosach bei München in extra erworbenen Werkshallen der Fritz-Neumeyer-AG in Lizenz zu bauen. 1925 trafen zwei zerlegte Rover-Exemplare in Deutschland ein und wurden genauestens unter die Lupe genommen. Mangels finanzieller Mittel geriet das ganze Projekt jedoch bald wieder in Vergessenheit.

Längst hatten sich ausgereifte Mini-Modelle von finanzstärkeren Unternehmen ihren Platz in der Zulassungsstatistik gesichert: Hanomag etwa mit seinem kohlenkastenähnlichen »Kommißbrot« und Opel mit seinem giftgrünen »Laubfrosch«. Volksautos waren diese Vehikel aber noch lange nicht. Da machte Neumeyer andere Vorstellungen geltend. Er wandte sich an Porsches neugegründetes Konstruktionsbüro in Stuttgart.

Porsche konnte den Zündapp-Auftrag gut gebrauchen. Nicht nur lag ihm selbst die Kleinwagen-Idee sehr am Herzen, vielmehr benötigte er nach vergeblichen Versuchen bei Austro-Daimler, Mercedes-Benz und Steyr Arbeit für sein am 25. April 1931 ins Handelsregister eingetragenes Konstruktionsbüro in der Stuttgarter Kronenstraße 24. Schnell wurden die Skizzen für einen — freilich noch gänzlich unerprobten — Kleinwagen auf dem Reißbrett fertiggestellt. Dabei galt Porsches Maxime: *»Ich verstehe unter einem Volkswagen kein Kleinfahrzeug, das durch künstliche Verringerung seiner Abmessungen, seiner Leistung, seines Gewichts usw. die Tradition der bisherigen Erzeugnisse auf diesem Gebiet nach Storchschnabelmanier weiterführt.«*

Am 28. September 1931 schlossen der Motorradindustrielle Neumeyer und Tüftler Porsche einen detaillierten Entwicklungsvertrag für einen Personenwagen mit vier Sitzen und zwei Türen, der auf jeden Fall unter 2000 Mark kosten sollte, ab.

Im Detail verpflichtete sich Ferdinand Porsche zur konstruktiven Entwicklung eines kompletten Fahrzeuges »bis zur Fabrikationsreife mit folgenden Kennzeichen (...):

»Karosserie: Ausführung als Limousine, (...) wahlweise Schiebedach, soll bequemen Ein- und Ausstieg haben. Die Form muß dem modernen Empfinden entsprechen und gegenüber den anderen Kleinwagentypen das Verkaufsmoment fördern. Für die Unterbringung des Reisegepäcks muß ein genügend großer Raum vorhanden sein.

Die Geschwindigkeit des mit 4 Personen besetzten Fahrzeugs soll möglichst 80 km betragen und muß die Bergsteigefähigkeit im direkten Gang mindestens 8% und die im ersten Gang mindestens 30% sein.

(...) Die Konstruktion muß so gehalten sein, daß das Chassis einschließlich Reserverad bei 220% Betriebsunkosten und einem Stundenlohn von M 1,- auf höchstens RM 1.000,-- Herstellungskosten und die Karosserie bei 120% Betriebsunkosten komplett auf höchstens RM 320,-- Herstellungskosten kommen soll; das komplette Fahrzeug aber in Material + Lohn + Betriebskosten auf keinen Fall auf mehr als RM 1.321,-- kommen darf.«

Im übrigen legte der Vertrag fest, daß *»der Brennstoffverbrauch bei vollbesetztem Fahrzeug und 60 km Geschwindigkeit möglichst 8 Lt. / 100 km nicht überschreiten (soll). Der Brennstoffverbrauch soll für eine Strecke von mindestens 250 km reichen und der Ölverbrauch auf 100 km nicht größer als ¼ Lt. sein.*

Die Lebendsdauer des Fahrzeugs muß mindestens gleich sein, wie die einer guten Standard-Konstruktion.«

Rechte Seite: Porsche Typ 12 (Zündapp), aufgenommen vor dem Porsche-Haus in Stuttgart.

Schon wenige Tage nach Vertragsabschluß entsandte Porsche Vertreter zum Zündapp-Werk, um die dort vorhandenen Fabrikationseinrichtungen zu studieren, damit hierauf konstruktiv weitgehendst Rücksicht genommen werden konnte.

Alles hatte große Eile. Schließlich hatte man vereinbart, die ersten Probefahrzeuge schon nach sechs Monaten ab Vertragsabschluß auf die Straße zu bringen, damit lt. § 3 *»nach weiteren 3 Monaten die Serienlieferung beginnen kann«.*

Für die gesamte Tätigkeit einschließlich der Mitzurverfügungstellung von Patenten (vor allem der Drehstabfederung) und sonstigen Schutzrechten sowie für die Versuche mit den Musterwagen erhielt Porsche ein Honorar von 80.000 RM, die ersten 25.000 RM gab es gleich bei Vertragsunterzeichnung.

Das Konzept für den Käfer-Vorläufer wies schon große Ähnlichkeit mit dem späteren Wolfsburger Massenprodukt auf: Motor nach der Hinterachse; Getriebe im Heck; Stromlinienkarosserie und ein Reserverad vorne. Schwierigkeiten gab es nur bei dem eingangs schon erwähnten, unzuverlässigen Fünfzylinder-Sternmotor, den Porsche eigentlich gar nicht einbauen wollte und was auch im Vertrag nicht vorgesehen war. Dort war vielmehr die Rede von einem Zweizylinder-Aggregat, gegenläufig, wassergekühlt, 23 PS sowie zusätzlich einem »Alternativ-Motor mit Luftkühlung« (§ 1)! Doch Neumeyer mäkelte so lange an Porsches Motorenvorschlägen herum, daß dieser schließlich einlenkte und den Zündapp-Werken am 30. Nov. 1931 mitteilen ließ:

Wenn Sie der definitiven Auffassung sind, daß aus verkaufstechnischen Gründen ein so preiswerter Wagen unbedingt mehr wie zwei Zylinder haben müsse, so bitten wir, uns dies zur Kenntnis zu bringen. Wir hoffen in diesem Falle eine Lösung, die beide Teile befriedigt, vorschlagen zu können und glauben nicht, dass hierdurch der im Vertrag für uns bindend festgelegte Preis bei beiderseitiger größter Anstrengung überschritten wird.«

Nachdem die Zündapp-Leute noch weitere Einwände gegen Porsches Konstruktion geltend machten, ließ sich Porsche endgültig zu einem Kompromiß herbei: um einige seiner technischen Forderungen durchzudrücken, stimmte er im Gegenzug dem leidigen Fünfzylinder-Sternmotor zu, der sich — wie eingangs beschrieben — dann als Flop erwies.

Zunächst ließen drei Versuchswagen das Reißbrettstadium hinter sich. Während in Nürnberg Chassis, Motoren und Getriebe sowie die weitere Ausrüstung bereitgestellt wurden, sorgte Porsche für die Karossierung der Prototypen bei Reutter & Co. in Stuttgart. Es entstanden zwei Limousinen und ein Cabriolet in herkömmlicher Gemischtbauweise. Für die spätere Serienfertigung waren allerdings selbsttragende Ganzstahlkarosserien vorgesehen.

Im April 1932 verlegte Porsche die Erlkönig-Blechkleider nach Nürnberg und ließ sie auf die dort bereitstehenden Chassis montieren. Fertig waren die Käfer-Urahnen vom Porsche Typ 12!

Nachdem die ersten Versuchsfahrten enttäuschend verliefen und die Weltwirtschaftskrise auch bei Zündapp ihre Spuren hinterließ, nahm der launige Fritz Neumeyer schnell wieder Abstand von seinen Automobilplänen (sie feierten 1957 mit dem »Janus« fröhliche Auferstehung!). Sicherlich hätten die festgestellten Mängel beim Typ 12 relativ kurzfristig beseitigt werden können, aber es fehlte bei Zündapp längst der Wille zum Volksautomobil — und auch an Geld, um die ungeheuren Investitionen tätigen zu können.

Während Zündapp seine beiden Exemplare schon in den dreißiger Jahren verschrotten ließ, wurde Porsches Wagen erst 1944 bei einem Bombenangriff unter Schutt und Asche in einer Stuttgarter Garage begraben. Einziger Trost für den Chronisten: Der Originalvertrag zwischen Zündapp und Porsche aus dem Jahre 1931 blieb bis heute erhalten und hat selbst die Wirren des Zündapp-Konkurses 1984 überlebt. Er gehört heute zum Bestand des Berliner Museums für Verkehr und Technik.

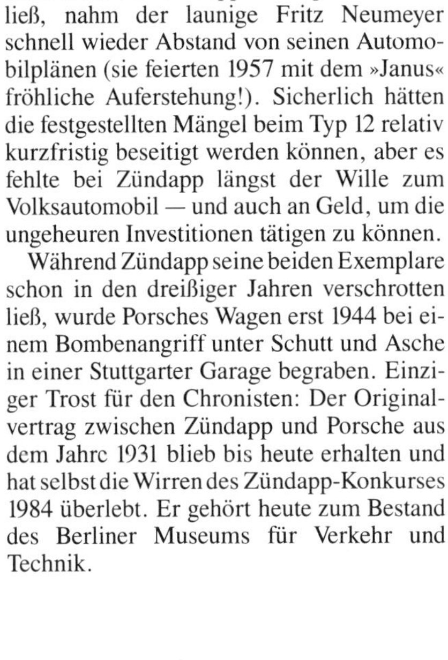

Oben, rechte Seite unten und oben: Porsche Typ 32, die schon sehr dem Volkswagen ähnelnde Porsche-Entwicklung für NSU. Die Aufnahmen stammen aus den fünfziger Jahren und zeigen den einzig erhaltenen Prototypen, der zu dieser Zeit von einem NSU-Werkmeister gefahren wurde. Der Wagen steht heute im VW-Werksmuseum.

NSU

Bei Versuchsfahrten 1933 spritzten die Torsionsstäbe des NSU-Käfer-Vorläufermodells zwar noch wie Geschosse unter dem Wagen vor und dröhnte der Boxermotor wie eine Granitmühle, letztlich aber präsentierte sich der NSU-Prototyp durchaus ausgereift und besaß alle Charakteristika des späteren Original-VW (wie Heckmotor, Luftkühlung, Zentralrohr-Plattformrahmen). Trotzdem lief er nicht in Käferscharen vom Band.
NSU scheute die Investition in Millionenhöhe für eine Fließbandfertigung und verdiente als »Konjunkturritter« lieber an den lukrativen Aufträgen der NS-Machthaber. Statt Wagen für »das Volk« herzustellen, belieferte NSU in den dreißiger Jahren die Wehrmacht mit schweren Zweirädern für Hitlers Kradschützen-Kompanien.

Gerade abgeblitzt bei der Nürnberger Motorradschmiede Zündapp, zog Ferdinand Porsche 1933 mit seinen Volkswagen-Plänen weiter und bot den vierrädrigen Gebrauchsartikel, den keiner so recht haben wollte, der Firma NSU-D-Rad Vereinigte Fahrzeugwerke AG, kurz NSU genannt, an.

Das Neckarsulmer Fahrzeugwerk befand sich zu diesem Zeitpunkt in großen Nöten. Die Wirtschaftskrise hatte den bisherigen Absatzerfolgen ein abruptes Ende bereitet; von der Automobil-Fertigungsstätte mußte man sich »freiwillig-gezwungen« trennen. In Heilbronn, der Heimat der NSU-Motorwagen, übernahm der iatlienische Fiat-Konzern das Regiment. Alle Wagen, die unter dem Markennamen NSU bis 1932 vom Band rollten, waren folglich italienischer Abstammung.

NSU mußte sich in diesen Jahren auf den Bau von Motorrädern und Fahrrädern beschränken. Den Plan, nach Besserung der allgemeinen Konjunktur so schnell wie möglich wieder in die lukrative Automobilbranche einzusteigen, ließ NSU-Generaldirektor Fritz von Falkenhayn jedoch niemals aus den Augen.

Als 1933 der Kontakt zu Ferdinand Porsches Stuttgarter Büro entstand und Porsche weitere Pläne für sein strömungsgünstiges Volkswagen-Ei aus der Schublade zog, zeigte sich von Falkenhayn beeindruckt und griff entschlossen nach dem Projekt, das NSU wieder in automobile Fahrwasser bringen sollte.

Von der Optik her wies der NSU-Prototyp eine heute noch verblüffendere Ähnlichkeit als der Zündapp-Wagen mit dem späteren Kä-

AW 40-4298

fer aus Fallersleben auf. Insgesamt entstanden drei Prototypen, deren Karossierung Drauz in Heilbronn sowie Reutter in Stuttgart übernahmen. Offizielle Bezeichnung des im Viertakt sich fortbewegenden Vehikels: Porsche Typ 32.

Porsches Lieblingsidee, den mechanisch anspruchslosen Zweitakter dauerbelastungsreif zu machen und in das Heck seiner Versuchswagen Troika zu verpflanzen, blieb trotz der ständigen Wutausbrüche des Konstruktionsgenies (und unzähliger Versuche) Utopie.

Der Motor des NSU-Käfers war ein Vierzylinder-Boxer mit Luftkühlung und besaß einen Hubraum von 1500 ccm (also ein Viertel größer als beim späteren VW-Originalmotor). Spitzengeschwindigkeit des noch etwas pausbackig geratenen Vehikels: 115 km/h. VW-Chronist Walter Henry Nelson schrieb über die ersten Testfahrten mit dem »Typ 32«: *»Auf der Straße lag er wie ein Brett, in den Kurven nicht anders, nur der Lärm war ohrenbetäubend, und es dauerte einige Jahre, bis dieses Problem gelöst war.«*

Das Nachrichtenmagazin »Der Spiegel« wußte 1950 über den direkten Vorfahren des VW-Käfers zu berichten: *»Die patentierten Torsionsstäbe (...) brachen bei den Versuchsfahrten, und die freien Spitzen spritzten unterwegs plötzlich wie Geschosse unter dem Wagen vor. Jedermann tat gut daran, seine Beine nicht in Schußrichtung zu haben.«*

Ansonsten aber erwies sich der Porsche-Wagen bei seinen Erprobungstouren Ende 1934 auf neuen Autobahnabschnitten und im Schwarzwald als recht ausgereift — im Gegensatz zu dem Zündapp-»Ei«. Porsche bekam auch die Probleme mit den neuartigen Torsionsstäben schnell in den Griff und der ohrenbetäubende Lärm des Boxer-Motors (Falkenhayn: *»Der macht ja einen Radau wie eine Granitmühle!«*) konnte bald auf zivilisiertere Phonzahlen gedrückt werden. Trotzdem ging die Konstruktion nie in Serie.

NSU schreckte vor dem veranschlagten Investitionsvolumen von 8 - 10 Millionen Mark zurück, das für die Serienanfertigung notwendig gewesen wäre. Ja, man befürchtete, eventuell noch mehr ausgeben zu müssen, was sich im Nachhinein als eine richtige Einschätzung erwies: das Gesellschaftskapital der Volkswagen-GmbH der Deutschen Arbeitsfront betrug 1940 nominell 150 Millionen Reichsmark (für den KdF-Wagen wurden zudem um die 30 Millionen Mark an Entwicklungskosten aufgewendet).

Im übrigen ging es mit der traditionellen NSU-Fertigung längst wieder bergauf. Das Unternehmen profitierte von der anlaufenden Rüstungsproduktion für die NS-Streitkräfte und versorgte die Truppe mit schweren Zweirädern für die Kradschützen-Kompanien. Schon Ende 1935 meldete das zuvor recht angeschlagene NSU-Werk lautstark: *»Krafträder in Fahrt — gute Finanzlage«*. Verschämt indes unterschlug man, daß der Aufsichtsratsvorsitzende von SA-Leuten in »Schutzhaft« abgeführt wurde und am 26. Juli 1933 sein Mandat niederlegen mußte ...

Offiziell begründete NSU seine plötzliche Abstinenz in Sachen »Volksauto« mit unerwarteter Post von den NSU-Fiat-Werken in Heilbronn. Darin machten die Italiener auf alte Vertragsvereinbarungen aufmerksam, die bestimmten, daß Heilbronn sich ganz dem Automobilbau, NSU in Neckarsulm aber nur dem Motorradbau widmen sollte.

»Bleibt nur eine Abfindung«, beendete von Falkenhayn die so hoffnungsvoll begonnene Kooperation zwischen NSU und Porsche. Das Honorar wird auf 125.000 Mark geschätzt.

Von den drei Versuchswagen überlebte nur ein Exemplar bis heute. NSU hatte es während des Krieges in Öhringen ausgelagert und später an den Werkmeister Karl Schröder (dem späteren NSU-Betriebsrat) verkauft, um es vor dem Weg in den Hochofen zu retten. 1952 tauchte Schröder mit dem längst verloren geglaubten Wagen bei Porsche in Stuttgart auf und sorgte erwartungsgemäß für große Aufregung. Die Porsche-Leute offerierten dem knorrigen Werkmeister im Tausch für die älteste noch erhaltene Käfer-Konstruktion einen Käfer neuesten Herstellungsdatums und sicherten damit den Oldie, Bj. 1934, endgültig für die Nachwelt. Heute steht der »Typ 32« als Ausstellungs-Prunkstück im Wolfsburger VW-Museum. Die beiden anderen NSU-Versuchsmodelle fielen gegen Kriegsende einem alliierten Bombenangriff zum Opfer und erlitten damit das gleiche Schicksal wie der letzte Zündapp-Vorläufer.

Stromlinienkarosserie von Jaray für den Horch 930 S aus dem Jahre 1939.

STROMLINIENFORM

Der Volkswagen erscheint uns heute als eine einmalige Form, originell bis skurill, zum liebhaben wie Figuren aus Walt Disneys lustiger Tiermenschwelt. Doch seine Originalität ist nur Patina der Zeit, Starrsinn der fünfziger Jahre, der sich gegen den raschen Verschleiß von Formen und Produkten wehrte und lieber die Möglichkeiten, die Porsche in seiner Konstruktion angelegt hatte, ausschöpfte und perfektionierte.
Denn in Wahrheit ist der »Volkswagen« nur die auf völkisches Maß geschrumpfte Stromlinie, die in den dreißiger Jahren die funktionale Phase des Automobildesigns ablöste.

Kubisch geschlossen waren bis dahin die Automobile gewesen, Motorhauben und Fahrgastzellen waren kastenförmig und relativ hoch -»funktional« boten sie Raum für die Technik und Bequemlichkeit für die Benutzer. Zu jener Zeit war das Automobil noch reines Repräsentations- und Luxusobjekt für eine relativ kleine Schicht. Bei dem Luxus, den schon die Anschaffung eines Autos bedeutete, und den Lohnkosten für einen livrierten Chauffeur, blieb der Preis für den Energiespender sekundär.

Noch war das Straßensystem unterentwickelt, eher auf Pferdefuhrwerke zugeschnitten als auf rasende Automobile. Was die Straßen an Komfort nicht boten, mußten die Automobile mitbringen. Im Verlauf der zwanziger Jahre veränderten sich die Ansprüche an das Automobil. Der Herrenfahrer wurde zum Selbstfahrer, die Dame von Welt zur Dame am Steuer. Autorennen dokumentierten nicht mehr die Leistungsfähigkeit der »neuen« Errungenschaft Automobil, weite Distanzen ohne Pannen zu überbrücken, sondern infizierten das Jahrzehnt mit dem Rausch der Geschwindigkeit. »Tempo« ist das Schlagwort der angeblich »goldenen« zwanziger Jahre. Schnell änderten sich auch die Moden. Das Auto, gestern noch der Inbegriff des Fortschritts, drohte selbst »unmodern« zu werden. Denn die neuen Helden rasten nicht in wackeligen Kisten über staubige Landstraßen, sondern setzten zum Luftsprung über den Atlantik an.

Charles Lindbergh hieß der Held aus der neuen Welt, der eine Million Pariser zum triumphalsten Empfang der Menschheitsgeschichte auf die Beine brachte, als er in der »Spirit of St. Louis« den Atlantik überquerte. Ein langer, schlacksiger Amerikaner, ein neuer Cowboy, der neue Mythen mitbrachte.

Plötzlich war das »Flugzeug« der Inbegriff der Modernität. Und mit den Flugmaschinen gerieten auch die Entdeckungen des Flugzeugbaus in das öffentliche Bewußtsein. Die Erkenntnisse der Aerodynamik, schon vor dem 1. Weltkrieg im Flugzeugbau umgesetzt, wurden ernst genommen.

Schon 1921 hätten dabei Deutschlands Autofabrikanten auf eine aerodynamisch gestylte Karosserieform zurückgreifen können, die einen besseren Luftwiderstandswert aufwies als heute der neueste Golf. Der Berliner Flugzeugkonstrukteur und -bauer Edmund Rumpler stellte in diesem Jahr auf der Berliner Automobilausstellung seinen Tropfenwagen vor. Die Form des fallenden Tropfens, von dem Rumpler annahm, daß er hinten spitz zuläuft, schien ihm die ökonomische Idealform des Autos. 1921 schien sie seinen Zeitgenossen noch als verrückte Idee eines Spinners. Innerhalb von vier Jahren raste Rumpler mit seinem markanten Wagen in den Konkurs. Als Mercedes-Benz seinen Autobahnkurier und Adler seinen Autobahnwagen baute, in den dreißiger Jahren, war Rumpler schon vergessen, zumal er jüdischer Abstammung und somit in antisemitischer Zeit zum strahlenden Pionier eines völkischen Volkswagens ungeeignet war.

Zu Beginn der dreißiger Jahre hatte sich bei den fortschrittlichen Automobilbauern die Erkenntnis durchgesetzt, daß ein Automobil unter dem Wind hindurchschlüpfen sollte, statt ihm mit noch wenigen PS die gerade Stirn zu bieten. Rennwagen, die sogar von Raketen angetrieben wurden und mit über 230 km in der Stunde über die AVUS rasten, hatten Pionierarbeit geleistet. Die Fahrzeuge lagen jetzt tiefer, die Frontpartie war abgeschrägt und das Fließheck dominierte. Schneller wurden die Wagen, und ab 1932 fanden sie auf neugebauten, zweispurigen, geraden Autobahnen den notwendigen Auslauf. »Vorwärts« ging es, wenn auch ins Verderben. »Fortschritt« wollte auch Porsche.

Selbstverständlich, daß er seiner Konstruktion die Form gab, die das Automobildesign seiner Zeit prägte. Hätte er ahnen können, daß er sie damit für die nächsten fünfzig Jahre konservieren und vor dem Einzug in die Automobilmuseen bewahren würde?

Oben: Maybach Prototypen, ebenfalls in Stromlinienkarosserien von Jaray. Unten: Jaray Stromlinienwagen-Prototypen für Audi und Dixi (BMW) aus der Mitte der dreißiger Jahre.

DIE DEUTSCHE AUTOMOBIL-INDUSTRIE

Wer sich heute rückblickend mit der deutschen Automobilindustrie zu Beginn der dreißiger Jahre befaßt, muß sich zunächst von seiner heutigen Vorstellung von der »deutschen Automobilindustrie« lösen. Ist heute die Autoindustrie der führende Industriezweig, »Daimler-Benz« der größte und »Volkswagen« der drittgrößte deutsche Konzern, so war die deutsche Autoindustrie 1930 im Vergleich zur Schwer-, zur Chemischen und zur Elektroindustrie unbedeutend.

Sie war 1924 noch in 80 Automobilfirmen zersplittert, die wiederum 146 verschiedene Modelle bauten. Die Marken lebten nur noch dank traditioneller Schutzzölle. Als diese fielen, weil nur durch »freieren» Welthandel die Reparationen erwirtschaftet werden konnten, setzte unter internationaler Konkurrenz ein Konzentrationsprozeß ein. Größere Automobilfabriken wie die »Nationale Automobilgesellschaft (NAG) (im Besitz der AEG), Protos (Siemens) und die Brennabor-Werke (in Brandenburg), die immerhin das Fließband in die deutsche Automobilproduktion eingebracht hatten, stellten die Automobilproduktion ein. Opel, der größte deutsche Autohersteller, ging in den Besitz von General Motors (1929) über. In Sachsen, einem Zentrum der deutschen Autoindustrie, fusionierten die wirtschaftlich scwher angeschlagenen exklusiven Fabriken von Horch, Audi und Wanderer 1932 mit dem Hersteller von preiswerter Alltagautomobilen DKW zur »Auto-Union« — die vier Vermählungsringe zieren noch das Firmenemblem von Audi. Entscheidenen Einfluß auf die Geschäftspolitik nahm die »Sächsische Staatsbank«. (Sachsen hatte damals schon eine Regierung unter nationalsozialistischer Betieligung, und hier deutete sich der beginnende Einfluß der Politik auf die deutsche Automobilindustrie bereits an!) Auch die anderen bedeutenden Automobilfabriken befanden sich längst nicht mehr in der Hand ihrer Gründerfamilien. Daimler-Benz und BMW waren unter den Einfluß der Deutschen Bank geraten, Adler in Frankfurt mit der Dresdner Bank verflochten. Ford, 1933 noch auf Platz 8 unter den deutschen Automobilproduzenten, gab ab August 1933 seinen Produkten das Markenzeichen »Ford — Deutsche Erzeugnis« mit auf den Weg und rückte damit, mit amerikanischem know how und Kapital, bis 1938 auf Platz 5 vor.

Unter den zwölf »deutschen» Firmen, die ab 1937 noch Automobile bauen durften, befand sich auch noch NSU/Fiat als ausländisches Unternehmen.

Hatte Ende der zwanziger Jahre die Automobilproduktion erstmals die 100.000 Einheiten-Grenze übersprungen (1929: 127.738 Stück), kam es 1932 im Zeichen der Wirtschaftskrise zu einem Einbruch. 1932 wurden in Deutschland ganze 51.664 Kraftfahrzeuge hergestellt. In Frankreich wurden zur gleichen Zeit doppelt soviele, in Großbritannien fast dreimal soviele Automobile gebaut. Es ist klar, daß dieser Zustand für eine Regierung, deren erklärtes Ziel der Wiederaufstieg Deutschlands zur Groß- bzw. zur vorherrschenden Macht in Europa war, unakzeptabel sein mußte. Zumal die späteren »Erfinder« des motorsierten »Blitzkrieges« die militärische Bedeutung der Motorisierung und somit einer entwickelten Autoindustrie kannten.

Schon auf der Berliner Automobilausstellung im Frühjahr 1933 forderte die Automobilindustrie vom Reichskanzler Hitler — den auch das Geld der Deutschen Bank und der Dresdner Bank an die Macht gehoben hatte — die besondere Förderung der Automobilindustrie. Hitler sagte dies in einer Erwiderungsrede auf die Ausführungen des Vorsitzenden des »Reichsverbandes der Deutschen Automobilindustrie« (Allmers) zu. Die Automobilindustrie wurde aus der sonstigen Verkehrspolitik herausgenommen, was sie insbesondere den von der Schwerindustrie beherrschten Eisenbahninteressen entzog, die bis dahin unter anderem den Ausbau der schon in der Weimarer Republik geplanten Autobahnen behinderte. Auch die Förderung

Modell: Zündapp Typ 12
Zeit: 1932

Typ	PS	ccm	km/h	Preis bei Erscheinen	Bauzeit	Stück
(Porsche) Typ 12*	26	1.200	80	Prototypen	1932	3

* 2 Limousinen, 1 Cabriolet

technische Besonderheiten: Vorder- und Hinterradaufhängung an Querfedern, U-Profil-Mittelträger, mechanische Bremsen, wirkend auf 4 Räder, wassergekühlter 5-Zylinder-Sternmotor im Heck, 3-Ganggetriebe plus Schnellgang

Modell: NSU Typ 32
Zeit: 1933-34

Typ	PS	ccm	km/h	Preis bei Erscheinen	Bauzeit	Stück
(Porsche) Typ 32	28	1.470	90	Prototypen	1933-34	3

Besonderheiten: 2 Limousinen in Gemischtbauweise, 1 Ganzstahllimousine (erhalten)

technische Besonderheiten: Einzelradaufhängung, Zentralrohr-Plattformrahmen, Trommelbremsen an allen vier Rädern, Drehstäbe statt Blattfedern, Heckmotor (Boxer) mit zwei gegenüberliegenden Zylinder-Paaren, Vierganggetriebe.

des sonstigen Straßenbaus sowie des Motorsports gehörte zu den nationalsozialistischen Plänen, die der Ankurbelung der Autoproduktion in Deutschland dienen sollten. Ab März 1933 wurden alle neuangeschafften Kraftwagen von der KFZ-Steuer befreit, die Haftpflichtversicherung wurde herabgesetzt, der Export eines jeden Fahrzeugs wurde aus einem Fonds, in den jeder Autoproduzent proportional zu seiner Produktion einzahlen mußte, subventioniert. Auch der Erwerb eines Führerscheins wurde erleichtert. 1938 hatte die deutsche Automobilindustrie in ihrer Produktion fast zu Großbritannien aufgeschlossen und Frankreich deutlich überholt.

Auf 100 in Deutschland gebaute Autos kamen 130 in Großbritannien und nur noch 65 in Frankreich gebaute. 1937 wurde die Automobilproduktion noch fester in staatliche Hände gelegt. Göring, Beauftragter für den Vierjahresplan, ernannte einen Generalbevollmächtigten für das Kraftfahrwesen. Der stammte aus der Reichswehr und hatte den Rang eines Obersten. Der nach ihm benannte »Schell-Plan« sah eine genaue Reglementierung der Produktion vor: Bauart, Hubraumklassen, Typenzahlen und Nutzlastgrenzen wurden vorgeschrieben. Bei Kriegsbeginn sah der Schellplan

12 Automobilfirmen vor, die 30 Typen bauen durften, und

19 Lastwagenhersteller, die 19 Typen bauen sollten.

In den Rahmen dieser Politik paßte auch Hitlers oft aus seiner Persönlichkeit und Starrköpfigkeit erklärte strikte Weisung, daß nur Porsches Konstruktion zu einem »Volkswagen« führen sollte, aber nicht z.B. Opels »P 4«, der seinerzeit schon nahe an den von Hitler angepeilten, unrealistischen Volkswagen-Verkaufspreis herankam.

Automobile sollten in Deutschland nach dem Schell-Plan Opel, Auto-Union, Mercedes-Benz, Adler, Ford, Hanomag, BMW, NSU/Fiat, Borgward, Stoewer, Maybach und das Volkswagenwerk bauen. Gegen den Schell-Plan, der dank in Aussicht gestellter großer Abnahmen durch die Reichswehr für die Automobilindustrie lukrativ war — zumal er auch weitgehend inländische Konkurrenz verhinderte —, gab es kaum Widerstand von Seiten der Autoindustrie. Einzig so individualistische »Autobauer« wie der soeben aufsteigende Bremer Carl Borgward opponierten zunächst, vor allem, weil im selben Jahr, in dem am Mittellandkanal mit dem Bau des Volkswagenwerkes begonnen wurde, Borgward in Bremen die modernste Autoschmiede Europas eröffente — schon ganz auf Rüstungsproduktion angelegt.

Rechte Seite und oben: Fahrversuche mit dem von Porsche entwickelten Sternmotor auf dem Nürnberger Zündapp-Gelände.

Der deutsche Volkswagen

Die Volkswagen-Idee wird zum »Kraft durch Freude Wagen«

1934: Zweimal war Ferdinand Porsche mit seiner Idee eines Volksautos an der mangelnden Kapitalkraft der Firmen gescheitert, hatte aber experimentieren und Erfahrungen sammeln können. Die deutsche Automobilindustrie hatte sich gesundgeschrumpft und konzentriert. Seit zwei Jahren ließ ihr ein neuer Reichskanzler, der sich »Führer« nannte, besonderes Wohlwollen zukommen. Er befreite sie von lästigen Steuern und baute ihren Automobilen Autobahnen. Auf denen konnte dank der »Stromlinienform« die Leistung der Motoren und neu entwickelter Fahrwerke in Geschwindigkeit umgesetzt werden. Aus den USA kommend, hatte auch die Automobilindustrie z.B. bei Opel erste Erfahrungen mit dem Fließband gemacht. Goebbels versprach den Deutschen den Volksempfänger nicht nur, sondern begann, ihn einzuführen.
Die Zeit schien reif für einen »Volkswagen«.

Auf den 17. Januar 1934 datiert Ferdinand Porsche sein »Exposé betreffend den Bau eines deutschen Volkswagens«, in dem er skizziert, welche technischen Lösungen er zur Massenmotorisierung Deutschlands nach amerikanischem Vorbild empfiehlt. Ohne Namen zu nennen, geht er mit der bisherigen Praxis der deutschen Autoindustrie, den weniger vermögenden Schichten durch Untermotorisierung abgemagerte Autos oder verkleidete Motorräder anzubieten, zu Gericht.

»1. *Ein Volkswagen darf kein Kleinwagen mit auf Kosten seiner Fahreigenschaften und Lebensdauer verringerten Abmessungen aber verhältnismäßig hohem Gewicht sein, sondern vielmehr ein Gebrauchswagen mit normalen Abmessungen aber verhältnismäßig geringem Gewicht, was durch grundlegend neue Maßnahmen zu erzielen wäre.*

2. *Ein Volkswagen darf kein Kleinwagen mit auf Kosten seiner Höchstgeschwindigkeit und guten Bergsteigefähigkeit verringerter Antriebsleistung sein, sondern vielmehr ein Gebrauchswagen mit einer der normalen Höchstgeschwindigkeit und nötigen Bergsteigefähigkeit entsprechenden Antriebsleistung.«*

Porsche fordert von einem deutschen Volkswagen bequemen Platz, Fahrkomfort und Grundkonzeptionen, die durch Wechsel der Karosserie *»allen praktisch vorkommenden Zwecken genügen, also nicht nur als Personenwagen, sondern auch als Lieferwagen und für bestimmte militärische Zwecke geeignet«* sind. Wie er die technischen Fähigkeiten des Volks einschätzt, verrät er, wenn er *»narrensichere«* technische Einrichtungen vorschlägt.

Porsches Konzept überzeugt noch heute, wo er die technischen Lösungen skizziert und — positiv formulierend — die damalige industrielle Praxis kritisiert. Für die Realisierung seiner Ideen macht er aber eigentlich nur zwei Vorschläge:

— ihm die Entwicklung gegen Bezahlung zu übertragen
— und nach Abnahme der Konstruktion durch Sachverständige *»der Industrie den Serienbau dieses Modells als deutschen Volkswagen zu empfehlen.«*

Kein Wort verliert er darüber, wie eine zersplitterte und noch konkurrierende Autoindustrie das Gemeinschaftswerk des Baus seiner Konstruktion realisieren, wie der angestrebte Preis von 1.550,- Mark realisiert werden sollte, und ob nicht bei diesem Preis das »Volk«, dem gerade eingefrorene Löhne und verlängerte Arbeitszeiten verordnet wurden, vor den Ausstellungsräumen der Industrie bleiben würde.

Unter demokratischen Verhältnissen wäre Porsche 1934 an diesen Fragen schon im Ansatz gescheitert. Aber in Deutschland regierte ein faschistisches System mit einem eigenwilligen Diktator. Vielleicht haben gerade die Schwächen von Porsches Exposé die Hassadeur-Eigenschaften Hitlers gereizt? Schließlich fragte sich Hitler nie, wer später einmal alles bezahlen sollte. Nicht, daß er es nicht wußte: Seine Wechsel waren auf Krieg ausgestellt und diejenigen, die seine Kriegskasse füllen würden, interessierten ihn nicht.

Hitler kannte selbstverständlich — wie alle Automobilinteressierten in Deutschland — Porsche bereits vor seiner Zeit als Reichskanzler. Er selbst pflegte in dem von Porsche für Daimler-Benz konstruierten Kompressorwagen zu fahren.

Nach der Machtübernahme erkannte er den Propagandawert von Autorennen. 600.000 Reichsmark Subvention schrieb seine Regierung für die Entwicklung einer neuen Generation deutscher Rennwagen aus. Porsche hatte die Auto-Union überzeugt, sich um einen Teil dieses Etats zu bewerben, und angeboten, einen revolutionären Rennwagen zu entwickeln (was er auch tat, aber das gehört in die Auto-Union- und Audi-Geschichte). Wegen dieser Fragen war es im März 1933 zu einem Treffen zwischen Hitler und Porsche gekommen, das ein gemeinsamer Freund der beiden, Werlin, arrangiert hatte. Hitler selbst hatte unabhängig von Porsche und aus Gründen einer populistischen Politik bei seinem ersten öffentlichen Auftreten als Reichskanzler vor der deutschen Automobilindustrie auf der IAA in Berlin 1933 die Forderung nach einem Volkswagen erhoben:

»Ich möchte einen in Großserie hergestellten deutschen Wagen sehen, den sich jeder kaufen kann, der genug Geld für ein mittelgroßes Motorrad besitzt. Es ist schlimm zu denken, daß für Millionen gesunder, hart arbeitender Menschen ein modernes Verkehrsmittel unerreichbar bleiben soll, das ihnen nicht nur Nutzen bringen, sondern sonntags und in den Ferien auch ein Quell der Lebensfreude sein könnte.«

Eine Woche, nachdem Porsche sein Konzept über Werlin — den Mann, bei dem Hitler in München seine Daimler-Benz-Autos zu kaufen pflegte — an Hitler weitergegeben hatte, traf sich Porsche mit Werlin und Hitler in Berlin. Hitler hatte sich Porsches Konzept zu eigen gemacht und referierte dessen Formulierungen fast wortwörtlich. Nur Porsches Preisvorschlag ignorierte er. Hitlers Preisvorstellungen lagen unter 1000,- Reichsmark. Nur mit einem solchen Preis konnte die NS-Propaganda dem »Volk« einen Wagen glaubhaft versprechen.

Mit dem von Hitler persönlich diktierten

politischen Preis war in Porsches Volkswagen-Konzept, das von dieser Zeit an mit Hitlers identisch war, ein Element gekommen, das man wohl als »unseriös« bezeichnen muß. Aus ihm resultierten viele Schwierigkeiten der Entwicklungs- und Realisierungsphase. Durch die Preisvorstellung wurde die deutsche Autoindustrie aus dem Projekt gedrängt und die »Deutsche Arbeitsfront« hineingezogen. Durch den Preis wurden aber auch rationellere und fortgeschrittenere Fertigungsmethoden gefordert, die nach 1945 den Wagen 30 Jahre konkurrenzfähig halten sollten.

Rechts: Bernd Rosemeyer am Steuer des für die Auto-Union entwickelten Rennwagens, der ab 1935 im Automobil-Rennsport der Konkurrenz davonfuhr. Der Wagen besaß einen 16-Zylinder-Heckmotor. Unten: Undurchsichtig blieben den meisten Deutschen Hitlers Volkswagen-Motorisierungspläne. Nur die wenigsten fragten sich, wie sich ein deutscher Arbeiter, der mühsam die Anschaffungskosten zusammengespart hatte, den Unterhalt eines »Volkswagens« würde leisten können. So gehörte denn auch später die Masse der KdF-Sparer nicht zu den 70% der Bevölkerung, die weniger als 125 RM im Monat nach Hause brachten — und davon 20,- RM sparen sollten! — sondern zum »Mittelstand«. 77% der KdF-Sparer waren Angestellte, Beamte und Selbständige. Diese verdienten zu 47% mehr als 300,- RM im Monat. Facharbeiter machten nur 10% der Sparer aus.

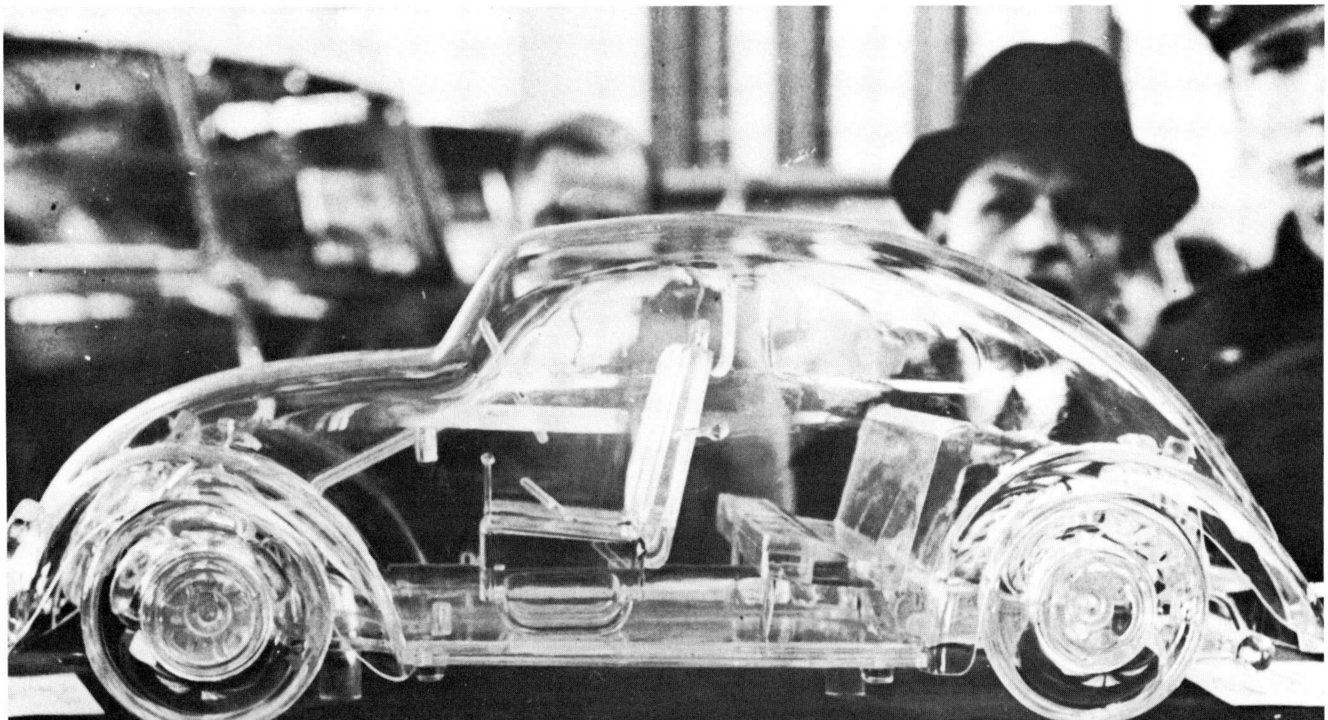

DER REICHSVERBAND DER DEUTSCHEN AUTOMOBILINDUSTRIE

Zunächst aber wurden 1934 der deutschen Autoindustrie die Pläne Porsches als Preis für die Wohltaten des Nationalsozialismus präsentiert: Über 30 Millionen Reichsmark sollte sie im Verlauf der nächsten Jahre in das Projekt investieren, von dem sie später nichts haben sollte als einen übermächtigen Konkurrenten.

Hitler signalisierte den Autoindustriellen — für so etwas benutzte er seinen Vertrauten Werlin, den er 1934 in den Vorstand von Daimler-Benz hob — deutlich, daß Porsche seine Unterstützung hatte. Am 22.6.1934 schloß der Reichsverband der deutschen Automobilindustrie (RdA) einen Vertrag mit dem Konstruktionsbüro Porsches.

Der RdA bestand, zunächst als »Verein Deutscher Motorfahrzeug-Industrieller«, bereits seit 1901. Ihm gehörten nicht nur die Auto- und Lastwagenfirmen, sondern auch Zulieferer, wie etwa Bosch oder die großen Gummi- und Reifenwerke, an, sowie nicht zuletzt die Karosseriebaufirmen, die ja bis 1945 noch eine große Bedeutung hatten. Neben reinen Lobby-Aufgaben widmete sich der Verband vor allem der Normung der deutschen Automobilproduktion, im Faschismus vor allem der Typisierung und Marktteilung.

Der Vertrag war wohl mehr eine Falle, in der sich der als technisch begabt, aber kaufmännisch wegen seiner Präferierung konstruktiver Aspekte als versponnen geltende Porsche wiederfinden sollte. Noch 1932 schätzte der spätere Vorsitzende des »Verbandes der Automobilindustrie, VdA«, Johann Heinrich von Brunn, Porsche in seiner Biographie des RdA-Vorsitzenden Robert Allmers wie folgt ein: *»Der Ruf eines genialen Konstrukteurs war ihm schon damals eigen. In Kreisen der Industriellen fürchtete man indessen, daß wirtschaftliche Erwägungen seine Vorschläge nicht in ausreichendem Maße bestimmen würden.«*

Nur 20.000 Reichsmark pro Monat, und das nur 10 Monate lang, sollte das zu dieser Zeit als »Dr. Ing. h.c. F. Porsche G.m.b.H« firmierende Porsche Unternehmen erhalten.

In der Präambel dieses Vertrages hieß es programmatisch: *»Um die Motorisierung des deutschen Volkes auf der Grundlage einer Gemeinschaftsarbeit unter Einsatz der besten Kräfte des deutschen Automobilwesens mit allen Mitteln zum Wohle des deutschen Reiches zu fördern, schließen die nachstehend genannten Parteien den nachfolgenden Vertrag.«*

Porsche ließ seine Ingenieure mit den Konstruktionsarbeiten beginnen. Wohl nicht nur aus reiner Dickschädeligkeit, wie die meisten Porsche-Biographen spekulieren, sondern sicher auch aus Berechnung. Der Professor ehrenhalber war sich der Unterstützung des Diktators sicher.

Die benötigte er auch, denn die 10-Monats-Frist wurde natürlich weit überschritten. Der Vertrag mußte »nachgebessert« werden.

Während Porsche weitgehend ohne äußere Einflüsse mit seinem Team an den einzelnen Teilen der Volkswagen-Konstruktion arbeitete, kam es regelmäßig zu organisatorischen Treffen mit Vertretern der deutschen Automobilindustrie. In diesen ging es vor allem um Fragen der Kalkulation, die sich natürlich aus der Konstruktion ergaben. Zunächst beschäftigte man sich sehr intensiv mit Fragen der Karosserie-Kalkulation. Die Protokolle dieser Gespräche, an denen immer Vertreter der Firma Opel und Daimler-Benz, unregelmäßig Vertreter anderer Fabriken wie Adler, Auto-Union, Hanomag und Hansa-Lloyd teilnahmen, vermitteln eine sehr sachliche Arbeitsatmosphäre.

Aus Kreisen der Industrie kamen immer wieder Rationalisierungsvorschläge. Als sensationell wurde allgemein die gemeinsame Erkenntnis bewertet, daß eine Karosserie größeren Ausmaßes nicht unbedingt teurer sein mußte als die Karosserie eines typischen deutschen Kleinwagens. Hier erhielt Porsche zum erstenmal auch von Seiten der Industrie recht, denn sein Konzept verlangte ja völliges Neu- und Umdenken in der Konstruktion, um so zu verbesserten Ergebnissen der Kalkulation zu kommen. Passen mußte die deutsche Autoindustrie bei der Bitte des RdA, eine verbindliche Kalkulation für die Massenproduktion der Volkswagenkarosserie zu unterbreiten. Selbst Daimler-Benz mußte eingestehen, daß hierfür keine Erfahrungen zur Verfügung standen. Es bestätigte sich, daß aus den Kreisen der deutschen Industrie wohl kein »Volkswagen« entstanden wäre.

Die nächsten Treffen befaßten sich vor allem mit der Auslegung des Motors. Hier hatten die Porsche-Leute die größten Probleme, denn die zunächst aus Kostengründen bevorzugte Zweitakt-Lösung erwies sich nicht als »autobahnfest«.

Im Jahre 1935 ging es vor allem um Kalkulationsfragen des restlichen Chassis. Als Ergebnis dieser Gespräche und der Berechnungen für Karosserie und Chassis mußte Porsche am 24. Februar 1936 auf einer Sitzung dem RdA eingestehen, daß ihm die Konstruktion des Volkswagens zum Hitler-Preis nicht möglich sein würde. Die Industrie und Porsches Entwicklungsbüro hatten für die Karosserie bis dahin Kosten in Höhe von 320,- Reichsmark, für das Chassis inklusive Motor von 712,- Reichsmark berechnet. Mit der Händlerprovision von 20% kam man auf einen Endverkaufspreis von 1.376,- RM. Die Fabriken hätten dann einen Handlungskostenspielraum von 6% und einen Verdienst von 4% gehabt. Das Ergebnis: Der Gewinn war zu niedrig und der Preis zu hoch. Der Volkswagen hätte zudem den billigen Modellen von Opel und Auto-Union den Markt abgegraben.

Noch einmal ließ der RdA Porsche Zeit. Beim Material sollten durch neue Modelle der Zusammenarbeit mit der Schwerindustrie 20% eingespart werden. Zum Studium neuester US-Produktionsverfahren fuhr Porsche im Herbst 1936 zum erstenmal in die USA. Ford, Chrysler und General-Motors gewährten ihm großzügig Einblicke in ihre Produktionsweise. Sie ahnten nicht, daß dieser Mann ein Auto konstruierte, was zwanzig Jahre später als lästige Plage über sie kommen und ihr unteres Marktsegment abgrasen würde.

Zu dieser Zeit fuhren RdA-Ingenieure bereits die drei Porsche-Prototypen Probe. Als sie ihren Bericht fertig hatten, war der RdA bereits aus dem Volkswagen-Projekt entlassen. Aber er wußte es noch nicht, ließ sogar noch bei Daimler-Benz die 30 Wagen der »VW 30«-Serie fertigen. Allerdings mochte der RdA die Millionenkosten dieser Prototypen nicht mehr übernehmen.

Nachdem feststand, daß die Porsche-Konstruktion nicht zu einem Preis unter 1000,- RM würde gebaut werden können, war der Verband bei Hitler vorstellig geworden und hatte ihm vorgeschlagen, jedes Fahrzeug mit 200,- RM zu subventionieren. Alternativ sollte man dem RdA und seinen Fabriken das Projekt ganz in die Hand geben. Technisch abgespeckt würde vielleicht ein Auto herauskommen, das dem Hitler-Preis nahe kam. Hitler lehnte ab. Er wollte ein Spitzenprodukt, das vom Ruhm »deutscher« Technik kündete.

Oben: Fließbandproduktion bei der Auto Union im Jahre 1932. Im gleichen Jahr schlossen sich DKW, Audi, Horch und die Automobilabteilung der Wanderer Werke im Zeichen der vier Ringe zusammen. Rechte Seite, oben: Adler ließ die Cariolet Karosserien seines 2,5 Liter »Autobahnwagens« ab 1937 bei Karmann fertigen. Rechte Seite, unten: Hanomag 2/10 PS, genannt »Kommißbrot«. Der Wagen stellt einen ernsthaften Versuch dar, schon in den zwanziger Jahren einen »Volkswagen« zu produzieren, allerdings als Zweisitzer. Besonders die Form (»Ponton«) eilte der Zeit weit voraus.

KARMANN
KAROSSERIE

IA-18447

DIE DEUTSCHE ARBEITSFRONT

Mitte des Jahres 1937 waren die einzigen, die im gesamten Volkswagen-Konzept noch voran kamen, die 30 Vorserien Wagen, die sich zu dieser Zeit im bis dahin größten Testprogramm der Automobilindustrie bewährten. Der Wagen lief, die Realisierung trat auf der Stelle. Ins Laufen kam das Volkswagen-Projekt durch ein typisches Faschistenmanöver.

Nicht nur intern bescheinigte Hitler Deutschlands Autokonzernen Unfähigkeit. Bei der Eröffnung der Internationalen Automobilausstellung 1937 in Berlin tat er es auch öffentlich: *»Ich möchte mich nicht mit jenen auseinandersetzen, die zu allen großen Entschlüssen nur den Einwand 'Es geht nicht' besitzen«*, tadelte der »Führer«.

Es mußte mit dem »deutschen Volkswagen« voran gehen, denn jedes Jahr zur Automobilausstellung hatte Hitler Fortschritte bei der Entwicklung verkündet.

Hitler glaubte zu diesem Zeitpunkt bereits zu wissen, wie es weiter ging. Die Idee war in NSDAP-Kreisen geboren worden. Sie setzte an einer Stelle an, an der weder Porsche noch die Industrie — sie schon gar nicht — hätten ansetzen können.

Nach dem Stand der Technik und der Produktivverhältnisse in Deutschland konnten bei der Fertigung keine Einsparungen mehr vorgenommen werden. Aber hier lag der Preis auch noch knapp an der 1000,- RM-Grenze. Hoch trieben ihn die Händler-Provisionen. Noch ein wenig mindern würde ihn der Verzicht auf Handlungskosten und Erlöse bzw. Gewinne. Auf Gewinne verzichten konnte der Staat. Aber der hatte kein Geld, weil er alles — auch das, was er nicht hatte — in die Rüstung pumpte.

Zudem sollte der Staat — auch der faschistisch gelenkte — industrielle Neutralität zumindest vorgeben. Den Staat usurpiert hatte die Partei, die NSDAP. Aber sie war parteiisch. Auch ihre Führer wußten, daß nicht alle sie mochten, schon gar nicht im Ausland. Aber die NSDAP hatte sogenannte »Massenorganisationen«. Viele hatten einen schlechten Ruf, manche waren berüchtigt. Mit am besten da stand noch die »Deutsche Arbeitsfront«, kurz DAF genannt. Ihr gehörten als Zwangsmitglieder alle Berufstätigen mit Ausnahme der Landwirte an. Die DAF hatte eine Tochter. Diese hieß »Kraft durch Freude« und versprach allen Arbeitern und Angestellten eine Urlaubsreise. Sie besaß große Kreuzfahrtschiffe, die Menschen, die noch nicht einmal Urlaub gemacht hatten, sogar bis nach Madeira brachten. Zwar kamen nur verschwindend wenige in den Genuß solcher und anderer Reisen. Aber das verwischte Goebbels Propaganda.

Die DAF hatte nicht nur unter allen NSDAP-Organisationen mit das beste Ansehen — wenn auch kein gutes —, sie hatte auch beträchtliches Vermögen.

Die DAF war am 10. Mai 1933 gegründet worden. Acht Tage zuvor waren die freien, die christlichen und selbst die liberalen Gewerkschaften verboten worden. Ihr Vermögen wurde konfisziert. Später erhielt es die DAF. Die Gewerkschaften hatten in mehr als einem halben Jahrhundert eine komplette eigene Infrastruktur aufgebaut: eigene Banken, wo die Streikgelder angelegt wurden, Konsumgenossenschaften, Wohnungsbaugenossenschaften, Freizeit- und Ferieneinrichtungen. Dieses Vermögen mehrte die DAF durch Zwangsmitgliedsbeiträge. Für diese Mitgliedsbeiträge gaukelte sie den Arbeitern und Angestellten vor, ihre Interessen zu vertreten: gegenüber den, aber nicht gegen die »Betriebsführer«, die ihr ebenso angehörten wie die lohnabhängige »Gefolgschaft«, und gegenüber dem Staat. Tatsächlich kam die DAF manchmal in Konflikt mit Arbeitgebern, Staats- und anderen Parteistellen. Aber das mehrte nur ihren Wert als Puffer, der klassenkämpferisches Bewußtsein unter den deutschen Arbeitern mindern sollte.

Neben der »Kraft durch Freude«-Organisation besaß die DAF noch das Amt »Schönheit der Arbeit« mit Albert Speer als Leiter. Hier wurden Vorschläge zu einer Oberflächenhumanisierung der Arbeit gemacht. Tatsächlich führten aufgeklärtere Unternehmen auf DAF-Initiative bessere Sozialeinrichtungen und freundlichere Arbeitsplätze ein, z.B. der Bremer Automobilbauer Borgward in seinem 1938 neu errichteten Werk.

Wie wohlhabend die DAF war, zeigen Zahlen aus dem Jahr 1943: Sie verfügte zu dieser Zeit über 1,1 Mrd. Reichsmark in bar, besaß Unternehmen — unter anderem das Volkswagenwerk —, in denen über 200.000 Menschen arbeiteten, acht Versicherungen, Wohnungs- und Baugenossenschaften und soziale Einrichtungen mit einem Stammkapital von 500 Mio. RM.

135 DAF-Einzelhandelsunternehmen verfügten über 12.500 Verkaufsstellen und machten 813 Mio. RM Umsatz. Das größte Unternehmen der DAF, die »Bank der Deutschen Arbeit«, konnte eine Bilanzsumme von 4,5 Mio. RM vorweisen. Sie hatte Tochterbanken in den besetzten Ländern Belgien und Niederlande sowie Niederlassungen in Paris, Warschau und Riga.

Hitler teilte der Industrie seinen Entschluß, der DAF den Bau des »Volkswagens« zu übertragen, im Frühjahr 1937 mit.

Die Industrie hatte das Porschekind nie geliebt. Zwar mußte sie jetzt einen überstarken Konkurrenten fürchten, aber dank Rüstung und sonstiger Förderung ging es der Automobilindustrie noch nie so gut wie im Jahr 1937. Ohne Gegenleistung trat sie alle Rechte am Volkswagen, der bis dahin formal im Auftrag des RdA konstruiert wurde, an die DAF ab. Fortan erfuhr sie vom Fortschritt des Projekts aus der gleichgeschalteten Presse oder von Zulieferfirmen, die weiter benötigt wurden.

Porsche hatte schon lange vor den Autoindustriellen erfahren, daß die DAF seinen Wagen bauen sollte. Ihm war es recht.

Am 29. Mai 1937 wurde die »Gesellschaft zur Vorbereitung des Volkswagens« (Gezuvor) gegründet. Geschäftsführer waren neben Porsche der Hitler-Vertraute Jakob Werlin und Dr. Bodo Laffarentz, der der »Kraft durch Freude«-Bewegung vorstand. Übergeordneter Leiter des ganzen VW-Projektes sollte Dr. Robert Ley, der Führer der DAF, werden. Tatsächlich leitete Laffarentz später (bis 1945) das Werk, während Porsche sich um zahlreiche Konstruktionsaufgaben für Rüstungszwecke kümmerte.

Die neue Gesellschaft wurde mit einem Kapital von 50 Mio. RM ausgestattet. Im ganzen sollte die DAF 200 Mio. RM in das Volkswagenwerk investieren.

Oben: Bodo Laffarentz, der von der DAF ernannte Geschäftsführer des Volkswagenwerks, spricht bei der Grundsteinlegung 1938. Laffarentz war 1933 als Syndikus des Unternehmerverbandes zur DAF gekommen, als diese als sog. »Einheitsorganisation« sowohl die Arbeiterschaft als auch die Unternehmer angeblich klassenneutral vertreten sollte. Als Leiter der Reise- und Wanderabteilung der KdF-Organisation bewies er organisatorisches Geschick. Laffarentz soll es auch gewesen sein, der aus der Luft den Standort des Werks ausfindig machte. Er leitete das Werk bis Kriegsende praktisch allein, da sich Porsche vor allem mit Konstruktionen für die Rüstung beschäftigte. Nach dem Krieg wurde Laffarentz als »Mitläufer« entnazifiziert. Aus der V 2-Entwicklung erwarb er Patente und machte sich mit einer Produktion von Brennelementen für Heizungen selbständig. Unten: Laffarentz und Porsche, die beiden Geschäftsführer des Volkswagenwerks, in der bayrischen Sommerfrische. Linke Seite: Porsche, Robert Ley, der Leiter der DAF und Hitler bestaunen ein Modell des KdF-Wagens.

VOLKSWAGENWERK UND KDF-STADT

Bereits im Jahre 1936 war den am Volkswagen-Projekt Beteiligten klar geworden, daß die deutsche Automobilindustrie keine Kapazitäten für das Volkswagenwerk hatte. Schon zu diesem Zeitpunkt, noch unter der Obhut des RdA, tauchten erste Pläne für die Errichtung eines »Volkswagenwerkes« auf.

Das »Schloß Wolfsburg« der Grafen von Schulenburg lag 1937 ziemlich in der Mitte des Deutschen Reichs. Nicht weit von dem Schloß, das sich auf das 13. Jahrhundert zurückverfolgen läßt, verläuft der Mittellandkanal. Die Autobahn »Berlin-Ruhrgebiet« sollte nur 20 km südlich vorbeigeführt werden. Die D-Zugstrecke Berlin-Ruhrgebiet passierte bereits das Gut. Knapp 150 km entfernt befanden sich die »Hermann-Göring-Werke« mit der Stadtneugründung Salzgitter.

Fünf Gründe, die dafür ausschlaggebend waren, daß Laffarentz 1937 auch das Gebiet des heutigen Wolfsburg überflog, als er im mittelniedersächsischen Gebiet zwischen Elbe und Weser einen Standort für das »Volkswagenwerk« aus der Luft auskundschaftete.

Das Gutsgelände mit seinen Hügeln und dem alten, dichten Baumbestand muß ihn und die anderen an der Standortwahl Beteiligten zusätzlich zu den strategischen Gründen animiert haben, in dieser schwach industrialisierten Region das Werk zu bauen. Denn es war geplant, beim Aufbau des Werks die Chance, eine Musterstadt nach nationalsozialistischem Ideal auf die grüne Wiese setzen zu können, zu nutzen.

Wann die endgültige Entscheidung für diesen Standort gefallen ist, läßt sich nicht mehr mit Sicherheit feststellen. Auf jeden Fall waren die Planungen im Herbst 1937 schon so weit fortgeschritten, daß der Eigentümer informiert werden konnte. Er sträubte sich gegen den Verkauf des Familienbesitzes. Ihm wurde aber mit Enteignung gedroht, so daß er wohl oder übel seinen Widerstand aufgeben mußte. Er wurde angemessen entschädigt. Auch das Gut ging später in Staatsbesitz über.

Mit der Planung der Stadt und des Werkes wurde der Wiener Architekt Peter Koller beauftragt. Von Porsches Planungsabteilung bekam er die Vorgaben für die Produktionsanlagen und die Wohnquartiere der Belegschaft. 1941 nannte Porsche als Planziel eine Jahresproduktion von 400.000 - 500.000 Wagen, die er mit einer Belegschaft von 17.500 Arbeitern und Angestellten in zwei Schichten fertigen wollte.

Koller entwarf eine Stadt nach faschistischem Ideal. Allerdings nicht in dumpfer Blut und Boden Heimattümelei, wie eine Richtung der NS-Architektur zu bauen pflegte, sondern mehr in Albert Speers konstruktivistischem Sinne. Sie war zweckmäßig, wenn auch idealistisch. Das Werk sollte und konnte nicht vorgeben, in »deutscher« Handwerkstradition zu stehen. So wurden für die Hallen des Werkes Stahl und Beton verwandt. Die zum Mittellandkanal gewandte Front allerdings wurde mit dem als »heimisch« geltenden Baumaterial verklinkert.

Werk und Stadt wurden getrennt: Nördlich des Mittellandkanals das Werk, südlich die Stadt. Zum Werk sollten die Arbeiter über Brücken gelangen. Produktion und Reproduktion, Arbeit und Freizeit waren so sichtbar zwei Welten, obwohl die Silhouette des Werkes die Stadt bestimmen würde. Dies entsprach nationalsozialistischer Ideologie, die bestrebt war, die Beziehung zwischen Produktion(sweise) und dem Individuum zu verschleiern.

Die architektonische Lösung des Werkes selbst erinnert an Bauten, wie sie z.B. Werner March für das Mai-Feld in Berlin mit dem Olympia-Stadion entwarf, und zitiert mit der geometrisch gegliederten Front einerseits klassische Architektur, ist andererseits uniform. Überragt vom Kraftwerk mit seinen Türmen könnte man noch heute meinen, das Werk sei selber in strammer Ausrichtung zum Produktionsappell angetreten.

Auch die durch die Architektur vorgegebene räumliche Verbindung von Angestellten- und Arbeiterarbeitsplätzen entsprach der angeblich Standesunterschiede aufhebenden »Betriebs- und Volksgemeinschaft«. Stadt und Werk waren als »Kombinat« geplant, d.h. sie sollten autark sein. Während das Kraftwerk noch fertiggestellt wurde, kamen Gießerei, Stahl- und Walzwerk, Schmiede, Glas- und Gummiwerk über das Planstadium nicht hinaus. Realisiert wurden bis Kriegsende nur der Werkzeugbau, das Preßwerk, der Karosseriebau und mechanische Werkstätten.

Bis 1943 wurde in Wolfsburg gebaut. Dann wurden auf Grund des Material- und Arbeitskräftemangels die Bauarbeiten eingestellt. Der Wohnungsbau wurde schon 1941 nicht weitergeführt, so daß auch deutsche Arbeiter weiter in Baracken wohnen mußten.

Zur Errichtung öffentlicher Gebäude kam es bis auf eine Ausnahme nicht. Für Propagandainszenierungen mit deutschen und italienischen Arbeitern wurde eine Großhalle in Holzbauweise errichtet, die nach dem Führer der italienischen Arbeitsorganisation »Tutto Giliatti« benannt wurde. Sie brannte bei Kriegsende ab.

Der Bau des Volkswagenwerkes begann am 24. Februar 1938. Am 26. Mai legte Adolf Hitler den Grundstein. Er fuhr aus diesem Anlaß in einem VW-Cabrio vor. Anläßlich der Feier gab Hitler dem Volkswagen den Namen der Organisation, die seinen Vertrieb vor allem tragen sollte. »KdF-Wagen« sollte der Wagen heißen. Porsche und seine Konstrukteure waren entsetzt. Sie sahen die Exportchancen stark geschmälert. Die Stadt wurde nach dem Produkt benannt: »Stadt des KdF-Wagens« stand auf den provisorischen Ortsschildern, die zusätzlich vermerkten, daß das Betreten ohne Befugnis verboten war.

Oben: Das Kraftwerk des Volkswagenwerks im Bau
Rechte Seite, oben: Blick auf die Baustelle des Volkswagenwerks. Rechte Seite, unten: Drei Fahrzeuge der Vorserie VW 60 sind zur Grundsteinlegung angetreten.

Stadt des KdF-Wagens
Grenze
Unbefugten ist das Betreten
des Stadtgeländes nur auf
den öffentlichen Wegen erlaubt
Rauchen offenes Feuer
Fotografieren Zeichnen
strengstens verboten!
Die Deutsche Arbeitsfront

DAS SPARSYSTEM

Wer einmal die »KdF-Sparkarte« beim »KdF-Wagen-Wart« der Ortsdienststelle der »Deutschen Arbeitsfront« entgegengenommen hatte, konnte nicht mehr zurück. Denn Rücktritte vom Lieferungsauftrag für einen »KdF-Wagen« waren ausgeschlossen. In »Ausnahmefällen« sollten sie von den »KdF-Gaudienststellen« zwar trotzdem genehmigt werden können. Dann aber verlor der aussteigende KdF-Sparer 20 % seiner Einlagen.

Auch sonst waren die Sparsitten anders als unter Kaufleuten üblich. Eine Verzinsung der 5,- RM, die es zunächst wöchentlich zu sparen galt — im Krieg auf 5,- RM im Monat gemindert — war nicht vorgesehen. *»Aus Gründen der technischen Fortentwicklung und Verbilligung des KdF-Wagens findet eine Verzinsung der Sparbeträge nicht statt«*, verkündet der Punkt 5 des »Merkblatts zum Antrag auf Ausstellung einer KdF-Wagen-Sparkarte.« Der Sparbetrag aber sollte auch in größeren Raten eingezahlt werden können. *»Ebenso ist die Zahlung des Gesamtpreises durch den Erwerb der notwendigen Anzahl von Sparmarken gestattet. In jedem Falle muß man sich aber bei der Bestellung eines KdF-Wagens des Sparsystems bedienen.«*

Das hatte seine guten Gründe. Denn noch war der »KdF-Wagen« ein Phantom, trotz der über 60 Prototypen, die hauptsächlich bei Werbefahrten über Land neue Sparer aquirierten. Als die Sparwelle ins Rollen kam und sich die ersten 270.000 Fahrer zum Sparen entschlossen, montierte die SS-Fahrbereitschaft bereits eine geländefreundliche Karosse auf das Volkswagen-Fahrgestell und experimentierte mit einer kriegstauglichen Volkswagen-Version.

Am Mittellandkanal befand sich statt eines Werkes noch eine große Baugrube, und die Werkzeugmaschinen waren in den USA gerade erst bestellt worden.

Wer den Fortgang der Volkswagen-Geschichte kennt, zweifelt heute an, ob die Hunderttausende von »Volksgenossen» wirklich jemals mit einem Zivilwagen beliefert werden sollten.

Schon 1938 hätten die Sparer eigentlich mißtrauisch werden müssen. Denn das Vertriebssystem, daß Hitler, einen Vorschlag aus Parteikreisen aufgreifend, vorgesehen hatte, erscheint nur auf den ersten Blick ausgeklügelt, weist aber entscheidende Schwächen auf. Eine kann auch der KdF-Werbeprospekt «Dein KdF-Wagen« nicht verheimlichen:

»Und die Reparaturen?« fragt sich die Broschüre selbst und antwortet dann mit Versprechungen und dem vorsichtigen Hinweis auf deutsches »selbst ist der Mann!«: *»Es werden neuartige Wege beschritten werden, die Ausgaben für Reparaturen, wenn sie notwendig werden sollten, so niedrig wie möglich zu halten. Eine Vereinfachung ist schon dadurch gegeben, daß die einzelnen Teile des KdF-Wagens, auch der Motor, gut zugänglich sind und ebenso leicht montiert werden können. Ferner werden eine ganze Reihe Austauschteile vorbereitet.«*

Wer das Händlernetz der deutschen Automobilindustrie umging, gelangte auch nicht in dessen Fachwerkstätten. Er stand ohne Ersatzteilservice und Wartungsdienste da.

Eine weitere Schwachstelle im KdF-Finanzierungssystem bildeten die laufenden Kosten. Auch wer 4 1/2 Jahre lang seine letzten Groschen gespart hatte, hätte sich den Unterhalt eines Autos nicht leisten können. Das wußten auch die KdF-Wagen-Verkäufer. Tatsächlich stammte die Mehrheit der Ansparer nicht aus dem »Volk« — den Arbeitern und kleinen Angestellten — sondern aus der Klientel der Nazis: Kleine Selbständige und Gewerbetreibende, die mittlere und höhere Beamtenschaft, Wissenschaftler und die Neureichen mit Parteikarriere konnten vielleicht 1/10 ihres Einkommens für den Traum vom Automobil anlegen. Die Arbeiter lebten noch am Existenzminimum. Zwanzig Reichsmark brachte manch einer in der Woche nicht nach Hause.

Nur wer keine »Volks«Wagen bauen, sondern mit einem staatsoffiziellen Betrugsmanöver überschüssige Kaufkraft, die wegen der enormen Rüstungsinvestitionen auf dem überteuerten und leergefegten Konsumgütermarkt umherirrte, abschöpfen wollte, konnte sich diese Schwachstellen leisten.

Es ist müßig, heute darüber zu spekulieren, ob das Volkswagenwerk wirklich in Nazi-Deutschland die Massenmotorisierung nach amerikanischem Vorbild einführen wollte. Die *objekte* Funktion des Wagens ist unbestreitbar: Ideologisch ist er als eines der vielen Versprechen der Nazis zu verstehen, dessen Unseriösität sie wegen des faschistischen Bankrotts in der Niederlage 1945 nicht eingestehen mußten, daß aber den wahren sozialen Charakter des Systems der »Herrenmenschenfahrer« in ihren Luxus-Mercedes-Benz und Maybachs geschickt verschleierte. Ökonomisch bündelte das Volkswagen-Projekt wissenschaftliche und organisatorische Kapazitäten und schuf eine Infrastruktur, die auch in Kriegszeiten zu gebrauchen war.

Bis Kriegsende zahlten 336.638 KdF-Sparer fast 286 Millionen Reichsmark auf ein Konto der »Bank der Deutschen Arbeit« ein. Sie brachten der DAF über 34 Millionen RM Zinsen. Ob dieses Geld in Hitlers Kriegskasse verschwunden ist oder nicht, bleibt ungeklärt. Tatsächlich erhielt das Volkswagenwerk später 15 Millionen DM ausgezahlt. (siehe Kapitel »Aus KdF-Sparern werden Rabatt-Fahrer«). Von den Sparern erhielt keiner einen Wagen.

Nicht wenige lernten allerdings die Fahreigenschaften ihres Sparziels noch vor Kriegsende kennen. Im Kübelwagen wurden sie an die Fronten gekarrt.

Linke Seite: Geheimhaltung lag zunächst über dem Volkswagen-Projekt. Linke Seite, unten: Hitler fährt zur Grundsteinlegung im Volkswagen-Cabriolet vor. Unten, links: Anzeige für einen KdF-Sparvertrag. Unten, rechts: Titel des Prospekts »Dein KdF-Wagen«

DIE KONSTRUKTION

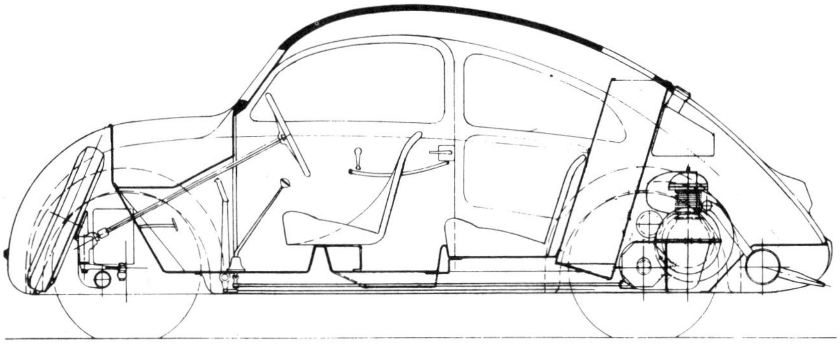

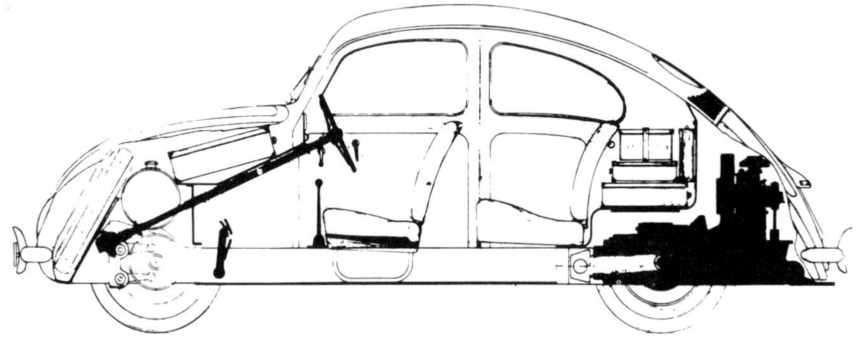

Wer immer nach Ursachen und Begründungen für den über fünfzigjährigen Erfolg des Volkswagen fragt, wird ihn zuerst in den Eigenarten der Konstruktion suchen. Dabei haben die ungeheuren Stückzahlen der Käfer-Produktion selbst den Blick für die außergewöhnlichen Lösungen, die Porsche und seine Ingenieure suchten und fanden, versperrt.
Für »normal« wird gewöhnlich gehalten, was häufig vorkommt. Der Käfer kam häufig vor, ein Heckmotor mit Hinterradantrieb, ein Fahrgestell mit einer verschraubten Stromlinienkarosserie selten ...

Ferdinand Porsche selbst hat nie für sich in Anspruch genommen, der alleinige Schöpfer des Volkswagens zu sein. Er war der Inspirator, der Probleme erkannte und benannte, Vorschläge machte und Vorschläge verwarf. Sein Stil, der Stil eines Autodidakten, den keine Standesdünkel und -traditionen blind machten, war nicht das Zeichnen am Brett und das Werkeln mit dem Material. In seinem Stuttgarter Konstruktionsbüro pflegte er durch den Zeichensaal zu gehen und seinen Ingenieuren, Technikern und Zeichnern über die Schultern zu sehen und zu kommentieren, was sie planten und festhielten.

Porsches Team war hoch spezialisiert. 1932, als man für Zündapp arbeitete, beschäftigte er in seiner Firma bereits 12 Personen. (In einer Firma, die übrigens nicht ihm allein gehörte, wenn er auch den größten Anteil hielt.) Porsche befaßte sich mit den Verwaltungs- und Finanzfragen weitgehend nicht selbst.

Für sie war *Alfred Rosenberger*, 15% Teilhaber, zuständig. *Josef Kales* konstruierte im Porsche-Team Motoren und hatte sich besonders dem Bau luftgekühlter Motoren verschrieben. Der Mann, der die Getriebe zu entwickeln hatte, hieß *Karl Fröhlich*. Der Karosseriedesigner — damals kannte man diese Bezeichnung noch nicht — war *Erwin Kommenda*. War Kommenda der eigentliche Schöpfer der klassischen Käferform, so sehen viele, für die die Konstruktion eines Automobils harte, routinierte und rein technische Ingenieursarbeit ist, in Porsches Chefkonstrukteur *Karl Rabe* den wahren Vater des Volkswagens. Eine ganz eigene Rolle in Porsches Mannschaft spielte sein einziger Sohn, *Ferry Porsche*. Er hatte das volle Vertrauen seines Vaters, nahm für diesen viele Aufgaben stellvertretend wahr und war vor allem für die Erprobung zuständig. Die für ihre Zeit, aber auch für den Automobilbau überhaupt außergewöhnlichen technischen Lösungen des Volkswagens resultierten aus Porsches Philosophie eines Volkswagens, der nicht um den Preis eines Verzichts auf Platz und Komfort sowie ausreichender Motorisierung dem Lebensstandard des »Volks« im Preis entgegenkommt, sondern durch rationelle Konzeption und darauf basierender Großserienfertigung.

DER MOTOR

Sollte aus dem »Volkswagen« kein normaler — und somit teurer — Stromlinienwagen seiner Zeit werden, war zunächst das Problem des Motors zu lösen. Er sollte möglichst wenig Platz beanspruchen. Eine konventionelle Reihenanordnung der Zylinder hätte den Motor und somit das Heck

des Wagens verlängert und damit die Gewichte ungünstig verlagert. Deshalb war Josef Kales schon bei den NSU-Prototypen auf einen luftgekühlten Vierzylinder-Boxermotor gekommen, wie man ihn bereits als Flugmotor kannte. Er erwies sich später als beste Lösung, weil er allein eine Dauergeschwindigkeit von 100 km gewährleistete. Beim Boxermotor lagen sich die vier Zylinder horizontal gegenüber. Die Kühlung erfolgte durch Luft, um den Raum für einen Kühler zu sparen.

Der Prospekt »Dein KdF-Wagen« beschreibt verständlich das Konzept für die Kühlung: *»Im Luftführungsgehäuse ist der Ölfilter untergebracht, der so bemessen ist, daß niedrige Öltemperaturen auch bei größter Beanspruchung stets für eine ausreichende Schmierung aller Schmierstellen des Motors sorgen. Hierdurch wird die erstaunliche Autobahnfestigkeit des KdF-Wagens erreicht, die Höchstgeschwindigkeit gleich Dauergeschwindigkeit sein läßt. Die Kühlung wird nicht wie bei einem vorn liegenden Motor von der Geschwindigkeit des Fahrzeugs beeinflußt, sondern hängt von der Drehzahl des Motors ab.«*

Schon früh sollte die Volkswagen-Werbung die gute Zugänglichkeit des Motors betonen. Eigentlich gilt dies bis heute aber nur für den Vergaser, den Zündverteiler und die Lichtmaschine. Schwer zu erreichen sind beim VW-Motor die beweglichen Motorteile. In dem komprimierten Aggregat liegen die Zylinder versteckt. Die Ventile sind nur von unten zu erreichen. Am schwierigsten zugänglich war der Anlasser, der seinen Raum seitlich des Getriebekastens fand.

Der Motor treibt über ein Getriebe mit einem eingebauten Differential die Hinterräder an. Das normale Antriebskonzept seiner Zeit sah einen Heckmotor mit Frontantrieb vor. Ihm gegenüber bietet Porsches Konzept den Vorteil, daß das Gewicht des Motors die angetriebene Achse belastet, was sich besonders auf schwierigem Untergrund als Vorteil erweisen sollte. Erst Frontmotor/Frontantrieb-Konzepte von heute lassen das Heckmotor-Konzept überholt erscheinen.

Beim Volkswagen sind die Gewichte im Verhältnis von 46 : 54 Prozent zwischen Vorder- und Hinterachse verteilt.

Probleme machte schon den Konstrukteuren die Geräuschentwicklung der Luftkühlung, die z.T. aus Schwingungen des Aggregats herrührt. Sie bringt den charakteristischen Klang des Volkswagens hervor.

DAS FAHRGESTELL

Motor, Differential, Hinterachse und Getriebe sind ein Teil des Fahrgestells. Sie werden beim Volkswagen in der hinteren Gabelung des Mittelprofilrahmens aufgenommen. Auf den Rahmen ist eine Platte aus Stahlblech montiert. Der Volkswagen hat somit keine selbsttragende Karosserie, die seinerzeit schon in die Großserienfertigung eingeführt war. Aber eine solche Lösung hätte Porsches Konzept widersprochen, das Aufbauvarianten auf seinem Fahrgestell vorsah, wie sie später dann zahlreich (offiziell und inoffiziell) vorkamen.

Beim Volkswagen war jedes Rad einzeln aufgehängt. Die Federung erfolgte durch verkapselte Drehstäbe. Porsche bezeichnete deshalb den Wagen auch als »Vollschwingachser«.

Am vorderen Teil der Bodengruppe war auch das Reserverad untergebracht, das einen eventuellen Aufprall dämpfen sollte.

Der Wagen wurde über Seile, mechanisch auf alle vier Räder wirkend, gebremst. Auch die Handbremse wirkte auf alle vier Räder.

Die Vordersitze sind beim Volkswagen im Vergleich mit zeitgenössischen Automobilen weit nach vorne verlagert. Dadurch ergibt sich bei jeder Besatzung eine günstige Gewichtsverlagerung. Hierzu trägt auch die Plazierung des Tanks im vorderen Teil des Wagens bei, was übrigens damals schon Vorschrift war.

DIE KAROSSERIE

Die Volkswagen-Karosserie nimmt viele Elemente der Stromlinienform auf. Markant ist das Fließheck, das fast oval ausläuft. Durch die etwas abstehenden hinteren Kotflügel, die auch aerodynamisch geformt sind, erhält der Wagen wirklich die Rückansicht eines stilisierten Käfers.

Eine Folge des Stromlinienhecks ist die im Vergleich zu funktionalen oder keilförmigen Karosserien geringe Kopfhöhe auf der hinteren Sitzbank.

Die Unterbringung des Motors im Heck ermöglicht vorne das Herunterziehen der Vorderhaube, wodurch sich auch hier eine günstige Aerodynamik ergibt. Bei den meisten Wagen der dreißiger Jahre, die die Stromlinienidee aufnahmen, verhinderte der Kühler eine ähnlich ideale Form.

Luftgekühlte Motoren benötigen keine Kühler. Der Heckmotor erforderte allerdings Lüftungsschlitze, durch die die Luft angesaugt werden konnte. Bei den ersten Prototypen mußten sie noch so groß sein, daß ein Rückfenster nicht möglich war. Die Verbesserung des Ansaug- und Kühlsystems machte das kleine geteilte Heckfenster in der ovalen Form möglich, das besser als alle späteren, vergrößerten Versionen mit dem gesamten Ensemble der Heckpartie harmonisiert. Überhaupt ist die Heckpartie des Wagens stimmiger als der vordere Teil. Die Vorderhaube krümmt sich sehr stark, so daß der Wagen vorne ein etwas »stumpfes« Aussehen erhält. Die vorderen Kotflügel sind zwar ideal geformt, stehen aber doch freier als bei einigen anderen zeitgenössischen Wagen, die sich schon in Richtung auf eine Pontonkarosserie bewegen. Diese war zur Zeit der Käfer-Entstehung in den USA schon bekannt und auch in Deutschland schon durch den Hanomag-Kommißbrot vorgeführt worden.

Die Stromlinienform verschenkt im Vergleich zur Pontonform Raum. Platzmangel wurde später eine der wichtigsten Ursachen für den Umstieg der Käfer-Käufer auf andere Modelle. Die extrem freistehenden Kotflügel brachten ab der VW 38-Serie Trittbretter hervor, die Vorder- und Hinterteil des Wagens verbanden und auch von der von hinten nach vorne v-förmig zulaufenden Fahrgastzelle ablenkten. Eine Funktion erfüllten sie nicht. Die Scheinwerfer sind beim Volkswagen in den Kotflügel integriert. Dies ist ein deutlicher Fortschritt gegenüber funktionalen Automobilkarosserien.

Die Türen sind ab der Vorserie VW 38 vorne angeschlagen, was besonders hinten einen leichteren Einstieg ermöglicht. Die Frontscheibe ist ungeteilt, aber eben. Vorne und hinten verfügt der Wagen über verchromte Stoßstangen.

Von innen ist der Wagen erstaunlich geräumig. Dies verdankt er vor allem den weit nach vorne verlagerten Vordersitzen und dem geringen Platzbedarf des Motors. Wenn besonders auf den Hintersitzen wenig Raum ist, so liegt dies an den Gesamtabmessungen. Der Wagen ist nur 4,20 m lang, 1,55 m breit und 1,55 m hoch.

Seiten 34 und 35: Die drei Zeichnungen verdeutlichen die drei Phasen der Volkswagen-Entwicklung. Rechte Seite: Der auf die Seite gelegte Volkswagen zeigt sehr gut das sich gabelnde Zentralrohr, die Plattform und die Motoraufhängung. Das Foto stammt aus den ersten Nachkriegsjahren und wurde für die Briten gemacht. Rechte Seite, unten: Holzmodell des V 30, für Strömungsversuche abgeklebt.

UNGEKLÄRTE PATENSCHAFTEN

Die technische Entwicklung des Volkswagens ist vor allem das Verdienst des Konstrukteurs Ferdinand Porsche. In Vergessenheit geraten ist jedoch der Anteil eines Mannes, der mit zu den Pionieren der Volkswagen-Idee gehörte, aber als rassisch Verfolgter Deutschland verlassen mußte, bevor der Käfer den Durchbruch erlebte. Sein Name: Josef Ganz.

Der Name Josef Ganz ist heute nur noch wenigen bekannt. Er war in den zwanziger und Anfang der dreißiger Jahre ein bedeutender Automobiljournalist und Herausgeber der angesehenen Fachzeitschrift »Motor-Kritik«. Schon als Student an der technischen Hochschule hatte sich Ganz, Sohn eines Auslandskorrespondenten der »Frankfurter Zeitung« und gebürtiger Ungar deutscher Herkunft, mit elektrischen und mechanischen Schwingungen befaßt. Damals wurde ihm klar, daß ein Weg gefunden werden mußte, um ein Auto nicht, wie bis dahin, »schwer« zu bauen, sondern »gut federnd und mit fast beliebigem Leichtgewicht« zu konstruieren.

So entstanden im Jahre 1923 die ersten Skizzen für einen Kleinwagen mit 2-Zylinder-Boxermotor, im Heck angeordnet, mit Pendelachsen sowie Stromlinienform.

Ganz nannte sein Vehikel »Volkswagen« und sagte ihm in seinem Forum »Motor-Kritik« — ungeachtet aller Anfeindungen aus der Konstrukteursbranche — eine große Zukunft voraus.

In den nächsten Jahren verstand es Ganz, zahlreiche jüngere Ingenieure um sich zu scharen. 1928 schrieb er: *»Kein Fahrzeug mehr ohne Pendelachsen! Die unabhängige Aufhängung weist den Weg zum leichten, billigen, zuverlässigen Volkswagen!«*

In Serie ging Ganz' Konstruktion bei der Firma Standard als »Modell Superior«, das erstmals auf der Automobilausstellung 1933 gezeigt wurde. Tatsächlich wies die Form des Zweitaktwagens mit Heckmotor eine verblüffende Ähnlichkeit mit Porsches »Maikäfer« auf. Der Hersteller warb in Anzeigen für seinen »sichersten, bequemsten und wirtschaftlichsten Kleinwagen« als den *»deutschen Volkswagen«*. Kostenpunkt: 1.590 DM — damit war der »Superior« eines der billigsten Automobile seiner Zeit.

Als sich auch noch einflußreichere Mitglieder der NSDAP, die am 31. Januar 1933 an die Macht gekommen war, für Ganz und sein Volkswagenprojekt einsetzten, schien sich Ganz's Weg zur Waffenmotorisierung mit dem der Nationalsozialisten zu kreuzen.

Dann entdeckte man, daß Ganz, obwohl seit 1917 eingebürgert, »Jude« und somit »Nichtarier« war.

Sein Schicksal wendete sich abrupt. Im Mai 1933 nahm in die Gestapo fest und sperrte ihn im Gefängnis Moabit ein. Erst am 27. Juni kam er auf Drängen einflußreicher Freunde wieder in Freiheit. Allerdings wurde fortan der Firma Standard die Werbung mit dem Wort »Volkswagen« verboten — und Ferdinand Porsche mit der Entwicklung des Volkswagenprojekts beauftragt, weil, so Ganz später, der Nicht-Arier Ganz den Nazis nicht ins Konzept paßte.

Für Ganz war dies die größte Enttäuschung in seinem Leben. In der Emigration führte er einen erbitterten Kampf um die Anerkennung seiner Verdienste für den »Käfer«, als dessen Vater man heute weiterhin nur Ferdinand Porsche betrachtet.

Ganz: *»Ich schuf den Volkswagen, ich erfand den Namen und schuf einen Wagen mit Heckmotor zu einer Zeit, als Ferdinand Porsche, damals technischer Direktor bei Mercedes-Benz, sämtliche Versuche mit Heckmotoren einstellen ließ, weil er diese Motoren für unpraktisch hielt.«*

Ganz verstarb 1967 in Australien.

Das VW-Werk erkennt heute bei der Darstellung seiner Firmengeschichte keinerlei Ganzsche Einflüsse an (es bezahlte stets nur der Familie Porsche eine Lizenzgebühr für jeden gebauten VW), aber VW-Generaldirektor Nordhoff leugnete den Einfluß Ganz' nie. Während der letzten Jahre seines Lebens erhielt Ganz eine Rente aus Wolfsburg.

Im März 1959 gab Nordhoff in »Motor Life« zu Protokoll: *»Viele junge Ingenieure (...) nahmen die Herausforderung an, und sie wurden von Josef Ganz, dem Herausgeber der Automobilzeitschrift »Motorkritik«, angefeuert. Er griff die alten und gut eingeführten Automobilgesellschaften mit beißendem Spott an und führte einen Kreuzzug für die neuen Ideen (...).«*

Neben Ganz ist auch ein zweiter Pate des Volkswagens in Vergessenheit geraten, der ebenfalls Verfolgter des Nazi-Regimes war: Adolf Rosenberger. Er gründete mit Ferdinand Porsche zusammen das Stuttgarter »Konstruktionsbüro für Motoren-, Fahrzeug-, Luftfahrzeug- und Wasserfahrzeugbau« und spielte dort vor allem die Rolle des Finanzfachmannes mit 15% Beteiligung an der Porsche GmbH.

Ferry Porsche urteilte über Rosenberger: *»(Er) war ein guter Geschäftsmann und zutiefst erfüllt von einer Passion für Automobile«*. Als die Nazis an die Macht kamen, versuchte der einstige Rennfahrer Rosenberger, seine Anteile an die Firma Porsche zu verkaufen. Danach ging er sofort ins Ausland.

1949 verlangte Adolf Rosenberger, der Caracciola- und Schauinsland-Bezwinger von 1927, *»dessen sportlicher Geist und geschäftlicher Wagemut Porsches technischem Genie durch Einrichtung eines eigenen Konstruktionsbüros zur unabhängigen finanziellen Grundlage verholfen hat«* (so die Süddeutsche Zeitung vom 20.10.85), Entschädigungen von der Firma Porsche, weil er seiner Meinung nach durch den NS-Staat gezwungen war, sich aus der gemeinsamen Firma zurückzuziehen. Ferry Porsche sieht das jedoch in seinem Memoiren nicht ein. Für Porsche jun. hätte der »Jude« Rosenberger sich eben der neuen Zeit anpassen sollen: *»Die eigentliche Ursache für Rosenbergers Schwierigkeiten war, daß er verbotenerweise mit einer 'Arierin' liiert war. Deshalb wurde er eines Tages verhaftet und in Karlsruhe ins Gefängnis eingeliefert.«*

Was meint Ferry Porsche: Daß ein nicht liierter Jude bis 1945 in Deutschland hätte in Ruhe am Volkswagen arbeiten können?

Die Firma Porsche erkannte keine Wiedergutmachungsverpflichtung Rosenbergers an. Rosenberger klagte, woraufhin der Porschebetrieb unter Aufsicht der Alliierten Reparationskommision gestellt wurde. Letztlich kam es zu einem »Kompromiß«: Rosenberger erhielt — so Ferry Porsche — *»kostenlos einen neuen Volkswagen und mehrere Tausend Mark«*...

1971 verstarb Rosenberger, der den Namen Alan Roberts angenommen hatte, in den USA.

Rechte Seite, oben: Mercedes 150 mit Heckmotor aus dem Jahre 1934. An der Entwicklung des Wagens hat Josef Ganz mitgearbeitet. Auch äußerlich hat der Wagen typische Merkmale des Volkswagens. Rechte Seite, unten: Picknick-Szene mit Standard Superior, einem Zweisitzer mit Fließheck, Zentralrohrrahmen, Heckmotor und Vollschwingachse, alles Konstruktionsmerkmale des Volkswagens. Der Wagen wurde von Josef Ganz entwickelt und in rund 800 Exemplaren als Limousine von 1933-35 gebaut, als Kleinlieferwagen bis 1938. Die Firma »Standard« gehörte im übrigen Wilhelm Gutbrod, der auch nach dem Krieg noch einige Zeit PKWs baute, die den Namen »Gutbrod Superior« trugen.

366
366
IIIA-29863

V 3

Als ungleiche Drillinge rollten die ersten Volkswagen im Spätsommer 1936 auf die noch nicht verstopften Straßen. In vielem sahen sie schon den späteren »Kraft durch Freude«, »Volkswagen« und »Käfern« ähnlich. Nur ihre Herstellung ließ nicht vermuten, daß sie einmal im 10-Sekunden-Takt von Riesenbandstraßen laufen sollten.

Noch konstruierte man in Porsches immer größer werdendem Ingenieurbüro an den Details herum, geriet in die Sackgasse nicht »autobahnfester« Motorkonstruktionen und verzweifelte an der Kalkulation, da begann bei Daimler-Benz in Stuttgart in mühsamer Handarbeit die Herstellung von Teilen für die ersten Volkswagen-Prototypen. Nur weniges an Porsches Konstruktionen stammte aus dem Baukasten des damaligen Automobilbaus und konnte bei der Zulieferindustrie geordert werden. Bis in Details beschritt Porsche neue Wege. Manches, was von Facharbeitern bei Daimler-Benz mühselig gebaut worden war, hatten die Ingenieure bei Fertigstellung längst wieder verworfen. Das »erste VW-Werk« war die Garage in Porsches Haus in Stuttgart. Ein Dutzend Handwerker montierte dort die ersten drei Prototypen in einem Raum, der eigentlich vier Automobilen als Abstellplatz dienen sollte.

Von Anfang an hatte Porsche für den Volkswagen eine Ganzstahlkarosserie vorgesehen. Aus Zeitgründen verwandte man aber für die ersten zwei Prototypen der später V 3 genannten Vorserie Leichtmetallkarosserie, die — im damaligen Automobilbau auch in der Serienfertigung üblich — über einen Holzrahmen gezogen wurden. Während einer dieser zwei Automobile eine Limousine war, war der andere Wagen ein Cabriolet. Hier hatte man Rücksicht auf den Geschmack Hitlers genommen, der offene Wagen liebte, weil er wußte, daß der Führergruß, aus dem Seitenfenster eines Volkswägelchens in geduckter Haltung dem Volk gewährt, keinen herrischen Eindruck machen würde.

Der dritte Wagen, der etwas später fertiggestellt wurde, hatte eine Ganzstahlkarosserie. Er gilt den VW-Puristen heute als der Käfer-Urvater.

Besonders in der Form des Kofferraumdeckels und der Heckklappe unterschied sich das Design der V 3 Serie von den 30 Wagen des »VW 30«. Der »Pinguinschwanz« des hinten auslaufenden Karosseriekörpers war noch rundlich stumpf, als Hecknummernschild ein länglicher Streifen vorgesehen. Die »Zunge« des späteren vorderen Kofferraumdeckels neigte sich in ihrer Spitze ein wenig platter nach vorne, wodurch der ganze Wagen — der auch etwas höher war — im Vergleich zur späteren Käferform gedrungener wirkte. Die Türen waren, wie auch bei folgenen der V 30-Serie vorne angeschlagen. Stoßstangen fehlten.

Die Inneneinrichtung dieser ersten Versuchswagen war noch durch und durch spartanisch, eine vom Motor unabhängige Heizung wurde später provisorisch eingebaut, da die Testfahrten im Herbst erfolgen sollten.

Im Heck der drei Wagen befand sich zwar ein Vierzylinder-Viertaktmotor, der dem späteren Boxer entsprach. Es wurde aber auch noch mit dem Zweizylinder-Zweitakt-Doppelkolbenmotor experimentiert, auf den Porsche bei der Entwicklung zunächst gesetzt hatte.

Ab August 1936 waren die ersten beiden Wagen fertig. Sie wurden zunächst von Porsche-Ingenieuren u.a. zu Fahrten nach Berlin und Oberitalien eingesetzt. Am 12. Oktober 1936 wurden sie dem Reichsverband der Automobilindustrie (RVA) übergeben, unter dessen Federführung ein Testprogramm absolviert werden sollte.

Das Testprogramm, an dessen Ausarbeitung auch die Firma Porsche mitgearbeitet hatte, verlangte von jedem Wagen 50.000 Testkilometer. Sie wurden in der Umgebung von Stuttgart, die dafür günstige Landstraßen, eine Autobahn und auch schwierige Steigungen aufwies, heruntergefahren. Vor allem erwies sich der schnelle Zugang zu Reparaturwerkstätten und zu Ersatzteilen als notwendig, denn bei den handgefertigten Motorteilen kam es häufig zu Defekten. Die nicht-industrielle Fertigung diente später zur Erklärung der Mängel an den Versuchswagen. Im übrigen froren die zwei bzw. vier Testfahrer kräftig in den Wagen. Eine Kinderkrankheit, die der Wagen ebenso wie das schon damals festgestellte schnelle Beschlagen und Vereisen der Scheiben 21-Millionenmal nicht ablegen sollte.

Die Noten, die die Ingenieure des Reichsverbandes der Automobilindustrie dem Wagen ausstellten, waren nicht sehr gut, aber im Abschlußbericht wurden die Stärken und Vorzüge der Konstruktion erkannt: *»Der Wagen hat Eigenschaften gezeigt, die eine weitere Entwicklung empfehlenswert erscheinen lassen«*, notierte der Bericht.

V 30

Sie ähnelten zwar noch den drei in Handarbeit hergestellten Prototypen aus Porsches Garage. Aber die 30 Volkswagen der V 30 Serie stammten aus dem besten Stall, den die Automobilindustrie in Deutschland zu jener Zeit hatte — dem Forschungszentrum von Daimler-Benz.

Daimler-Benz baute zwar nicht mit äußerster Begeisterung an den Fahrzeugen, die nach Firmenmaßstäben nur Wägelchen waren. Aber in den ersten Monaten des Jahres 1937, als die 30 Wagen, die noch immer vorne angeschlagene Türen und senkrechte, deshalb über eine Röhre aus den vorderen Kotflügeln herausragende Frontscheinwerfer hatten, glaubte man in Stuttgart ebenso wie bei Adler in Frankfurt, bei Opel in Rüsselsheim und bei der Auto-Union in Sachsen, daß man selbst den »deutschen Volkswagen« in einer industriellen Koproduktion bauen würde. In Wirklichkeit hatten es zu jener Zeit die von Porsches Vision und von Hitlers kalkulierender Verblendung nicht wegzudiskutierenden Erkenntnisse der Kalkulatoren schon notwendig erscheinen lassen, andere Wege zu gehen ...

Wege, die durch den Ausbruch des 2. Weltkriegs nicht zu Ende gegangen werden mußten, und in deren Sackgassen sich deshalb weder Porsche noch die nationalsozialistischen Propagandisten mehr verlaufen mußten.

Was Daimler-Benz lieferte, war Qualitätsarbeit, auch wenn die Tests noch Mängel erkennen ließen und einige Wagen durch Unfälle ausfielen.

Die ausgelieferten Testwagen gelangten in die gröbsten Hände, die sich seinerzeit in Deutschland finden ließen. In Stuttgart-Kornwestheim hatte die SS eine Fahrbereitschaft zusammenzogen, unter der sich zwar KFZ-Mechaniker befanden, aber auch völlig unbeschlagene Fahrer, die zum ruppigen Umgang mit dem Material geradezu angehalten wurden. Die 54 SS-Männer fuhren die Wagen insgesamt 2,4 Millionen Kilometer, eine Testkilometer-Länge, die bis dahin noch keine Neukonstruktion hinter sich gebracht hatte. Ein solches Programm hätte seinerzeit auch die Kapitalkraft einer deutschen Automobilfabrik überstiegen.

Dabei mußten sich nicht alle Wagen den Strapazen unterziehen. Einige wurden vornehmlich für Repräsentationszwecke eingesetzt und der Nazi-Prominenz wie Goebbels und Göring, aber auch der bereits militärisch interessierten Wehrmachtsspitze und dem SS-Führer Heinrich Himmler vorgeführt. Goebbels erkannte den Propagandawert öffentlicher Vorführungen und orderte für spätere Serien hierfür Fahrzeuge.

Durch die Tests wurden Schwächen deutlich, die z.T. noch bei den Probefahrzeugen abgestellt wurden. So änderte man nach Bergfahrten u.ä. die Übersetzung der unteren Gänge. Während die SS und einige Porsche-Ingenieure in Deutschland Bergfreudigkeit und Autobahnfestigkeit von Porsches Konstruktion überprüften, holte sich Porsche auf zwei Reisen in den USA Anregungen für mo-

Rechte Seite, oben: Das Cabriolet und die Ganzstahllimousine der V 3 Prototypen während einer Probefahrt. Rechte Seite, unten: Seitenansicht des V 3 als Limousine.

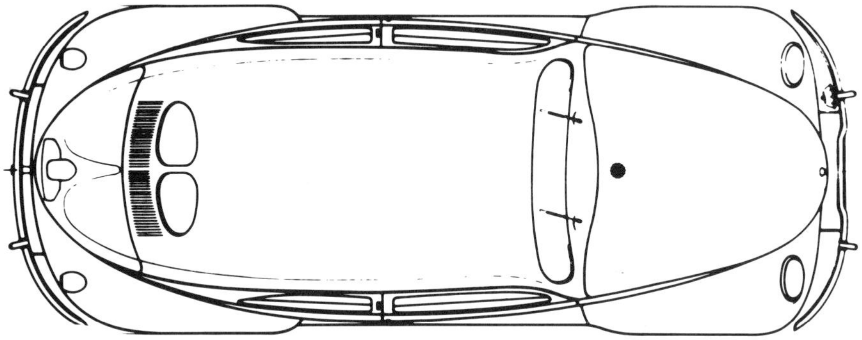

Modell: Porsche Typ 60
Zeit: 1935-38

Typ	PS	ccm	km/h	Preis bei Erscheinen	Bauzeit	Stück
V 1, V2	22	985	100	Versuchswagen	1934	2*
V3 (I, II, III)	22	985	100	Versuchswagen	1935-36	3**
VW 30	22	985	100	Vorserie	1936-37	30***
VW 38 (KdF-Wagen)	24	985	105	Vorserie	1937-38	35****
VW 38 Cabrio	24	985	105	»Führer«-Wagen	1938	3

Bemerkungen:

* Limousine und Cabriolet in Stahlblech auf Holzrahmen, z.T. mit Zweizylinder-Zweitakt bzw. Zweizylinder-Viertaktmotor von Porsche gefahren; gebaut von Porsche

** 2 Limousinen, ohne Heckfenster, 1 Cabriolet, gebaut von Porsche

*** Kein Heckfenster, aber bereits typische Heckpartie, gebaut bei Daimler-Benz

**** Wagen mit Heckfenster und Stoßstangen, auch mit Faltschiebedach lieferbar, »Werbewagen«, gebaut bei Daimler-Benz

dernste Produktionsverfahren. Aus den USA brachte er von Henry Fords V-8 Modell aber auch die Anregung für eine Veränderung der Karosserie mit. Er schaute sich dessen geteiltes Heckfenster ab, und nachdem seine Ingenieure die Kühlung seines Heckmotors durch ein Gebläse verbessert hatten und die Zahl der Lüftungsschlitze zurückgenommen werden konnte, baute man in den nächsten drei Wagen, Vorläufern des VW 38, bereits das später nach den Brezeln benannte Fenster ein. Auch die Vorteile der vorne angeschlagenen Türen, die kein Luftzug mehr aufreißt und die die Einstiegsbequemlichkeit erhöhen, erkannte Porsche beim Studium der US-Autoproduktion und änderte deshalb den Einstieg. Mit diesen Veränderungen hatte der Volkswagen seine klassische Form gefunden.

Von den ersten 33 fensterlosen Volkswagen fand übrigens keiner den Weg in ein Museum. Auf Weisung vernichtete die SS die Wagen nach Abschluß der Auswertungen. Bis dahin wurde das VW-Projekt als »Geheimsache« eingestuft.

Oben und links: Die Vorserie V 30 unterscheidet sich von den späteren KdF-Wagen vor allem durch die noch senkrechten Frontstrahler, vorne angeschlagene Türen und die Klappe des vorderen Kofferraums, die noch nicht die gesamte Fronthaube einnimmt. Rechte Seite, oben: Eine Kolonne der V 30 Prototypen in einer deutschen Kleinstadt. Obwohl die Wagen vor allem im Raum Stuttgart nicht zu übersehen waren, galt für das Projekt, an dem einige hundert Personen beteiligt waren, höchste Geheimhaltung. So wurden nach Abschluß der Erprobung alle Vorserienfahrzeuge zerstört. Auf dem Foto auf der rechten Seite unten ist diese Zerstörung zu sehen.

IIIA
37006

VW 38

Die 64 Wagen der VW 38-Serie sahen schon aus wie die späteren Volkswagen. Die Vorderhaubenzunge war vollkommen als Kofferraumhaube ausgelegt, was die Linienführung der Vorderpartie harmonischer wirken ließ. Anstelle der Kühlschlitze gab es im Heck jetzt das später berühmte Fenster. Die Frontstrahler lagen in der Linie der vorderen Kotflügel schräg an. Stroßstangen nahmen vorne das Nummernschild auf und sollten hinten bei leichten Auffahrten den Motorblock schützen. Vor allem aber verbanden jetzt Trittbretter die vorderen und hinteren Kotflügel.

Drei Karosserievarianten gab es in dieser Serie, die in zwei Teilen nicht mehr bei Daimler-Benz, sondern dem Stuttgarter Karosseriewerk Reutter gefertigt wurden. Neben der normalen Limousine gab es die sogenannten Cabrio-Limousinen, Fahrzeuge, die das später als Rollschiebedach bekannte Faltdach hatten. Eine Karosserievariante, die vom zukünftigen KdF-Sparer bereits geordert werden konnte. Speziell für Hitler wurde auch ein Cabriolet gebaut. In ihm ließ sich Hitler ausschließlich ablichten. An eine Serienfertigung war allerdings nicht gedacht. Es sollte eher dokumentieren, daß die Konstruktion verschiedenste Varianten zuließ. Noch waren offene Wagen nicht unbedingt die luxuriösere Fahrzeugvariante.

Die Fahrzeuge wurden nur noch vereinzelt für Testzwecke eingesetzt. Berühmt geworden ist eine Alpen-Vergleichsfahrt, die Porsche-Ingenieure 1938 mit einem Volkswagen, einem DKW F 5 Meisterklasse, einem Opel Kadett Spezial und einem Adler Junior u.a. zur Turacher Höhe vornahmen. Der Volkswagen zeigte sich in allen Punkten den Konkurrenten überlegen. Vor allem erwies die Luftkühlung ihre Vorteile.

Die meisten Wagen der Serie VW 38 fuhren durch die deutschen Lande, warben für das KdF-Sparsystem, wurden in Leipzig auf der Messe und in Berlin auf der Automobilausstellung ausgestellt. Sie standen Modell für die in Millionenauflage gedruckten KdF-Prospekte und durften selbst von der ausländischen Presse probegefahren werden. Die äußerte sich vor deutschen Wochenschaukameras überzeugt, berichtete aber zum Teil in ihre Heimatländer pietätlos. Der Berliner Korrespondent der New York Times bezeichnete den Volkswagen als »bug« — die früheste Erwähnung des späten inoffiziellen Namens, der sich vor allem durchsetzte, als Volkswagen auch andere Modelle baute.

Oben: Werbefoto mit einem bereits in Wolfsburg gefertigten KdF-Wagen. Rechte Seite, oben: Überall im deutschen Reich wurden die KdF-Wagen ausgestellt und bestaunt. Rechte Seite, unten: Besonders auf deutschen Autobahnen pflegten die Fotografen den KdF-Wagen gern aufzunehmen, war doch die sogenannte »Autobahnfestigkeit« einer seiner Hauptvorzüge. Die Höchstgeschwindigkeit war zugleich die mögliche Dauergeschwindigkeit.

Die 64 Wagen, die über Land geschickt wurden, gaukelten einer gleichgeschalteten Öffentlichkeit vor, daß ihre automobilen Träume dank der Tatkraft des faschistischen Systems kurz vor der Realisierung ständen.

Aber als die ersten »Käfer« in Kolonnen auf Landstraßen und Autobahnen auftauchten, verhandelten die Konstrukteure bereits mit Wehrmacht und SS über eine militärische Nutzung.

KdF

VW KÜBELWAGEN

Die ganze Grundkonstruktion des Volkswagens enthält zahlreiche Möglichkeiten einer zivilen und militärischen Nutzung. Besonders die Möglichkeit, auf das Fahrgestell fast jede Art von Aufbauten montieren zu können, offeriert den Wagen nahezu dem Militär.
Im größten Teil der VW-Literatur erscheint die Idee, auf der Basis der Volkswagen-Konstruktion ein Militärauto zu fertigen, als Idee des Jahres 1938. Tatsächlich wurde aber bereits im April 1934, in der Phase der ersten Vorberatungen für das Volkswagenprojekt, die Möglichkeit einer militärischen Lösung in das Anforderungsprofil des Volkswagens aufgenommen.

Detailliert wurde von militärischer Seite schon zu diesem Zeitpunkt Angaben zur Bodenfreiheit, wichtig für die Geländegängigkeit, und für den Raumbedarf gemacht. Die Motorisierung war von vornherein für Kriegszwecke geeignet.

»Im Krieg ist Luftkühlung gut, denn im Krieg wird geschossen, und es können Löcher im Wasserkühler entstehen. Und wenn beim Luftgekühlten etwas nicht stimmt, dann läuft der Motor ungekocht weiter und duldet still in sich hinein«, meinte Porsche, nachdem im Januar 1938 die Pläne für eine militärische Nutzung der nun serienreifen VW-Konstruktion konkret wurden. Schon während der Erprobungsphase mit Fahrzeugen der Serie V 30 montierte die SS-Fahrbereitschaft eine offene, türlose Volkswagenkarosse auf ein Fahrgestell, brachte ein Reserverad auf der Vorderhaube an und erprobte das Fahrverhalten im Gelände und auf Truppenübungsplätzen. Die Ergebnisse waren zufriedenstellend. Für die Militärs der Wehrmacht erforderte solch ein »Geländewagen« allerdings komplettes Umdenken.

Bis dahin hatten sie in einem kriegstauglichen Fahrzeug immer ein stark motorisiertes Automobil gesehen, das sich mit der Kraft vieler PS und einem komplizierten und kostspieligen Vierradantrieb durch den Schlamm wühlt. Porsches Volkswagen im militärischen Kleid folgte einer anderen Rüstungsphilosophie. Möglichst einfach, technisch anspruchslos mußte er sein, denn auch in eine Uniform gesteckt hatte das Volk nicht mehr technisches Verständnis, als es die KdF-Sparer hatten ...

In großen Stückzahlen mußte solch ein Fahrzeug gebaut werden können, denn Krieg bedeutet Zerstörung von Material. Statt mit viel Kraft und Aufwand ein schweres Gefährt durch unwegsames Gelände zu bewegen, sollte es das Gefährt dem Motor leicht machen, sich und vier Mann Besatzung aus dem Schlamassel zu ziehen. Die Kombination Heckmotor/Heckantrieb, gekoppelt mit einem Differential und einer besonderen Untersetzung von 1 : 4,43 sowie einem Ausgleichsgetriebe, das selbstsperrend war und so das Durchdrehen der Hinterräder auf losem Untergrund verhinderte, erwies sich einem Vierradantrieb als ebenbürtig und in der Produktion besonders günstig. Das Gesamtgewicht von 725 kg zuzüglich 490 kg Nutzlast ließ Minen nicht hochgehen, die z.B. manchen ehemals noblen Horch-Generalstabswagen gesprengt hätten.

Nur langsam ließen sich die Stellen des Wehrmachtsbeschaffungsamts von der Praktikabilität der Porsche Konstruktion überzeugen. Der Konstrukteur mußte sogar direkt bei Hitler intervenieren, um im Wolfsburger Werk eine Produktion in größerer Serie in Gang zu bringen. Erst im Frühjahr 1940 begann die Kübelwagen-Produktion im halbfertigen Volkswagenwerk anzulaufen. Da waren Wehrmacht und Waffen-SS bereits durch Polen marschiert. Größere Stückzahlen erreichten die Fronten erst, als sich diese bereits auf Moskau zuschoben und Kairo in Reichweite schien. Im ganzen wurden von 1940-45 rund 55.000 Kübelwagen gebaut, wobei die größte Stückzahl im Januar 1945 erreicht wurde, als die alliierten Truppen im Osten und Westen die Reichsgrenzen überschritten.

Grundverschieden zur KdF-Limousine war vor allem der Karosserieaufbau. Er stammte auch nicht aus dem Werk, wo überhaupt noch keine Preßwerkzeuge in ausreichendem Maße zur Verfügung standen, sondern aus Berlin von Ambi-Budd, einer Tochterfirma des US-Konzerns Budd. Per Bahn wurden die Karossen nach Wolfsburg gebracht und dort mit dem Fahrgestell verschraubt. Die Karosserie war aus Ganzstahl, die vier Türen waren an der Mittelsäule angebracht, die Kotflügel mit dem Aufbau fest verschraubt. Bis auf die Kotflügel waren alle Karosserieteile glatt. Das offene Fahrzeug hatte ein Stoffverdeck. Die Windschutzscheibe aus Sicherheitsglas war umlegbar, die Seitenfenster konnten gesteckt und in besonderen Abteilen gelagert werden. Die Rückbank war in die Karosserie eingebettet. Die Vordersitze waren schalenartig, sie hatten die Form von Kübeln.

»Kübelsitz-Wagen« lautete deshalb die offizielle Bezeichnung. Der sogenannte »Landser-Jargon« machte daraus durch Sprachabschliff den »Kübelwagen.«

Motorisiert war der Wagen, der in der ausgereiften Form die Typenbezeichnung »82« erhielt, mit dem 985 ccm Boxer-Motor, der 1943 auf 1131 ccm erweitert wurde, dadurch zwar nur 1 PS stärker wurde, aber drehfreudiger lief.

Am Fahrwerk wurden gegenüber dem KdF-Wagen kaum Veränderungen vorgenommen. Die Bodenfreiheit wurde erhöht, indem vorne besondere Achsschenkel eingebaut wurden und hinten zusätzliche Vorgelege an den beiden Halbachsen.

Der Kübelwagen war spartanisch. Offiziere bevorzugten deshalb häufig andere Wagen und ließen die Kübelwagen in die Depots zurückgehen. Allein beim Afrika-Corps soll er sehr beliebt gewesen sein. Hier spielte die Luftkühlung ihre Vorteile besonders gut aus, und selbst im Sandsturm lief der Motor nach Einbau besonderer Filter weiter.

Oben: SS-Fahrbereitschaft in einer ersten Kübelwagenvorstudie. Rechte Seiten, oben: »Kübelwagen« mit geschlossenem Verdeck. Rechte Seite, unten: Die getötete Besatzung eines Kübelwagens auf dem nordafrikanischen Kriegsschauplatz.

Modell: Kraftfahrzeug-Kriegsproduktion des Volkswagen-Werkes
Zeit: 1940 - 1945

Typ	PS	ccm	km/h	Preis bei Erscheinen	Bauzeit	Stück
Kübelwagen VW 82	24	985	80	2.782 RM*	1940-43	
Kübelwagen VW 82	25	1131	80	- - -	1943-45	ca. 51.000
Kommandeurwagen VW 82 E**	24	985	80	- - -	1941-44	
Kommandeurwagen VW 87	25	1131	80	- - -	1941-44	564
Schwimmwagen	25	1131	80***	- - -	1942-44	14.276

* Preis für die Wehrmacht

** Vierradantrieb

*** Im Wasser 10 km/h

An der Ostfront war das Gelände häufig für jedes Automobil zu schwierig. Deshalb wurde bis 1943 auch an einem Kübelwagen mit Kettenantrieb hinten experimentiert. Dieses Fahrzeug ging nicht in Serie.

Besondere Variationen gab es jedoch zahlreich: z.B. Zwillingsbereifung hinten, Schienenleiträder innen (so daß der Wagen auch auf Schienen laufen konnte). Es wurden Kübelwagen mit Maschinengewehraufbau und Treibstofftransporter gebaut, ebenso Vermessungs-, Funk- und Sirenenwagen. Als die Treibstofflage bei Kriegsende kritisch wurde, konstruierte Porsche 1943/44 Holzgasgeneratoren, die mit Holz oder Anthrazitkohle gefüllt wurden. Die Anlage, die ein Gewicht von 80 kg hatte, wurde im Heck oder im vorderen Wagenteil installiert. Die Gasgeneratorwagen brachten es nur auf eine Leistung von 12 PS und konnten deshalb nicht an den Fronten eingesetzt werden.

Die Zahl von 55.000 Kübelwagen erscheint groß, wenn man bedenkt, daß bis Kriegsende keine 700 zivilen KdF-Wagen gebaut wurden. 20 Jahre später wurden im VW-Konzern solche Produktionszahlen in einem Monat erreicht. Aber auch im Vergleich mit den über 600.000 Jeeps, die Willys von 1943 bis Kriegsende für die US-Army baute, sind die 55.000 Kübelwagens des Zehn-Millionen-Mann Heeres unbedeutend. Die Masse der deutschen Armee ging zu Fuß hinter den blitzkriegartig vorstoßenden Panzerverbänden in den Krieg, und auch später, als die Panzerwaffe stumpf geworden war, war die Wehrmacht ein untermotorisiertes Infanterie- Heer. Die GI's hingegen holten Henry Fords Massen-Motorisierung 20 Jahre später militärisch nach.

In der Geschichte der Volkswagen-Konstruktion ist der Kübelwagen eine Episode. Und auch die Behauptung, der II. Weltkrieg sei eine Verlängerung der Testphase der Volkswagen-Konstruktion gewesen, erweist sich als Mär. Im Kriege war die einzige Verbesserung an der Konstruktion die Vergrößerung der Kubikzahl. In den ersten Nachkriegsjahren hatte man andere Sorgen, als das Fahrzeug zu verbessern und dazu die Erfahrungen ehemaliger Kübelwagen-Fahrer heranzuholen. Porsche selbst konnte die Kriegserfahrungen nicht auswerten, denn er war von den Amerikanern interniert worden.

Modell: KdF-Wagen
Zeit: 1941 - 1944

Typ	PS	ccm	km/h	Preis bei Erscheinen	Bauzeit	Stück
Typ (Porsche) 60	24	985	105	990,- RM*	1941-44	630

Besonderheiten: Von Hitler festgelegter »politischer« Preis, der nie realisiert wurde, da kein KdF-Wagen in den Handel oder zu den Sparern gelangte

VW-SCHWIMMWAGEN

Nicht erst durch die spleenige Liebe der Amerikaner oder durch Drehbucheinfälle von Walt Disney ging der Volkswagen ins Wasser und lernte schwimmen. Die Interessen der Wehrmacht-Pioniere und des SS-Führungshauptamtes ließen ab 1940 Ferdinand und Ferry Porsche — auf der Basis des Volkswagens und fortentwickelt aus dem Kübelwagen — einen Schwimmwagen konstruieren.

Der militärische Sinn von Amphibienfahrzeugen ist bis heute umstritten. Kenner von Militärinterna behaupten, auch die Schwimmwagen des Volkswagenwerkes hätten ihren Haupteinsatz bei der Entenjagd von Generalstäblern und hohen Offizierschargen gehabt.

Tatsächlich ergibt ein wasserdichter Rumpf und eine Schiffsschraube noch kein Boot. Ein VW-Schwimmwagen, der sich mit nur 10 km im Wasser bewegte, gab eher ein gutes Ziel für gegnerische Truppen ab, die das gegenüberliegende Ufer verteidigten. Wenn trotzdem über 16.000 Schwimmwagen gebaut wurden, so lag das einerseits an einer Porsche- und technikgläubigen Lobby, zu der ein Adolf Hitler und ein Heinrich Himmler gehörten, zum anderen an den hervorragenden Geländeeigenschaften der Schwimmwagenkonstruktion vom Typ 166 (1942-1944).

Im Gegensatz zum Kübelwagen, der seine Geländetauglichkeit durch eine hohe Bodenfreiheit und ein Sperrdifferential erreichte, gab Porsche dem Schwimmwagen einen Allradantrieb, der zugeschaltet werden konnte, und einen extrem kurz ausgelegten Geländegang. Der Normalantrieb erfolgte über die Hinterräder. Das Wechselgetriebe trieb nach Zuschaltung die Vorderräder über eine Rohrgelenkwelle an. Als Motor kam der auf 1131 ccm erweiterte Boxer zum Einsatz, der 25 PS leistete.

Gelenkt wurde der Wagen im Wasser durch die Vorderräder. Da man diese unter Wasser nicht sehen konnte, zeigte ein Zeiger am Armaturenbrett den Einschlag an. Die Räder liefen im Wasser immer mit. Der Antrieb erfolgte durch eine Schraube mit drei Blättern, die an Land hochgeklappt wurde. Der Wagenkörper lag 80 cm tief im Wasser. Das führte zu einer hohen Verdrängung und zur bescheidenen Geschwindigkeit im Wasser. Fiel der Motor aus, so gehörten zum Bordwerkzeug zwei Paddel ...

Den Aufbau bildete eine Stahlblechwanne. Wo sie für Lenkungs-, Antriebswellen etc. durchlässig sein mußte, verschlossen Gummidichtungen die Öffnungen. Türen gab es nicht. Eine Stoffplane schützte gegen Wasser von oben. Die Frontscheibe ließ sich wie beim Kübelwagen umlegen.

Gefertigt wurde der Schwimmwagen in zwei Versionen — die erste allerdings nur 30mal — von 1942 bis 1944 in Wolfsburg. Die Fahrzeugwanne kam von Ambi-Budd. 1944 fehlten Zubehörteile und die Produktion wurde eingestellt.

Der skurrile Wagen gehört heute unter VW-Sammlern zu den begehrtesten Objekten. Knapp 150 Exemplare soll es heute noch geben. Das VW-eigene Exemplar steht im Berliner Museum für Verkehr und Technik.

Links: Kübelwagen und KdF-Wagen mit Holzvergaser-Motor, Oben: 1940 war man in Wolfsburg stolz, als der 1000ste Motor gefertigt wurde. Rechte Seite, oben: Schwimmwagen im Mittellandkanal. Die Aufnahme stammt aus der Nachkriegszeit.

DER KDF-WAGEN 1941-45

Porsches Volkswagen-Konzeption sah die Konzentration auf ein Modell vor, das in Großserienfertigung nach amerikanischem Maßstab die Bänder verlassen sollte. Durch die Kriegssituation war im Jahre 1941 von diesem Ansatz nicht mehr viel übriggeblieben. Das Werk baute eine Vielfalt von vornehmlich militärisch genutzten Varianten der Porsche Konstruktion. Doch selbst beim Kübelwagen konnte von einer Massenproduktion im Detroiter Maßstab nicht gesprochen werden.

Im zivilen Kleid der klassischen Stromlinienkarosse verließen sogar nur 630 Fahrzeuge im Verlauf des Krieges die Fabrik am Mittellandkanal. Von diesen »Kraft durch Freude«-Wagen gelangte jedoch keiner in die Hände eines KdF-Sparers.

Die Limousinen wurden zum nationalsozialistischen Statussymbol. Wer in der Parteiführung, in der Wehrmacht und in der Bürokratie etwas darstellen wollte, besorgte sich einen Bezugsschein für eine der einheitlich schwarzen KdF-Limousinen. Fuhr er damit durch die Reichshauptstadt, so konnte jeder sehen, daß er an die Pläne des »Führers« glaubte und Beziehungen hatte. Die geringen Produktionszahlen versprachen zudem Exklusivität. Zu guter Letzt wuchs die Käferflotte in der Reichshauptstadt so stark an, daß sogar die erste Service-Werkstatt des Werkes in Berlin eingerichtet wurde. Serienmäßig begann die Produktion des KdF-Wagens im August 1941. Den ersten Wagen der ersten Serie erhielt der Führer der »Deutschen Arbeitsfront«, in deren Besitz sich das Werk ja befand, Robert Ley. Die 630 Wagen entsprachen in der Ausstattung und Konstruktion der Beschreibung in den KdF-Prospekten. Allerdings wurden keine Limousinen mit Rollschiebedach gefertigt.

Die später weltweit bekannte VW-Karosserie trugen aber nicht nur die KdF-Wagen. Auch auf das Fahrgestell des Kübelwagens wurde ab 1943 der Aufbau des KdF-Wagens montiert. So war ein spartanisch ausgerüsteter Militärwagen entstanden, der aber immerhin geschlossen war. Er bekam die Typenbezeichnung »82 E«. In einer besonderen Version wurde er an die SS geliefert und hieß dann »92 SS«.

Kombinierte der »82 E« Kübelwagen und KdF-Aufbau, so der »Kommandeurwagen« das Fahrwerk des Schwimmwagens mit der Zivilkarosserie. Entstanden war so ein Allrad-Käfer, der sich äußerlich vom »82 E« vor allem durch ein Faltschiebedach unterschied. In der sogenannten Tropenausrüstung, die an das Afrika-Corps geliefert wurde, hatten der Kommandeurwagen (Typenbezeichnung »VW 87«) breite Kronprinz-Sandreifen. Beide Kriegs-VW sind auf den ersten Blick von der KdF-Limousine zu unterscheiden. Durch ihr Fahrwerk sind sie »hochbeinig«.

Einen dicken Buckel auf der Vorderhaube hatten die Limousinen mit Holzgenerator, die ab 1943 zur Auslieferung kamen. Unter dem Buckel versteckte sich der von Porsche konstruierte Generator, der mit Holz, Anthrazit, Koks, Braunkohle und sogar mit Torf befeuert werden konnte.

Von den Typen »82 E«, »92 SS« und »Kommandeurwagen« wurden insgesamt 564 Exemplare gebaut. Den »82 E« bauten die Engländer aus vorgefundenen Teilen 1945 noch einige Zeit weiter. Im ersten Nachkriegsjahr gab es ihn sogar in einer Cabrio-Version.

Kommandeurswagen

RÜSTUNGSPRODUKTION

In den Kriegsjahren baute das Volkswagenwerk Automobile, wenn auch zum größten Teil für Kriegszwecke. Aber trotzdem waren die vier fertiggestellten Hallen keine Automobilfabrik, sondern eine Rüstungsschmiede mit einer breiten Produktionspalette vom Flugzeugbau über die Bomben- und Minenproduktion bis zur V 1-Montage.

Hermann Göring, 1939 noch nicht Generalfeldmarschall, aber preußischer Ministerpräsident, Chef der Luftwaffe und »Beauftragter für den Vier-Jahres-Plan«, hatte schon früh ein Auge auf das am Mittellandkanal entstandene Werk geworfen. Er war ihm nicht unbedingt freundlich gesinnt, denn nur wenige Kilometer entfernt, in Salzgitter, baute er unter seinem Namen und als seinen Privatbesitz die »Hermann-Göring-Werke« auf, ein Kombinat, das das in dieser Region gefundene Eisenerz mit Ruhrkohle am Fundort zu Stahl verarbeitete.

In der dünnbesiedelten Region konkurrierten Volkswagen- und »Hermann-Göring-Werk« um die wenigen Arbeitskräfte. Zudem setzte Göring militärisch auf seine Luftwaffe und wollte, daß Arbeiten an einer zivilen Autoproduktion eingestellt würden. Hierin traf er sich mit Admiral Raeder, dem Oberkommandierenden der Marine. Der glaubte, den Stahl und die Werkzeugmaschinen für sein Schlachtschiff-Bauprogramm gut gebrauchen zu können.

1939 überfiel das Deutsche Reich Polen. In fünf Wochen war Polen besiegt. Die deutschen Verluste waren relativ gering, aber es waren doch einige der mit großer Übermacht angreifenden Flugzeuge der Luftwaffe beschädigt worden. Ein großer Teil kam ins Volkswagenwerk zur Reparatur. Die in Großserienproduktion denkenden Werksingenieure organisierten einen Reparaturablauf am Fließband. Bis Kriegsende blieb das Werk ein bedeutender Reparaturbetrieb für Flugzeuge, während die beabsichtigte Flugzeugproduktion nie richtig in Gang kam.

Ab 1943 wurden im Werk 250-Kilobomben, Landminen, Laufräder für Panzerketten und Feldöfen gefertigt. Ab 1944 auch die V 1, eigentlich noch keine Rakete, wie sie in Peenemünde mit der V 2 konstruiert wurde, sondern mehr eine unbemannte Flugzeugbombe.

Mit dem Bau der V 1, die zwar nicht optimal funktionierte, aber vom Konzept her die britische Zivilbevölkerung treffen und in Angst und Schrecken versetzen sollte, geriet das VW-Werk ins Visier des US-Bomberkommandos. Bis dahin hatte nur die Royal Air Force mit Nachtangriffen kleinere Schäden angerichtet, die die Produktion nicht unterbrachen. Die US-Bomber kamen bei Tage und trafen genauer. Im April 1944 kam es zum ersten Angriff, im Juni 1944 zerstörten zwei Bombenangriffe vor allem durch Brand große Teile des Werkes. Nach einem weiteren Angriff im August 1944 waren 30% des Werkes zerstört. Die V 1-Produktion wurde in das besetzte Lothringen ausgelagert. Die Kübelwagenproduktion lief weiter. Die Luftangriffe hörten auf.

Wie gut die Produktion bis Kriegsende noch lief, zeigen Produktionszahlen vom Januar 1945: 2.030 Kübelwagen, 1.000 Motoren für diverse Zwecke, 40.000 Gehäuse für Landminen und 170.000 Gehäuse für Panzerfäuste wurden gefertigt.

Im Jahre 1944 beschäftigte das Werk 17.000 Menschen ausschließlich mit Rüstungsproduktion — abgesehen von den wenigen KdF-Limousinen, die für Parteibonzen gebaut wurden.

ZWANGSARBEIT

Ein dunkles Kapitel in der VW Geschichte bildet die Zwangsarbeit. Sie begann nicht erst mit der Beschäftigung von polnischen Kriegsgefangenen nach dem Ausbruch des II. Weltkrieges. Auch die deutschen Arbeiter, die das Werk und die Stadt aufbauen sollten, kamen nicht freiwillig in die Barackenlager am Mittellandkanal.

Im größten Teil der umfangreichen VW-Literatur wird dieses Kapitel verschwiegen, verschleiert oder verharmlost. Verantwortliche, die später bei VW aufstiegen und in Interviews das Hauptquellenmaterial vieler oft anregend geschriebener Werksgeschichten lieferten, wollten sich wohl nur sehr ungenau erinnern. Aber es gibt andere Zeugenaussagen, Aussagen ehemaliger Zwangs- und KZ-Arbeiter. Und es gibt Akten von Kriegsverbrecherprozessen, die Amerikaner, Engländer und Sowjetrussen 1946 und auch noch später gegen Verantwortliche durchführten.

Als das VW-Werk provisorisch einsatzbereit war, gab es noch keine Stammbelegschaft. Wenige Produktionsfachleute hatte man unter Deutschamerikanern in den USA angeworben, Porsche-Ingenieure standen zur Verfügung, und die Geschäftsführung oblag Funktionären der Deutschen Arbeitsfront und der KdF-Organisation.

Besonders in Gebieten mit hoher Arbeitslosigkeit, die es im Nazi-Deutschland entgegen der Propaganda auch noch gab, wurden männliche Dienstkräfte zwangsverpflichtet, so in mitteldeutschen Gebieten des nördlichen Harzes, in Westfalen (Gronau) und in Süddeutschland. Bauarbeiter mußten später zu Industriearbeitern umgeschult, Kräfte aus der Landwirtschaft der Region abgeworben werden.

2.500 italienische Arbeiter wurden gegen Bezahlung der italienischen Schwesterorganisation der DAF ausgeliehen. Sie nahmen 1938 ihre Arbeit auf, wurden zunächst nicht besser und schlechter behandelt als die deutschen Zwangsverpflichteten. Aber als 1943 Italien das Bündnis der Achsenmächte verließ, erhielten sie den Status von Kriegsgefangenen und lebten bis Kriegsende hinter Stacheldraht.

Mit Kriegsbeginn wurde ein Teil der deutschen Zwangsverpflichteten zur Wehrmacht überstellt. Ab 1940 nahmen polnische Kriegsgefangene, ab 1941 auch sowjetische Kriegsgefangene zunehmend ihren Platz ein. In noch größerer Zahl kamen im selben Jahr zwangsverpflichtete Männer und Frauen aus Osteuropa in die KdF-Stadt. Schon bald arbeiteten im Werk Menschen aus 8 Nationen: Deutsche, Sowjetbürger, Polen, Italiener, Holländer, Belgier, Franzosen, angeworbene Spanier. Wie die Zwangsarbeiter in anderen Industriebetrieben des Reichs waren sie mehr oder weniger, je nach Nationalität, rechtlos: Sie durften sich nicht frei bewegen, nachts grundsätzlich die Lager nicht verlassen, keine Fernsprecher, Fahrräder, öffentliche Verkehrsmittel und Veranstaltungen besuchen. Kontakt mit Deutschen außerhalb und während der Arbeit über das notwendige Maß hinaus war untersagt. Untergebracht wurden sie in Barackenlagern, die den Standard der Lager für Deutsche noch unterschritten.

1941 wurden auch deutsche Juden in Wolfsburg zusammengezogen, ab 1942 stellten die KZs Lagerinsassen ab. Die Initiative hierzu ging von Porsche aus, der wegen Arbeitskräftemangel seine Produktionsziele nicht erreichen konnte, und wurde dann von Hitler direkt angeordnet. Den Deutschen ging es in der »Kraft durch Freude«-Stadt nicht gut, Zwangsarbeitern ging es schlecht, die Kriegsgefangenen wurden gequält, die KZ-Insassen durch Arbeit vernichtet.

Die KZ-Häftlinge kamen zur Hälfte aus Neuengame, zur anderen Hälfte aus Sachsenhausen. Von 1.200 Häftlingen, die 1942 in der KdF-Stadt arbeiten mußten, sollen 50% innerhalb eines halben Jahres durch die Arbeits- und Lebensbedingungen umgekommen sein.

Im Werk wurde während des Krieges in zwei Schichten von zwölf Stunden gearbeitet. KZ-Häftlinge wurden vor allem für Reparaturarbeiten am Mittellandkanal, zur Bombenräumung und zur Munitionsproduktion eingesetzt. Vor allem um Munition zu produzieren, gab es ab 1944 auch weibliche KZ-Häftlinge im Werk.

Am 8. April 1945 wurden alle KZ-Häftlinge vor den anrückenden US-Truppen evakuiert. Sie gingen auf den »Todesmarsch« in Richtung Salzwedel und Ludwigslust (heute DDR). Als sich die SS-Bewacher davonmachten und alliierte Truppen die Überlebenden befreiten, wurde keine Todesstatistik geführt. So sind die KZ-Opfer unbekannt.

Was Zwangs- und KZ-Arbeit betrifft, ging es im Volkswagen-Werk »nicht schlimmer« als in anderen Werken der Großindustrie zu. Sie darf trotzdem nicht vergessen und verschwiegen werden. Erschütternd ist aber vor allem der Tod von 174 sowjetischen und polnischen Säuglingen. Sie wurden von Zwangsarbeiterinnen geboren — ohne medizinische Betreuung, in einer speziellen »Kleinkinderbetreuungseinrichtung einfachster Art« am Schachtweg. Zuständig für die medizinische Betreuung war der Betriebsarzt des Volkswagenwerkes, Dr. Körbel. Er unternahm nichts gegen Unterernährung, mangelnde Hygiene und Infektionskrankheiten. Die Mehrzahl der Säuglinge starb innerhalb der ersten drei Lebensmonate. Die Mütter wurden 16 Tage nach der Geburt von den Kindern getrennt und wieder an ihre Arbeitsplätze gebracht.

Körbel und der Oberschwester Ella Schmidt wurde im September 1946 von einem in Helmstedt tagenden Kriegsgericht, das aus sowjetischen, britischen und amerikanischen Offizieren bestand, der Prozeß gemacht. Körbel wurde zum Tode verurteilt und hingerichtet.

Die Zwangsarbeiter leisteten auch Widerstand. Unter den sowjetischen Kriegsgefangenen gab es Widerstandszellen, und aus Kreisen der holländischen Zwangsarbeiter, vor allem der Studenten, die auch in der Werksverwaltung eingesetzt wurden, sollen die Informationen für die alliierten Bomberflotten gekommen sein.

Wolfsburg Motor Works

Nachkriegsjahre unter Besatzungsrecht

Als der Zweite Weltkrieg zu Ende war, existierte das KdF-Werk eigentlich nur noch auf dem Papier. Das Management hatte sich in alle Winde verstreut, die Maschinen waren ausgelagert, zerstört oder rosteten unter zertrümmerten Werksdächern dahin.

Die ersten Truppen, welche die Autostadt am Mittellandkanal erreicht hatten, waren die Amerikaner. Sie hielten mit Panzerwagen die jahrelang geschundenen Zwangsarbeiter, meist Polen, Letten, Russen und Franzosen, von Plünderungen und Racheakten an der Zivilbevölkerung ab.

Dann kamen die Engländer. Sie zeigten großen Respekt vor dem Volkswagen, hatten sie doch seinen Ableger — den Kübelwagen — schon bei Rommels Wüstenkrieg kennengelernt.

Die Briten übernahmen die Treuhänderschaft über das herrenlos gewordene Werk am Kanal und begannen schon 1945 mit dem Zusammenbau der ersten Käfer, die bald als die solidesten Fahrzeuge weltweit galten.

Die »Stunde Null« wurde für die KdF-Stadt zu keinem Drama: nicht nur, daß die Retortenstadt lange Jahre überhaupt von Bombenabwürfen weitgehend verschont geblieben war, auch der Einzug der Alliierten vollzog sich ohne Häuserkämpfe und letzte »Heldentaten« des Volkssturms.

Als erstes rückten die Amerikaner ein. Der katholische Priester des Ortes, Monsignore Antonius Holling, hatte sie aus dem nahen Fallersleben geholt, nachdem die SS-Wachen der Kriegsgefangenenlager fortgezogen waren. Holling befürchtete Racheakte der Zwangsarbeiter auf die Zivilbevölkerung sowie Plünderungen im Autowerk. Die Amerikaner stellten daraufhin ein paar Panzer ihrer 102. Infanterie-Division vor dem Barackenlager ab, verkündeten, jeden Plünderer sofort standrechtlich zu erschießen, und wachten über die Ruhe der ehemaligen Kübelwagenproduktionsstätte mit einem weiteren Schützenpanzerwagen.

Nur einige Kriegsgefangene waren schon zuvor in den Büroräumen der KdF-Fabrik gewesen, hatten dort die Einrichtungen zerschlagen und nach ihren verhaßten Unterdrückern gesucht, vor allem dem Montagebandleiter Josef Werner. Der hatte sich jedoch längst nach Österreich abgesetzt; seine polnische Haushälterin wiegelte die drohenden Gefangenen vor seinem Haus ab.

Einige Tage lang war Holling quasi das Stadtoberhaupt. Die Amerikaner gaben ihm einen Beutewagen sowie etwas Sprit, um seine Aufgaben erfüllen zu können. Noch war der Krieg nicht zu Ende. Erbittert kämpfte die Rote Armee um Berlin, wo die Nazitruppen ihr letztes Aufgebot in Stellung gebracht hatten.

Am 8. Mai war dann der Krieg endgültig vorbei, wurde die Kapitulationsurkunde unterschrieben. In der Stadt des KdF-Wagens fragten sich die Bewohner bange, was denn wohl mit ihnen und der Autofabrik, die nur zum Teil beschädigt war, geschehen würde.

Zunächst wechselten die Besatzer. »Wolfsburg«, wie die KdF-Stadt am 25. Mai 1945 umbenannt wurde, lag in der britischen Besatzungszone. Die »Tommies« versuchten, die Lebensmittelversorgung zu organisieren, und sorgten für die Repatriierung Tausender von Zwangsarbeitern. Gleichzeitig brachten sie in den Barackenbehausungen den neuen Strom von Flüchtlingen aus der Sowjetzone unter. Diebstähle und Schwarzmarkt gehörten zum Alltag.

Da während des gesamten Krieges die Stromversorgung Wolfsburgs in Takt geblieben war (das Kraftwerk blieb von Bombentreffern vollkommen verschont und speiste nahtlos in Hitler- wie in Besatzerzeiten das kommunale und das Fabriknetz), gelang es den Briten schnell, in den nur teilweise zertrümmerten Hallen eine provisorische Werkstatt einzurichten. Es wurden zwar keine Neuwagen gebaut, aber Armeefahrzeuge und zivile LKWs repariert, die für den Wiederaufbau des Landes dringend benötigt wurden.

Im August 1945 traf Major Ivan Hirst von den Royal Electric and Mechanical Engineers (REME), der technischen Abteilung der britischen Streitkräfte, am Kanal ein und übernahm die Leitung der Werksanlage. Hitlers Ex-Autofabrik firmierte nunmehr schlicht als »Wolfsburg Motor Works«. Hirst ließ die Hallen von Schutt und Trümmern räumen, Einzelteile von Autos und halb fertiggestellte Karossen zusammensuchen sowie das Montageband, im Krieg in den Keller verlegt, wieder flott machen. Außer einem Wasserschaden hatte es die alliierten Bombenangriffe unversehrt überstanden und konnte schnell für die Motorenüberholung wiederbelebt werden.

Hirst setzte auch kurz darauf die komplette Automobilfertigung — zusammen mit einigen ex-leitenden VW-Mitarbeitern — in Gang. Bis Ende des Jahres 1945 rollten 1756 Volkswagen aus dem Werk, montiert aus Restbeständen.

Diese Fahrzeuge gingen sowohl an alliierte wie an deutsche Stellen, etwa die Reichspost. Käfer und Kübelwagen wurden mit viel Improvisationstalent zu Krankenwagen umgebaut.

Die Engländer stellten eine Typenliste zusammen, die insgesamt 15 Fahrzeugvarianten aufwies.

Trotz der Wiederaufnahme der — allerdings bescheidenen — Käferproduktion schien die Zukunft des VW-Werks 1945 noch ungewiß. Als Rüstungsbetrieb sollte er nach dem Willen der Alliierten demontiert werden. Allerdings wurde Aufschub gewährt. Die Wolfsburger fürchteten, daß bald die Sowjetrussen ihre Besatzungszone um wenige Kilometer verschieben und die Autostadt übernehmen könnten. Die ständige Präsenz sowjetischer Soldaten in Wolfsburg sowie eines mächtigen Turms mit Stalin-Bildern im Zentrum hielt den Bewohnern ständig die »rote Gefahr« vor Augen. Mit schöner Regelmäßigkeit war die 30köpfige russische Armeeeinheit in den vergangenen Monaten durch das Werk gegangen und hatte dort alle Anlagen markiert, welche sie als Reparationsgüter in die Sowjet-Union verschickt haben wollten.

Rechte Seite: Wolfsburg 1946; Volkswagen für die britische Besatzungstruppe.

Das Volkswagenwerk überstand auch dieses. Die Aufbauarbeit schritt voran. Der britische Offizier Charles Bryce, Inspektor für die fertiggestellten Volkswagen, brachte seine Eindrücke aus dieser schweren Zeit zu Papier:

»Bei meiner Ankunft in Deutschland Anfang März 1945 wurde ich zu der kurz zuvor neu formierten Einheit REME abgestellt, die ihr Hauptquartier in Bad Salzufflen hatte. Von dem dort kommandierenden Offizier bekam ich meine Instruktionen: Gehen Sie zu einem Ort bei Fallersleben, wo man versucht Automobile herzustellen — sehen Sie zu, daß man sie gut macht! (...) Nachdem ich einen Wagen und einen Fahrer organisiert hatte, ließ ich mich nach dem rund 160 Kilometer entfernten Fallersleben chauffieren. Dort angekommen, sah ich mich erfolglos nach einer Automobilfabrik um. Dann erfuhr ich von einigen Anwohnern, daß ich möglicherweise nach einem Ort mit Namen Wolfsburg suche (...)

Wir fanden Wolfsburg sehr schnell und ich war erstaunt, ein so riesiges Gebäude vorzufinden (...) wir fuhren zum Haupteingang, folgten den vielen Hinweisen in englischer Sprache und standen nicht lange danach im Büro von Major Hirst, dem verantwortlichen Offizier der hier anwesenden englischen Besatzungsmacht. Major Hirst verlor keine Zeit, stellte mich unter anderem Richard 'Dick' Berryman vor und erklärte, daß er um meine Person als Inspektions-Offizier nachgefragt habe. Ich sollte ihn bei der Überprüfung der Qualität der VW-Autos unterstützen. Man produziere derzeit etwa 80 Stück pro Monat und hoffe, diese Einheit in Kürze erheblich erhöhen zu können. (...)

Vom Hauptquartier der Militärregierung kam die Entscheidung, daß alle Volkswagen einen gewissen Standard erreichen mußten, der der britischen Armee akzeptabel erschien und menschenwürdig war. Einer der Gründe für die Anwesenheit von 'Königlichen Elektrikern und Mechanikern' war, daß man versuchte, diesen gewünschten hohen Standard unter den herrschenden schwierigen Bedingungen zu garantieren.

Im Gesamtkomplex der großen Fabrik existierte eine Art Hilfsfabrik, die nur damit beschäftigt war, die verschiedenen Maschinen wieder herzustellen, ebenso wie dringend benötigte, beschädigte oder zerstörte Volkswagen. Dieses 'Band' war vollkommen mit deutschen Arbeitern besetzt, die einen sehr tüchtigen Vorarbeiter hatten, dessen Motto 'Qualität geht vor Quantität' war.

In der Reparaturabteilung wurden die defekten Volkswagen komplett auseinandergenommen und bis ins kleinste Detail zerlegt. Jedes Teil wurde gründlich untersucht und dann ausgewählt für Einbau, Reparatur oder Abfall. Von den Teilen, die für den weiteren Gebrauch geeignet waren, konnten wöchentlich etwa 20 neue Wagen gebaut werden.«

Die Wolfsburger Kleinproduktion gelangte aber nicht auf den leeren deutschen Nachkriegsautomarkt. Alle Wagen wurden an alliierte Dienststellen ausgeliefert. So kamen unter anderem Volkswagen in den Besitz der sowjetischen Armee. Später konnten auch Offiziere der vier Besatzungsmächte Volkswagen für den Privatbesitz erwerben. Britische Offiziere zahlten für einen solchen Wagen 160 Pfund, was einer Kaufkraft von 1.600 Mark entsprach. So wurde der »deutsche Wagen« schon früh »Aller Welts Wagen«.

Wie seinerzeit in Wolfsburg produziert wurde, berichtet Charles Bryce:

»Eine Qualitätskontrolle existierte anfänglich praktisch nicht. Es herrschte ein großer Mangel an Meßgeräten aller Art und Apparaturen, die normalerweise für die Aufrechterhaltung eines Produktionsstandards notwendig sind. Dennoch stellte Radclyffe die Forderung auf, daß im Monat März mindestens 1.000 Volkswagen zu produzieren seien. Berryman war von der Unmöglichkeit dieser Aufgabe überzeugt, trotzdem rief er 35 Köpfe des alten VW-Werkes zusammen und schwor sie auf die Devise ein: Das VW-Werk muß arbeiten, egal was es kostet. Um das zu schaffen, löste man zum Beispiel das permanente Energieproblem durch den Eintausch eines VW-Käfers gegen eine Zugladung Kohlen. Die wichtigsten, fehlenden Ersatzteile besorgte man aus England und vermeldete im März 1946 exakt 1.003 gebaute Volkswagen.

Manchmal war es ein Wunder, daß halbwegs vernünftige und straßentaugliche Wagen überhaupt das Werk in Wolfsburg verließen, obgleich insgesamt gesehen die Reklamationen relativ gering blieben (...).

Im VW-Werk war in diesen ersten Nachkriegsmonaten Sabotage möglich, und manchmal berichteten außenstehende Personen dem Werk auch über solche Vermutungen. Doch waren alle diese Berichte glücklicherweise nicht stichhaltig. Dinge wie zerschlitzte Sitze und zerkratzter Lack waren fast alltäglich, aber nicht sehr gravierend. Im ganzen gesehen waren die deutschen Arbeiter zur Zusammenarbeit bereit und glaubten letzten Endes, wie wir selbst auch, an die Zukunft des Volkswagens. Es gab etwas an den Volkswagen, das einen unbestimmten Enthusiasmus hervorrief und zwar bei allen, die damit zu tun hatten. Trotz aller Schwierigkeiten, die es im Jahre 1946 gab, herrschte dieses Fieber auch unter uns Besatzern. Dafür gibt es keine logischen Gründe, denn der 'Käfer' war eigentlich ganz schön häßlich. Er wurde zudem 1946 mehr schlecht als recht zusammengebaut und stand weit unter dem heute üblichen Produktionsstandard. (...)

In jenem Jahr wurden die meisten Limousinen servicegrün lackiert. Gegen Ende 1946 lieferten wir ungefähr 50 Wagen in brauner Farbe an die Russen, weitere fünfzig Wagen wurden in blauer Farbe durch die Royal Air Force (RAF) bestellt, und etwas über 100 Wagen in hellgrau orderte die französische Besatzungsmacht. Eine beträchtliche Anzahl dunkelgrauer Autos ging an die Amerikaner (...).

In diesem Zusammenhang gab es unter der deutschen Bevölkerung und unter den deutschen Arbeitern nicht wenig Aufregung, als eines Tages zwei russische Offiziere erschienen, doch sie wollten nur die Volkswagen abholen. Die Russen waren technisch so unbegabt, daß man ihnen zuvor erst alle Funktionen des 'Käfers' erklären mußte.

Die Deutschen im Volkswagenwerk benahmen sich wie gute Verlierer. Sie akzeptierten ihr Schicksal, aber waren stets darauf bedacht, für das Überleben und den Wiederaufbau zu arbeiten. Ihre Löhne waren praktisch wertlos. Alles, was sie damit erwerben konnten, waren schmale Rationen. Die Geschäfte waren leer. Kleidung äußerst rar. Aber irgendwie gelang es ihnen immer wieder, gute Arbeit zu leisten, wobei sie auch sehr daran interessiert waren, Überstunden zu machen, wenn das möglich war. Doch die einzige Entlohnung für die Überstunden war ein bißchen braunes Brot und ein Stück Wurst — außerhalb der normalen Ration.«

Links: Radclyffe und Ludwig Erhard unterzeichnen die Übergabe des Werks an die Deutschen. Rechte Seite, oben: Den 10.000sten Volkswagen seit der Übernahme durch die Briten schmückten die VW-Arbeiter auf ihre Art. »10.000 Wagen, nichts im Magen, wer kann das ertragen?« fragten sie anläßlich der kärglichen Hungerrationen. Rechte Seite, unten: Produktion 1946.

10000 Wagen
Essen
10.000
Speiseplan!
mit
Sauce
Denkste

Auch Major Ivan Hirst, unter dessen Ägide bis zur Übernahme der Geschäftsleitung durch Heinrich Nordhoff das VW-Werk wiederbelebt wurde, gab später einen detaillierten Augenzeugenbericht zu Protokoll, der aufschlußreiche Einsichten in die VW-Zeit unter der britischen Besatzungsmacht vermittelt:

»Die ehemalige Nazifirma existierte 1945 nur noch auf dem Papier, und ihr Management hatte sich in alle Winde verstreut, nur wenige waren in die Fabrik zurückgekehrt. Viele der Techniker waren noch greifbar, aber die Schwierigkeiten waren abzusehen, weil sich die Arbeitskräfte im Werk zur Kriegszeit weitgehend aus Fremdarbeitern rekrutiert hatten. Ein damit direkt verbundenes Problem: die Beschaffung von Wohnungen und die Freistellung der Barackenstadt, die zeitweise der Unterbringung von nicht erwünschten Pesonen diente (...).

Es gab einen andauernden Strom von Zivilisten aus der britischen und amerikanischen Industrie, die die deutschen Werke besichtigten, in der Hoffnung, möglichst schnell deutsche Produktionsideen für die eigene Kriegsproduktion nach England und Amerika zu bringen, bevor sich die Amerikaner ergaben. Jeder war irgendwo ein Experte auf seinem Gebiet. So beriet uns ein Fachmann bei Antriebsproblemen, und ein Wochenende zusammen mit einem Ford-Werkzeugmann war immer ein Gewinn.

(...) Was nun die Fabrik betraf, so war die Einrichtung auf den Winter, die Wiederherstellung zerstörter Gebäude und die Aufräumung von Schutt von den Wegen und Schienen die vordringlichste Aufgabe. Maschinen konnten aus einer nicht mehr im Betrieb befindlichen Mine im Harz herangebracht werden, allerdings wurden viele davon sofort von der Firma Peugeot in Frankreich als Eigentum betrachtet. Weitere verlagerte Maschinen wurden an ihren ursprünglichen Standort zurückgebracht, wo die Aufräumungs- und Reparaturarbeiten Fortschritte machten. Einige Maschinen ließ man im Keller, da diese einigermaßen gegen Wasser geschützt waren. Eine Produktionsstraße wurde im Preßwerk aufgestellt. Ersatzteile wurden für die Straßen angefertigt, die nicht mehr zu reparieren waren. Pressen wurden überholt und neu eingerichtet. Langsam bekam man einen Überblick. (...)

Die Zuliefer-Betriebe hatten bei der Materialbeschaffung dieselben Probleme wie wir. Es gab zum Beispiel ein großes Problem mit der ungleichen Dehnungsfestigkeit der Bleche, was seine Ursache im Mangel an Instrumenten zur Feststellung der Hitzegrade in den Hochöfen hatte. Blechstücke, die groß genug waren, ein VW-Limousinendach daraus zu machen, waren nicht zu bekommen. Deshalb mußte man jemanden anstellen, der es fertigbrachte, ein großes Stück aus zwei kleinen zu machen.

Ein weiterer kritischer Punkt war der Vergaser, der in Berlin in Solex-Lizenz gefertigt wurde. Es gab keine Fabrik in Deutschland, die in der Lage war, den Bedarf zu decken, so daß wir einen Vergaser vom grünen Tisch her entwerfen mußten. Wichtige Teile wurden bei Voigtländer, einem Kamerawerk, gefertigt. Der Grundkörper und Schwimmerkammer wurden in Wolfsburg selbst hergestellt. Trotzdem: dieser Vergaser arbeitete einigermaßen zufriedenstellend. Die Herstellung von Stoßdämpfern und Benzinpumpen mußte ebenso neu aktiviert werden. Für die Anfertigung von Getriebe- und Kupplungsgehäuse errichteten wir eine Gießerei in Wolfsburg.

Als die Produktion einmal lief, war dies eine gute Möglichkeit, unsere Position gründlich zu überdenken. Ein Wirtschaftsfachmann erschien und begann mit einem detaillierten analytischen Versuch der Ordnung über den Besitz des VW-Gesamtkomplexes, die Gesellschaft, die Stadt Wolfsburg, land- und forstwirtschaftliche Nutzflächen usw. Seine Empfehlung, ein Kontrollinstrument in der Form eines Direktoriums für das VW-Werk einzurichten, wurde angenommen. Die laufende Produktion machte es zudem möglich, die Finanzen etwas in Ordnung zu bringen. Der erste Geschäftsbericht für das neue Direktorium konnte erstellt werden.«

Es begannen zivile Zeiten in Wolfsburg. Die Engländer suchten nach einem deutschen Generaldirektor des Werkes, das sie nicht hatten sterben lassen. Ende 1947 nahm Dipl.-Ing. Heinrich Nordhoff, bis 1945 Chef der Opel-Blitz-LKW-Fabrik in Brandenburg, die Offerte an. Sein Arbeitsvertrag begann am 1. Januar 1948. Bei seinem Amtsantritt erklärte der ehrgeizige Nordhoff:

»Dieses Jahr wird das Volkswagenwerk zum ersten Mal in seiner Geschichte vor die Notwendigkeit gestellt, auf eigenen Füßen zu stehen. Es wird an uns liegen, aus dieser nun größten deutschen Automobilfabrik einen ausschlaggebenden Faktor der deutschen Friedenswirtschaft zu machen.«

KÄFER-EVOLUTION
Der Motor

Jahr	Modell	PS	ccm	Umdrehung pro Minute	Verdichtung
1933	Porsche Typ 32	28	1470	2600	- - -
1936	VW 30	22	985	3100	1 : 5,8
1941	Kommandeurwagen VW 87	25	1131	3300	1 : 5,8
1946	VW Standard / Typ 11	25	1131	3300	1 : 5,8
1954	VW 1200	30	1192	3400	1 : 6,1
1960	VW Export	34	1192	3600	1 : 7,0
1965	VW 1300	40	1285	4000	1 : 7,3
1966	VW 1500	44	1493	4000	1 : 7,5
1973	VW 1303 S	50	1584	4000	1 : 7,5
1977	VW 1200	34	1192	3800	1 : 7,3

Modell: Volkswagen Käfer
Zeit: 1945 - 1953

Typ	PS	ccm	km/h	Preis bei Erscheinen	Bauzeit	Stück
VW Typ 51	25	1131	80	160 $*	1945	ca. 1800
VW Standard (Typ 11)	25	1131	105	5.300	1946-53	179.852
VW Export (Typ 11)	25	1131	105	5.625	1949-53	333.718
VW Cabriolet Hebmüller 2/2	25	1131	100	7.500	1948-53	696
VW Cabriolet Karmann 2/2	25	1131	100	ca. 7.500	1953-54	12
VW Cabriolet	25	1131	105	7.500	1949-53	15.021

* Nur für Alliierte zu erwerben (160 $ = 1.600 Mark)

Rechte Seite, oben: Grausige Zeiten für Deutsche in Wolfsburg; das Werk zerstört, die Produktion geht an die Alliierten. Rechte Seite, unten: VW-Kolonne wird vor der Überführung an alliierte Abnehmer betankt.

WORKS CONTROL
PROPERTY CONTROL
US ARMY LIAISON
2 REME CONTRACT WORKSHOP

Ein Auto macht sich ...

Modellpflege 1945-1960

Die Briten waren 1945 schon froh, als sie ihren klapperigen Besatzer-Fuhrpark mit ein paar neuen Käfern nach KdF-Bauart aufmöbeln konnten. Sie nahmen nur wenige Veränderungen an der Porsche-Konstruktion vor. Das wurde unter der zivilen Regie von Firmenchef Nordhoff anders. Als er 1948/49 den Export in Gang setzte, mußte er die KdF-Hinterlassenschaft wettbewerbsfähig machen. Von Jahr zu Jahr wurde der Käfer technisch verbessert und in seinem Aussehen »geliftet«, ohne dabei das Grundkonzept des Wagens anzutasten.

Ihren gewichtigsten Ausdruck fand die Wolfsburger Modellpolitik unter der Motorhaube. Von 1949 bis 1960 schraubten die VW-Techniker die Leistung des VW-Boxermotors von 24 auf 34 PS hoch.

Als die Engländer nach der Kapitulation die Regie im KdF-Werk übernahmen, hielten sie die zusammengeschmolzene Belegschaft dazu an, die DAF-Hinterlassenschaft sowohl von Trümmern zu räumen als auch die Fertigung der Käfer-Limousine schnellstens in Gang zu bringen. Die komplette Produktionsausrüstung lag jahrelang unbenutzt bereit.

Noch 1945 bauten sich die »Tommies« 1.785 Vehikel für den Eigenbedarf zusammen.

Zum Teil wurden Käfer-Karosserien grobschlächtig auf Kübelwagen-Fahrgestelle montiert, weil das vorhandene Teilematerial knapp war.

Nur der britische Oberbefehlshaber für Niedersachsen, Major Radclyffe, konnte es sich erlauben, Sonderwünsche geltend zu machen — er ließ sich einen Spezialkäfer mit Klappverdeck bauen.

Nur in kleinem Rahmen bemühten sich die Briten, den KdF-Käfer unter ihrer Regie besser zu machen.

Der britische Offizier Charles Bryce erinnert sich:

»Einen der bedeutendsten und wohl auch gefährlichsten Defekte gab es im Zusammenhang mit der Lenkung. Es gab ernste und auch tödliche Unfälle, und ständig wurde die Lenkung verdächtigt, ohne aber den Fehler zu finden. Man kam schließlich darauf, daß der wirklich sehr schwer herzustellende Stummelachsen-Steuerarm Schuld an den Unfällen sein könnte.« Bryce ließ in der Folgezeit das Teil von Metallographen untersuchen und den Lenkungsdefekt beheben. Ähnlich geschah es mit weiteren Mängeln. Charles Bryce: *»Ob die Deutschen diesen bemerkenswerten Erfolg mit dem Auto erzielt hätten, das bald als das solideste und beste Auto weltweit galt, ohne die Treuhänderschaft der britischen Besatzungsmacht, wird nicht bekannt werden. Aber es ist sicher, daß die Wiederherstellung des Volkswagenwerkes schwieriger gewesen wäre ...«*

Nachdem 1948 Nordhoff das Ruder in Wolfsburg übernahm, wurde der Käfer auch optisch einer konsequenten Modellpflege unterzogen. Erstes Ergebnis 1949: das Käfer-»Export«-Modell mit verchromten Stoßstangen, Radkappen, Scheinwerferringen und Türgriffen. Zudem erhielt die Wolfsburger Luxusausführung eine Hochglanzlackierung. Mehrpreis gegenüber dem Standard-Modell: 700 D-Mark.

Wichtigste Änderungen im Modelljahr 1950: Der Käfer erhielt als Zusatzausstattung ein »Falt-Sonnendach« (250 D-Mark Aufpreis) sowie serienmäßig in der Export-Version eine hydraulische Bremsanlage. Täglich verließen 342 Volkswagen das Werk; am 4. März 1950 war es der 100.000ste seit Kriegsende.

1953 verlor der Käfer seine Rillenstoßstange.

Auch die im Jahr zuvor gerade eingeführten seitlichen Belüftungsklappen entfielen wieder. Gefälliger war das neue Armaturenbrett mit verriegelbarem Ablagefach (statt Handschuhfach aus Pappmasché). 1953 kam das Aus für das charakteristische Brillenfenster. Käfer-Fahrer lugten fortan durch eine ovale Scheibe beim Rückwärts-Einparken. Die Sicht blieb gleichwohl beschränkt.

»Der Genuß des Fahrens beginnt schon, wenn man den Wagen betritt. Formschön ist auch die innere Architektur«, warb der Hersteller 1954 für sein eiförmiges Produkt (andere Kritiker sprachen von einer Schildkrötenform) und offerierte gegen Aufpreis einen Beifahrer-Haltegriff. Die Türinnenbeleuchtung des Exportmodells wurde per Türkontaktschalter betätigt. Stolz ließ sich Heinrich

KÄFER-EVOLUTION
Die Karosserie

Jahr	Modell	Verbesserungen / Veränderungen
1935	VW 3-30	Frontstrahler in Kotflügeln
1937	VW 30	Frontstrahler abgeschrägt
	VW 30	Schmalere Vorderhaube
1938	VW 38	Geteiltes Heckfenster
	VW 38	Trittbretter
	VW 38	Stoßstangen
1949	VW Export	Kunstharzlackierung
1951	VW Export	Ovales Rückfenster ohne Mittelsteg
1955	VW Export	Einkammer-Heckleuchten
1957	VW Export	Rückfenster vergrößert
	VW Export	Windschutzscheibe vergrößert
1960	VW Export	Blinker statt Winker
1961	VW Export	Zweikammer-Heckleuchten
1964	VW Export	Vergrößerung des Heckfensters
	VW Export	Vergrößerung der Seitenfenster
	VW Export	Leicht gewölbte Windschutzscheibe
1967	VW 1300	Senkrechte Scheinwerfer
	VW 1300	Tankklappe rechte Vorderseite
1971	VW 1300 / 1200	Heckfenster nach oben vergrößert
	VW 1500	Heckfenster nach oben vergrößert
	VW 1302	Veränderte Luftschlitze auf Motorhaube
1972	VW 1303 (L.S, LS)	Gewölbte Windschutzscheibe
	VW 1303 (L.S, LS)	Dreikammerleuchten in doppelter Größe
1974	VW 1303	Blinkleuchten vorne in den Stoßstangenecken

Nordhoff täglich per Telefonanruf neue Produktionsrekorde bestätigen: 1954 waren es maximal 769 Käfer täglich.

Inzwischen konnte auch die Leistung des Käfermotors von 24 auf 30 PS gesteigert werden. VW-Chef Nordhoff äußerte sich zu seiner Einheits-Modellpolitik: *»Wir sind eben — und ich möchte das immer und immer wieder sagen, weil immer wieder absolut sinnlose und völlig unbegründete Gerüchte von einem neuen Volkswagen in die Welt gesetzt werden — der Überzeugung, daß das Heil nicht in noch so kühnen und großartigen Neukonstruktionen liegt, sondern in der ganz konsequenten und nie befriedigten Weiterentwicklung auch des kleinen Details bis zur Reife und Vollendung, die eben den wirklich hervorragenden guten Wagen ausmacht und die den wirklich überraschenden Erfolg bringt.«*

Die Änderungen im Modelljahr 1955 beschränkten sich auf Kleinigkeiten: Doppelrohrschalldämpfer mit »gefälligerem« Auspuffton, neue Rückleuchte mit größerer Streuscheibe sowie ein angenehmer in der Hand liegendes Lenkrad. Am 14. Juli bekam der Käfer zudem noch einen Bruder im Feiertagsgewand — das Karmann Ghia-Coupé. Drei Wochen später, am 8. August 1955 feierte das VW-Werk die Produktion des millionsten Volkswagens.

Jahr für Jahr folgten weitere Verjüngungskuren. Unter anderem wurde 1956 die Leistung des Anlassers verstärkt, und erstmals bekamen Käfer schlauchlose Reifen.

1957 vergrößerten die VW-Techniker die Rückscheibe und Windschutzscheibe ein weiteres Mal, das schmale ovale Heckfenster wurde eckig. Auch das Armaturenbrett präsentierte sich im New Look. So rückte das Zündschloß aus dem Bereich des Beifahrerknies, was bei Unfällen zu schlimmen Kniescheibenverletzungen geführt hatte.

Das Gaspedal wurde nicht länger als Rolle, sondern mit gummibelegter Trittplatte eingebaut. Kunststoff, das Wundermaterial der fünfziger Jahre, setzte sich immer mehr im Innenraum durch. Die Seitenverkleidungen bestanden vollkommen aus PVC.

Auch die Fahrzeuge von 1959 standen ganz im Zeichen der Modellpflege. Während die Karosserie unangetastet blieb, wurden die Winkeranschläge durch Extra-Gummipuffer gedämpft und die Sonnenblende (bisher aus getöntem transparenten Kunststoff) gepolstert angeboten.

Die wahre Revolution stand dem Käfer aber erst 1960 bevor — sie hielt Einzug mit der »elefantenstarken« 34 PS-Maschine.

Oben: Karmann-Cabrio von 1950. Im Gegensatz zur Limousine sind beim Cabrio die Lüftungsschlitze für den Motor in der Motorklappe. Mitte: Limousine von 1952 in der Export-Version, jetzt mit ausstellbarem Seitenfenster. Unten: 1957 wird das ovale Rückfenster vergrößert; dadurch verkleinern sich die Lüftungsschlitze.

LEGITIME KÄFER-KINDER

Neben den Karmann-Wagen aus Osnabrück durften VW-Händler offiziell nur noch Spezialkarosserien von zwei weiteren Aufbauherstellern im Programm führen: Miesen und Hebmüller. Kontakte zum Wolfsburger Werk hatten die Karosseriebaufirmen schon in den dreißiger Jahren: Hebmüller baute in der Porsche-Ära ein Volkswagen Kabrio; Miesen belieferte die kriegsgebeutelten Stadtverwaltungen und Wehrmachtseinheiten mit hochbeinigen Sanitätskäfern auf Kübelwagen-Chassis.

Modell: Sonderbauten auf Käfer-Basis
Zeit: ab 1946

Typ	PS	ccm	km/h	Preis bei Erscheinen	Bauzeit	Stück
Miesen-Krankentransporter	25	1131	-	6.210,-	ca. 1946-60*	ca. 500
Polizei-Cabriolet**	25	1131	-	5.900	1948-60	2.105
Limousine mit Kastenaufbau (Typ 51)***				- - - -	1945	275
Kübelwagen mit Kastenaufbau (Typ 82)***				- - - -	1945	225
Kübelwagen mit Pritsche (Typ 82)***				- - - -	1945	3

* ab 1954 auf Basis des 1200 Standard Modells gebaut

** gebaut bei Karmann, Hebmüller, Papler und Austro-Tatra; ab 1954 auf Basis des 1200 Standard Modells

*** vorwiegend für die Reichspost bzw. Deutsche Post produziert

MIESEN-KRANKENWAGEN

Schon während des Zweiten Weltkrieges unterhielt die Bonner Karosseriefirma Miesen enge Beziehungen zum KdF-Werk am Mittellandkanal. Miesen bezog Wehrmachts-VWs vom Typ 82 E auf Kübelwagen-Chassis mit Käfer-Blechkleid und rüstete sie zu Krankenwagen um. Sanitätsfahrzeugbau war die Spezialität des 1870 gegründeten Betriebs aus der Rheinstadt, der schon 1905 erste Ambulanzfahrzeuge (damals noch mit Hafermotor betrieben) an die Bonner Stadtverwaltung auslieferte.

Nach der Kapitulation wechselten die Auftraggeber. Nun bestellten die Besatzungsmächte sog. »Sanitätskäfer« bei Miesen.

Diese Vehikel muten aus heutiger Sicht — der Ära der Rettungshubschrauber — geradezu kurios an; umso dankbarer aber erinnern sich Trümmerfrauen noch an die simplen Miesen-Krankenwagen, von welchen sie, etwa mit heftigen Wehen, direkt zum Kreissaal gebracht wurden. Und auch viele Kriegsversehrte wissen Positives über den Miesen-Käfer-Krankenwagen zu berichten, mit dem sie nach Ankunft des Lazarettzuges in der Heimatstadt zum nächsten Hospital gefahren wurden.

Der Miesen-Krankenwagen war ein Kind seiner Zeit — und die litt Not. Not aber macht erfinderisch, und so entwickelten die Miesen-Mitarbeiter klappbare Käfersitze, die schnell zu einer ebenen Ladefläche umfunktioniert werden konnten. Darauf wurde die zusammenfaltbare Bahre, die sonst in einem Kasten-Aufbau auf dem Holzdach ruhte, postiert. Zudem ruhten auf dem Dach diverse Wolldecken sowie ein Erste-Hilfe-Koffer. Der Zugang zum Aufbau wurde durch klappbare Seitenwände bzw. durch Abnahme einer Segeltuchplane möglich.

Um die Bahre durch die Beifahrertür in den Brezelfenster-Käfer bugsieren zu können, hatte sich Miesen zu einem Umbau der rechten Tür entschlossen. Sie ließ sich durch Spezialscharniere um 150 Grad öffnen und beim Beladen arretieren.

Im Innern des Käfers befestigte man an der Decke einen Haltegriff für den Patienten sowie einen Kopfschutz in Form einer kunstledergepolsterten Platte. Gardinen an den Seitenscheiben verwehrten die Sicht ins Innere.

Miesen stellte von seinem Käfer-Krankenwagen rund 500 Exemplare her. 150 Miesen-Fahrzeuge gingen an die britische Besatzungsmacht. Diese Fahrzeuge waren grau lackiert, die anderen weiß. Der letzte Wagen kam Ende der fünfziger Jahre zum Einsatz. Offiziell firmierte das Gefährt als Typ 17 und durfte von VW-Händlern regulär vertrieben werden.

Kostenpunkt des Krankenwagens im Kleinwagen-Look: 6.210 D-Mark (Stand 1949). Damit schlug seine Umrüstung inklusive Spezialsitze, Trage und Schwenkdrehbühne für schnelles Einladen) im Vergleich zur Normal-Limousine vom Typ 11 mit knapp 900 DM zu Buche.

Oben: Luxus auf niedrigem Niveau: Blick in die Sonderausstattung der Exportlimousine. Rechte Seite, oben: Automobilausstellung in Berlin 1949. Blick in den Sommergarten des Messegeländes. Im Vordergrund das 2/2-Sitzer-Cabrio von Hebmüller. Rechte Seite, unten: Zweifarblackierte Karmann-Cabrios stehen 1950 für den Export bereit. Das Karmann-Cabrio macht im Gegensatz zum Hebmüller-Cabrio geschlossen eine bessere Figur.

KARMANN
KAROSSERIE

KRANKENWAGEN
LÜN-0120

REICHSPOST

KRANKENWAGEN

230-034

Linke Seite, links: Miesen-Krankentransporter mit Dachaufbau für die Aufnahme der Trage. Der Patient wurde auf den umgelegten Beifahrersitz gelegt, der raffiniert gedreht werden konnte. Linke Seite, rechts: Käfer Pick-up aus der direkten Nachkriegszeit, einmal als Krankentransporter und einmal als Reichspostwagen mit Holzaufbau. Linke Seite, Mitte: In den ersten Nachkriegsjahren baute das Werk auch Anhänger. 2. Bild von unten: Der VW 51 kombinierte das Kübelwagenfahrgestell mit dem Limousinenaufbau und wurde bis 1946 aus Restbeständen gebaut. Unten: VW-Coupé für den britischen Oberst Radclyffe, ein Prototyp von Hebmüller.
Rechte Seite: Polizei-Cabrio mit Stoffdach und Stofftüren, wie es bei Hebmüller, Karmann, Papler (Österreich) und Austro-Tatra über 2000 mal gefertigt wurde. Es war bei der Polizei als Erkältungsansteckungsherd gefürchtet. Im oberen Bild wird das Polizei-Cabrio von Zündapp-Maschinen begleitet.

Modell: Volkswagen (Käfer)
Zeit: 1954 - 1965

Typ	PS	ccm	km/h	Preis bei Erscheinen	Bauzeit	Stück
1200 Standard	30	1192	112	3.950,-	1954-64	325.432
1200 Export	30	1192	112	4.850,-	1954-60	2.566.185
1200 Cabriolet (Karmann)	30	1192	110	6.500,-	1954-60	58.110
1200 Standard A	30	1192	112	4.290,-	1964-65	93.783
1200 Export	34	1192	115	4.600,-	1961-65	3.915.753
1200 Cabriolet	34	1192	115	5.990,-	1961-65	53.849

KÄFER-EVOLUTION
Preise

Jahr	Modell	Niedrigster Preis	Modell	Höchster Preis
1938	KdF-Wagen	990 RM*	- - - - -	
1949	VW Standard	5.300	VW Cabrio	7.500
1950	VW Standard	4.800	VW Cabrio	7.500
1950	VW Standard	4.400	VW Cabrio	6.950
1951	VW Standard	4.600	VW Cabrio	6.950
1952	VW Standard	4.400	VW Cabrio	6.950
1953	VW Standard	4.150	VW Cabrio	6.750
1955	VW Standard	3.750	VW Cabrio	5.990
1961	VW Standard	3.810	VW Cabrio	5.990
1962	VW Standard	4.200	VW Cabrio	6.250
1966	VW 1200 A	4.635	VW 1300 Cabrio	6.895
1967	VW 1200	4.485	VW 1500 Cabrio	6.895
1970	VW 1200	4.695	VW 1302 LS Cabrio	7.490
1971	VW 1200	5.045	VW 1302 LS Cabrio	8.190
1972	VW 1200	5.390	VW 1303 LS Cabrio	8.840
1972	VW 1200	5.590	VW 1303 LS Cabrio	9.610
1974	VW 1200	6.045	VW 1303 LS Cabrio	10.365
1975	VW 1200	6.950	VW 1303 LS Cabrio	12.130
1977	VW 1200	7.785	- - -	- - -
1978	VW 1200	8.145	- - -	- - -
1980	Mexiko-Käfer	9.025	VW 1303 LS Cabrio	14.423
1984	Mexiko-Käfer	9.990	- - -	- - -
1985	Mexiko-Käfer	10.525	- - -	- - -

* Geplanter »politischer« Preis

KÄFER-EVOLUTION
Leistung und Verbrauch

Jahr	Modell	km/h	0 - 100 km sec	Liter / 100 km DIN
1937	VW 38	105	- - - -	7,25
1946	VW Standard	105	50 sec	ca. 7,2
1954	VW Standard	112	38 sec	ca. 7,3
1961	VW Export	115	33 sec	8,5
1965	VW 1300	122	28	9,5
1966	VW 1500	128	23	10
1967	VW 1200	116	32	9
1968	VW 1300 Automatik	117	33	10,5
1971	VW 1302	125	32	8,5
1972	VW 1300 S / LS	135	21	11
1977	VW 1303 LS Cabrio	132	20	11,5
1978	Mexiko-Käfer	116	32	9

HEBMÜLLER-CABRIO

Neben Miesen und Karmann darf sich in der VW-Historie nur die bekannte Karosseriefabrik Hebmüller in Wülfrath als eine Art Hauskarosserie der Wolfsburger Autofabrik betrachten. Im Unterschied zu Karmann in Osnabrück baute Hebmüller nur zweisitzige Kabrios. Diese bestechen noch heute durch ihre Eleganz, welche vor allem auf der Versenkbarkeit des Verdecks nach Roadsterart beruht. Das Hebmüller-Kabriolett kostete 1949, zu Produktionsbeginn, stolze 7.500 D-Mark. Im nachfolgenden Jahr fiel der Preis auf 6.950 D-Mark, genausoviel wurde für das Karmann-Cabrio verlangt.

Insgesamt bestellte das VW-Werk 2.000 Exemplare bei Hebmüller. Doch die florierende Auslieferung wurde am 23. Juli 1949 abrupt gestoppt.

Ein Brand legte das Hebmüller-Werk in Schutt und Asche. Nur 696 Hebmüller-Kabrios hatten bis dahin zusammengeschraubt werden können. Sie gelten wegen ihrer formschönen Karosserie und der unverwechselbaren Motorhaubenpartie als die Raritäten in der Käfer-Geschichte.

Obwohl Hebmüller ein zweites Mal versuchte, mit einer (allerdings provisorischen) Produktion das Geschäft fortzusetzen, gingen schon bald die Lichter in dem Unternehmen endgültig aus. Im Mai 1952 wurde Konkurs angemeldet. 12 halbfertige Wagen übernahm Karmann und lieferte sie nach ihrer Komplettierung noch im gleichen Jahr aus.

Nach dem Hebmüller-Konkurs mußten sich übrigens zahlreiche Polizeidienststellen in Deutschland nach einem neuen Lieferanten für ihre Polizei-Käfer umsehen.

Hebmüllers Polizei-Käfern fehlten neben dem Ganzstahldach auch die Türen und Seitenscheiben. Wegen der Karosserie-Versteifung bekamen sie einen kräftigen Unterholm zusätzlich verpaßt. Insgesamt baute Hebmüller zwischen Juni 1948 bis zum Sommer 1949 482 der spartanischen Polizeiwagen mit den luftigen Segeltuchplanen — Martinshorn und Blaulicht inklusive. Ein noch erhaltenes Exemplar steht heute im VW-Werksmuseum.

Rechte Seite, unten: Hebmüller 2/2-Sitzer-Cabrio mit geschlossenem Verdeck — nicht so harmonisch wie unter Schönwetterbedingungen. Rechte Seite, oben: Polsterer bei Karmann in den fünfziger Jahren. Diese Bilder erklären den bedeutenden Preisunterschied zwischen Limousine und Cabrio.

Porsche 356

Sportversion des Käfers

Zwei große Automobilunternehmen gingen aus dem KdF-Wagen-Projekt hervor: das Volkswagenwerk in Wolfsburg und die Zuffenhausener Sportwagenhochburg Porsche. 1948 war es Porsches Sohn Ferry, der das Sportwagenprojekt wieder aufgriff. Porsche Wagen »Nummer eins« entstand — mit Käfer-Motor, Käfer-Seilzugbremse und Käfer-Rädern. Der flotte Zweisitzer auf der Basis von VW-Teilen rangierte in Tradition der fortlaufenden Numerierung aller Porsche-Konstruktionen als Kapitel in der Porsche-Geschichte: Porsche als selbständige Automobilfabrik.

Solche Geschichten schrieb das Wirtschaftswunder. *»Die Geschichte unserer Rennsportwagen«*, weiß die Porsche-Kundenzeitschrift »Christophorus« zu berichten, *beginnt damit, daß Ferry Porsche, des Herumkutschierens mit alten Wehrmachts-Volkswagen müde, eines schönen Frühlingstages im Jahre 1948 beschloß, auf der VW-Basis ein schnelleres, sportliches Fahrzeug zu bestellen.«*

In Wirklichkeit aber war dieser Plan genau so alt wie der Volkswagen selbst. Dessen Mechanik war ja bei seiner Konstruktion reichlich dimensioniert, der Motor war ein ausgesprochener Drosselmotor, in dem noch zahlreiche Leistungsreserven steckten. Ganz klar, daß dem Volkswagen mit einer noch windströmigeren Karosserie und verfeinerter Technik noch mehr abgetrotzt werden konnte.

Der erste Versuch erfolgte 1938/1939, als man bei Porsche auf dem Fahrgestell des Volkswagens den sogenannten »Berlin-Rom-Wagen« aus der Taufe hob. Dieses Modell im Windkanal-Look sollte 1940 bei der propagandistisch schon groß angekündigten Fernfahrt Berlin-Rom teilnehmen und dabei die Haltbarkeit und Autobahnfestigkeit der Porsche-Konstruktion untermauern. Allerdings: an den Start ging das spartanische Ein-Mann-Coupé niemals.

Statt ihre Spitzengeschwindigkeit von 140 km/h auf Hitlers Betontrassen auszufahren, landeten zwei der drei Prototypen im Schuppen Ferdinand Porsches. Gerade war der Zweite Weltkrieg ausgebrochen, und das Rennen mußte begraben werden. Das dritte Exemplar des bei Reutter in Stuttgart mit einer Aluminiumkarosserie versehenen Typs 60 K 10 (wie die Sonderanfertigung offiziell hieß), diente Bodo Lafferentz, dem KdF-Leiter, als Privatfahrzeug, das er jedoch bald zu Schrott fuhr.

Inzwischen versuchte Ferdinand Porsche, seinem Käfer-Boxermotor noch mehr Kraft abzuringen. Die Wehrmacht benötigte das robuste Porsche-Aggregat als Sturmboot-Motor. Der PS-Zuwachs wurde erreicht durch die Montage neuer Köpfe mit v-förmig hängenden Ventilen. Respektable 40 PS leisteten die modifizierten Armeemotoren.

Auch Ferry Porsches Sportwagen aus dem Jahre 1948 brachte knapp 40 Pferdestärken zum Laufen. Allerdings wählte der Junior einen anders ausgelegten Kopf als beim Sturmboot-Motor. Im Prinzip war das schon der heutige Porsche-Zylinderkopf. Der neue Sportwagen war das erste Fahrzeug, was unter dem Namen »Porsche« auf die Straße kam. Er erhielt die Nr. 356 und war am 8. Juni 1948 fertig.

Ferry Porsche erinnert sich in seinen Memoiren: *»Die erste Porsche-Sportwagenkonstruktion hatte einen Gitterrohrrahmen, den wir selbst gebaut haben, und einen Volkswagenmotor mit 1131 ccm. Der Motor kam vor die Hinterachse, das Getriebe hinter die Achse. Die Federung vorn und hinten, Lenkung und Getriebe waren ebenfalls Original-VW-Teile. Alles fügte sich bestens zusammen. Und da der steile und hohe Anforderungen stellende Katschbergpaß vor unserer Haustür lag, verfügten wir über eine ideale Teststrecke, um den Wagen auf Herz und Nieren zu prüfen.«*

Oft fingen die Trommelbremsen (Durchmesser 230 mm) an zu glühen, wenn der Roadster die Serpentinen mit einem Affenzahn runterjagte — es handelte sich übrigens um die mechanische Bremse des VW, also mit Seilzug bedient. Auch die Räder waren VW-Teile.

Die Karosserie des 356er fiel in der damaligen Zeit vor allem dadurch auf, daß sie keine speziell herausgearbeiteten Kotflügel besaß, sondern ein Vollponton war. In Deutschland und Österreich kannten die autohungrigen Bürger zur Schwarzmarktzeit nur schwere Limousinen mit hohen Aufbauten, Trittbrettern und barock ausladenden Schmutzfängern. Die Schnauze des 356er-Prototyps war, in Anlehnung an die Form des Auto Union-Weltrekordwagens, tiefer als die Profillinie der Vorderkotflügel nach unten gezogen. Reserverad und Batterie befanden sich hinter dem Motor im Heck des Fahrzeugs. Unter der vorderen Klappe konnte wie beim VW Gepäck verstaut werden.

Aufgrund der Kompaktheit des zweisitzigen Porsche-Wagens Nummer 1 mit seinem fahrfertigen Gewicht von nur 596 kg schaffte das Leichtmetall-Kabrio flotte 135 km/h.

In Serie ging das Fahrzeug allerdings als Coupé. Ferry Porsche ließ, anders als beim Roadster, den Motor wieder von der Mittelmotorposition hinter die Hinterachse rücken und schuf damit Platz für Gepäck und zwei Notsitze.

Die Herstellung der »Gebrauchs-Sportwagen« begann zunächst im österreichischen Gmünd, bis 1950 in Stuttgart-Zuffenhausen ein neues Domizil gemietet werden konnte. Es war ein Eckgebäude der Karosseriefabrik Reuter. Aus dieser Keimzelle heraus erwuchs dann eine der bedeutendsten Sportwagen-Produktionsstätten der Welt.

Ferdinand Porsche spielte nach dem Zweiten Weltkrieg nur noch eine sekundäre Rolle in der Porsche Automobilindustrie. Das Geschäft stand fortan unter Federführung des agilen Sohnes Ferry. Zu sehr hatten dem alten Porsche schwere Haftjahre bei den Franzosen die Gesundheit angegriffen. Die Hungerdiät der gallischen Zuchthäuser hatte Porsche senior, der jahrzehntelang an Szegedinger Gulasch und Pilsener Bier gewöhnt war, körperlich fertiggemacht.

Porsche war nach der Kapitulation, als er in seinem Kärtner Ausweichdomizil von den Amerikanern überrollt wurde, zunächst unbehelligt geblieben. Erst am 15. Dezember 1945 verhaftete ihn die französische Securité aufgrund einer Anzeige des Autofabrikanten M. Peugeot, der behauptete, Porsche hätte französische Zwangsarbeiter sowie Arbeiter im Peugeot-Werk schlecht behandelt. Zwar war die erste Haftzeit in Baden-Baden sowie die »Ehrenhaft« in der Pariser Villa des alten Renault (der als Nazi-Kollaborateur im Gefängnis starb), recht komfortabel, anschließend aber begann für den 70jährigen Käfer-Schöpfer ein Inferno. Gefesselt wurde er durch die Straßen Dijons geführt und dort ins Zuchthaus gesteckt, wo er fast zwei Jahre sitzen mußte, bevor er wieder auf freien Fuß kam und nach Gmünd zu seinem Sohn zurückkehren durfte. In der Holzbaracke des Kärntner Porsche-Betriebes sah er erstmals den 356er auf Ferrys Reißbrett.

Ferry Porsche bewies nicht nur Cleverness im technischen Bereich, sondern erreichte auch in Verhandlungen mit Volkswagen-Chef Nordhoff eine für ihn vorteilhafte Einigung. Beide Seiten kamen überein, über die VW-Händler Porsche-Wagen zu vertreiben. Porsche durfte für den Sportwagenbau verbilligte VW-Teile beziehen und erhielt *für jeden verkauften Käfer* eine Lizenzgebühr! Von großer finanzieller Bedeutung war auch der Importeurvertrag für den VW für die gesamte Alpenrepublik Österreich. Umgekehrt atmete Nordhoff auf, von Porsche die Zusage bekommen zu haben, keinen zweiten »Volkswagen« für ein Konkurrenzunternehmen zu schaffen.

Ferdinand Porsche verstarb im Januar 1951 im Alter von 76 Jahren. Die Beziehung zwischen seiner Firma und dem Wolfsburger Erfolgsunternehmen lebt über seinen Tod hinaus bis zum heutigen Tag fort.

Linke Seite: Der Berlin-Rom-Wagen, der wegen des Beginns des Zweiten Weltkriegs nicht zum Einsatz kam. Von den drei Prototypen überstand ein Wagen den Krieg und befindet sich heute in österreichischem Privatbesitz. Oben: Porsche-Coupé und Porsche-Cabrio. Am Steuer des Cabrios James Dean, der mit dem Wagen 1955 tödlich verünglückte.

Karmann Ghia

Rometsch und andere Modelle auf Käfer-Basis

Fast 20 Jahre hatte der unscheinbare Käfer eine schöne deutsch-italienische Halbschwester — das 2/2 Sitzer Coupé von Karmann-Ghia, das seine volle Schönheit erst als offen gefahrenes (Coupé-) Cabriolet entfaltet. Obwohl durch die windschlüpfrigere Form nur ein wenig schneller, dafür sportlich-spartanisch beengt und stolze 2.000,- DM teurer, wurde es in Osnabrück fast eine halbe Million mal gebaut — ein Traum von südländischer Fortbewegung, der schon für die ein wenig besser verdienenden Aufsteiger (und Aufschneider) erschwinglich war.
Immer wieder versuchten sich auch andere Karossiers an der Käfer-Konstruktion. Heraus kamen dabei wunderschöne Coupés und Cabrios, aber auch Skurilitäten wie die Viertürer-Limousine von Rometsch.

Der Karmann Ghia war der erste Wagen in der Geschichte des Osnabrücker Spezial-Karosseriewerkes, der den Namen Karmann trug. Dabei handelte es sich gar nicht um eine reinrassige Karmann-Schöpfung: das Fahrgestell lieferte Wolfsburg, und die fließende Linienführung des eleganten Coupés stammte vom Reißbrett eines Karmann-Freundes: des im Februar 1963 gestorbenen Leiters des Karosseriewerkes Ghia in Turin, Luigi Segre. Der norditalienische Blechschneider bewies bei seinem VW-Sondermodell ausgesprochenes Stilgefühl und nahm damit selbst die hausbackenen Wolfsburger Autobauer für sich ein.

Bei der Premiere des Karmann-Coupés auf der IAA 1955 stellte das Ghia-Modell die automobile Sensation schlechthin dar. Die Autopresse war voll des Lobes: *»Ein besonders hübsches Auto, nett anzusehen und nett darin zu fahren«* — so urteilte etwa das Stuttgarter Magazin »auto, motor und sport« über den VW-Ableger, bei dem es gelungen war, in einem Auto italienische Eleganz und einen teutonischen Mythos an Unverwüstlichkeit zu paaren. Schließlich besaß der Karmann-Wagen das Chassis des VW 1200 Export-Modells (allerdings bereits ab Produktionsbeginn serienmäßig mit Querstabilisator ausgerüstet).

»Dieses Coupé«, lobte in eigener Sache die Werkswerbung den offiziell »Typ 14« genannten Wagen, *»ist befreundet mit allen Straßen. Denn es ist das berühmte Volkswagen-Chassis mit seinem weltbewährten Motor, das in Meisterhände der Karosseriegestaltung gelegt wurde. (...) Karmann Ghia. Er sieht aus wie ein Luxuswagen. Kostet aber viel weniger. Er fährt sich wie ein Sportwagen. Ist aber viel bequemer. Er ist verläßlich wie jeder Volkswagen. Allerdings noch viel schöner.«*

Angefangen hatte die Zusammenarbeit zwischen VW und Karmann 1949. In aller Heimlichkeit hatte Wilhelm Karmann (»Wilhelm I.«), Firmengründer und Seniorchef in der Nissenhüttenzeit, ein viersitziges Kabriolett auf VW-Chassis entwickelt und schaffte es, in der Hoffnung auf Beschäftigung für sein notleidendes Karosseriewerk, zu VW-Chef Nordhoff. Dieser gab Order für eine Vorserie von 25 Erprobungs-Kabrios und bestellte nach zufriedenstellenden Testfahrten im August 1949 gleich weitere 1000 Exemplare. Die Serienfertigung konnte also in Osnabrück anlaufen und endete erst wieder im Januar 1980, nach insgesamt 332.000 Exemplaren.

Als Wilhelm Karmann seinerzeit mit VW ins Geschäft kam, konnte sein westfälischer Familienbetrieb schon auf eine langjährige Stellmacher-Tradition zurückblicken, die bis ins Kutschenzeitalter zurückreichte. Im Jahre 1901 übernahm »Wilhelm I.« die 1874 gegründete Wagenfabrik Christian Klages. Bereits im darauffolgenden Jahr wurde die erste Automobilkarosserie gebaut. Aufträge kamen vom Gewerbe nah und fern, aber auch von großen Händlern. Aufbauten entstanden für Dürkopp und Minerva. Der Betrieb vergrößerte sich ständig und zog mehrmals um.

In den zwanziger Jahren bekam Karmann direkten Kontakt zu so namhaften Automobilherstellern wie der NAG (AEG-Konzern), Protos (Siemens-Konzern) und Aga und nahm Serienfertigungen von Karosserien für diese auf. Nicht zuletzt kamen ihm jetzt seine in Amerika gesammelten Erfahrungen zugute, wo Wilhelm Karmann nach dem 1. Weltkrieg ausführlich die dortigen modernen Produktionsmethoden (Fließfertigung) studiert hatte. Immer mehr festigte sich der Ruf als Spezial-Karosseriewerk, obwohl der Zusammenbruch der Aga-Werke in Berlin-Lichtenberg, eines Großkunden für Kleinwagen-Blechkleider, dem Unternehmen schwer zu schaffen machte und Produktionseinschränkungen erforderte.

Andererseits gewann Karmann neue Kunden, darunter die Adler-Werke in Frankfurt/M., die zu den wichtigsten deutschen Automobilherstellern zählten. Karmann baute für Adler Kabrioletts auf der Basis des »Trumpf Junior« und des Adler-Autobahnwagen (2,5-Liter-Adler) in Serie. 1935 kam das 35-PS-Hanomag-Kabrio hinzu.

Für die Produktion der Adler-Karosserien wurden sowohl im Rohbau als auch in der Fertigmontage laufende Bänder in Betrieb genommen. Aus den 15 Mitarbeitern, die das Unternehmen im Jahre 1901 hatte, war gegen Ende der dreißiger Jahre eine Belegschaft von 800 Arbeitern und Angestellten geworden. Mittlerweile verfügte Karmann über leistungsfähige Metallpressen und einen eigenen (wenngleich noch bescheidenen) Werkzeugbau.

Während des Zweiten Weltkrieges fertigte Karmann Rumpfteile für die Kampfbomber Ju 87 und Ju 88 und wurde als Rüstungsbetrieb zum bevorzugten Angriffsziel alliierter Kampfflugzeug-Verbände. Nach Ende des Krieges produzierte man in Osnabrück behelfsmäßig Schubkarren, Blechwannen und Schuhanzieher. Nur unter großen Mühen gelang es Wilhelm Karmann, einen Bezugsschein für einen der begehrten Wolfsburger Käfer zu bekommen. Das war 1946, noch vor der Währungsreform. Laut Firmenlegende handelte es sich bei der ausgelieferten Brezelkäfer-Limousine um den 10.000sten Nachkriegskäfer, den der 78jährige Wilhelm Karmann senior sofort zum ersten Kabrio-Käfer aus seinem Hause umfunktionieren ließ, sprich: er schnitt das Dach ab und verstärkte den Boden (was das Kabrio um 40 Kilogramm schwerer als den Aller-Welts-VW machte).

Das Karmann-Modell machte fortan Furore: es gilt bis heute als das meistgebaute Kabrio der Welt.

Karmann baute übrigens nicht nur Autos »oben ohne«, sondern fertigte in den fünfziger Jahren u.a. auch über 13.000 Kasten- und Kombiwagen für Ford. Bis zur Serienreife entwickelten die Osnabrücker diverse Automobil-Prototypen, so den Hanomag-Partner, von dem insgesamt zehn »Musterwagen« ent-

Rechte Seite: Premiere des Karmann-Ghia 1955 in Osnabrück. Unten: Cabriolet und Coupé des Karmann-Ghia im letzten Jahr der Produktion 1974.

standen. 1952 verschrottete Hanomag allerdings das Projekt unter Millionenverlusten aus Marktgründen — nur ein Exemplar überlebte aus Zufall.

Weltweit mit Namen bekannt wurde Karmann erst durch sein Ghia-Modell, von dem fast eine halbe Million Wagen rund um den Globus liefen. Der Karmann Ghia gilt bis heute für mehr als nur ein nützliches Fortbewegungsmittel; er bereitet schon durch seine Optik Freude am Fahren.

Einziger Wermutstropfen: die Karmann-Sondermodelle zeichneten sich stets als besonders rostanfällig aus.

Nachdem 1974 die Produktion des Karmann Ghia nach neunzehnjähriger ununterbrochener Fertigung eingestellt wurde, um der Fertigung des VW Scirocco auf den Karmann-Bändern zu weichen, gab es zahlreiche sentimentale Nachrufe.

Wenig bekannt ist, daß Karmann sein Ghia-Coupé auch von 1962 bis 1975 in Brasilien serienmäßig herstellte, in den Hallen einer ehemaligen Möbelfabrik. Insgesamt entstanden in Lateinamerika 23.402 Karmann Ghia-Coupés und 176 Karmann Ghia-Kabrios.

ROMETSCH

Das Berliner Karosserie-Handwerk, vor dem 2. Weltkrieg führend im deutschen Automobilbau, konnte nach 1945 nicht mehr an seine Erfolge anknüpfen. Ausnahme bildete nur die Karosseriebaufirma Friedrich Rometsch, die es in den fünfziger Jahren verstand, mit Karosserie-Neuschöpfungen auf profanen VW-Fahrgestellen internationale Anerkennung zu finden.
Sie überraschte die Autowelt nicht nur mir ihrem eleganten VW-Spezialkabriolett (»Banane«), sondern im Sommer 1952 auch mit einem ungewöhnlichen Gebrauchsfahrzeug: dem ersten viertürigen Käfer. Als potentielle Kunden erhoffte sich der Halenseer Betrieb das Taxigewerbe und die Polizei.

Der Carossier Rometsch ist ein »Maßschneider eigenen Stils«, schwärmte die »Bild«-Zeitung über den »König der Karosseriebauer« und bemerkte detailverliebt: *»Sein Material ist Aluminiumblech. Mannequins sind die Autofahrgestelle. Auf sie zaubert er geschmackvolle Modellkleider. Die Modellpuppe ist aus Holz. Mit Blaupinnen werden die Schöpfungen des internationalen Autogeschmacks darauf genagelt. Miteinander verschweißt werden sie dann wie eine Ballrobe über das Fahrgestell gezogen.«*

Mit der »Ballrobe« meinten die Springer-Berichterstatter Rometschs vielgelobtes VW-Spezialkabriolett aus Berlin-Halensee, das eine Herausforderung an den von Autozar Nordhoff sanktionierten Karmann Ghia-Wagen darstellte.

Der erste VW-Aufbau von Rometsch (ein traditionsreicher Betrieb, welcher vor dem Zweiten Weltkrieg vor allem Kraftdroschken-Aufbauten herstellte) wurde 1950 anläßlich der Automobilausstellung im Sommergarten am Funkturm präsentiert. Das Modell füllte in vorher unerwartetem Maße die Auftragsbücher: *»Erster Kunde«*, so erinnert sich Rometsch jun. noch heute stolz, *»war der Schauspieler Victor de Kowa. Er legte für den umgewandelten Volkswagen 8900 D-Mark auf den Tisch.«*

Das Rometsch-Sportkabriolett bestach durch seine Linienführung. *»VW-Karosserie nach Maß«* und *»Schein: 140 PS — Sein: 24 PS«* jubelte die Automobil-Fachpresse über den handgemachten Luxus von der Spree. Durch die Verwendung von Aluminium konnte das Rometsch-Modell recht leicht gehalten werden und erlaubte zudem durch seinen niedrigen Aufbau eine Spitzengeschwindigkeit von 115 km/h. Im Unterschied zum serienmäßigen Käfer-Kabriolett, dessen Produktion 1949 bei Karmann in Osnabrück begann, ließ sich das Kabrio-Dach beim Rometsch-Modell völlig versenken. Das Käfer-Kabriolett lag seinerzeit mit 6950 D-Mark zwar günstiger im Preis, wich aber halt nicht wesentlich vom konventionellen VW Wolfsburger Machart ab.

Die Herstellung der Rometsch-Karosserie war eine handwerklich hochqualifizierte Leistung. Zwölfhundert Arbeitsstunden steckten in jedem chrom- und lackglänzenden Exemplar. Trumpffarbe: Möwensilber — mit schwarzem Verdeck und schwarzem Lederausschlag.

Interessant waren die Türen der Rometsch »Banane«, wie die Berliner den Volkswagen mit dem sportlichen Kleid wegen seiner leicht gekrümmten seitlichen Silhouette forsch tauften: Sie waren ausgesprochen groß und ermöglichten einen leichten Einstieg nach vorn und nach hinten. Dort befand sich keine durchgehende Notsitzbank, sondern ein bequemer, quer zur Fahrtrichtung gestellter Autosessel.

Der Rometsch-Wagen verfügte als einer der letzten Wagenmodelle in Deutschland noch über hinten angeschlagene Türen. Darauf pochte Hausdesigner Johannes Beeskow, der vor seinem Intermezzo in der Nestorstraße lange Jahre bei Erdmann & Rossi eine führende Position eingenommen und dort die Nazi-Prominenz mit Luxusschlitten versorgt hatte. Erst Mitte der fünfziger Jahre brachte man bei Rometsch die Türscharniere — aus Sicherheitsgründen — vorne an. Auch die Innenausstattung wies mit der Zeit eine ganze Anzahl von Verbesserungen auf. Sowohl das Kabriolett als auch das Coupé bekamen als »Modell 1953« eine gewölbte ungeteilte Windschutzscheibe verpaßt. Zuvor hatte sich immer ein dicker Balken durch das Sichtfeld geschoben. Außerdem wurden die Scheiben nun vergrößert.

Abnehmer des Rometsch-Sportwagens fanden sich vornehmlich im Ausland. Bekanntester Kunde war der US-Zelluloidheld Gregory Peck; auch seine Berufskollegin Audrey Hepburn bestellte die elegante Luxuskarosserie. Bei so vielen Aufträgen aus den USA richtete Rometsch eine eigene Vertretung in der Stadt der Traumfabriken, in Hollywood, ein. Insgesamt besaß Rometsch für 11 US-Staaten eigene Repräsentanten, was die »Bild«-Zeitung zu diesem Resümee bewegte: *»Hollywood ist Amerikas Zentrale des Berliner Autochics.«*

Firmenchef Friedrich Rometsch und sein Sohn Fritz schickten ihre Produkte mit Erfolg zu den spektakulärsten internationalen Schönheitskonkurrenzen. Dabei gelang es, 1954, 1955 und 1956 die »Goldene Rose« von Genf zu erringen, eine der begehrtesten Trophäen der Karosseriebauerzunft. Wo immer die Berliner mit ihren Fahrzeugschöpfungen auf den Plan traten, hatten selbst die Italiener — renommierteste Künstler ihres Faches — das Nachsehen. Schließlich gab sogar das Fiat-Werk in Turin über 50 Spezialmodelle für seinen 1100er TV bei Rometsch in Auftrag. Das sollte etwas heißen in einer Zeit, in der deutsche Automobilhersteller schon längst begierige Blicke auf Formgestalter wie Fura oder Pininfarina warfen.

Aber es herrschte nicht nur immer eitel Sonnenschein in den Halenseer Werkstätten. Im Gegenteil: ständig schwebte ein Damokles-Schwert über dem kleinen, aber agilen 100-Mann-Betrieb.

Das größte Handicap für Rometsch lag in der starren Haltung des VW-Werks und seines Direktors Nordhoff. Während sich der Käferhersteller heutzutage gerne der Sonderkarosserien von Rometsch in seiner Ahnengalerie rühmt (andererseits aber kein einziges Rometsch-Modell in seinem neugegründeten VW-Museum ausstellt!), erschwerte man sei-

Rechte Seite, oben: Drews Cabriolet und Rometsch »Banane«. Rechte Seite, unten: 1957 verpaßte Rometsch seinem Cabrio eine Karosserie mit Heckflosse und Zweifarblackierung.

A 28173

nerzeit dem Berliner Außenseiter bis zuletzt die Produktion. Nordhoff weigerte sich seit 1949, dem Betrieb VW-Fahrgestelle nach Wunsch zu liefern. Rometsch sah sich daraufhin gezwungen, komplette Käfermodelle zu erstehen. Später gingen die Wolfsburger sogar so weit, überhaupt nichts mehr zu verkaufen. Ein Exportauftrag nach Schweden mit 150 Rometsch-Wagen konnte demzufolge nicht zur Auslieferung kommen.

Hemmend wirkte sich auch die politische Situation der »Inselstadt« aus. Fritz Rometsch bemerkte dazu 1951:

»Wir wären schon viel weiter, wenn nicht der enorme Rohstoffmangel und die Zonengrenzen wären. Es ist schon schwer, ein Chassis aus Westdeutschland nach Berlin einzuführen. Noch schwieriger aber ist es, ein hier karossiertes Fahrzeug nach Westdeutschland zurückzuführen. Zu den bekannten, sehr hemmenden wirtschaftlichen Bedingungen, unter denen in Berlin gearbeitet werden muß, kommt der Mangel an Facharbeitern, insbesondere der Autoklempner, die zum größten Teil nach 1945, als hier alles vernichtet war und keine Aussicht auf Besserung bestand, in das Bundesgebiet übersiedelten.«

Das Rometsch-Modell hätte ob seiner zeitlos schönen Form noch auf Jahre hinaus gebaut werden können. Aber der Nestor des Berliner Karosseriebaus entschloß sich 1957 für ein neues Modell. Ihm war kein Erfolg vergönnt. 1961 mußte Rometsch infolge der politischen Entwicklung in Berlin den Bau von Sonderkarosserien auf VW-Basis einstellen. Mit dem Bau der Mauer verlor der Familienbetrieb von einem Tag zum anderen über die Hälfte seiner Belegschaft, die im Ostsektor ihren Wohnsitz hatte. Ohne diese Fachkräfte war es unmöglich, den Karosseriebau in bisheriger Weise weiterzuführen. Ein Stück Berliner Automobilgeschichte ging zu Ende.

VW MIT 4 TÜREN

Genau genommen verdankte der viertürige Käfer seine Existenz weniger der Firma Rometsch, als vielmehr dem Westberliner Polizeipräsidenten. Der genehmigte — im Gegensatz zu einigen Kollegen im Bundesgebiet — seinerzeit nicht die Zulassung der zweitürigen Serienlimousine als Taxe. Sehr zum Unmut der Droschkenkutscher an der Spree, die die guten Fahreigenschaften des wirtschaftlich günstigen und strapazierfähigen Käfers rechtzeitig erkannten. Fritz Rometsch sah darin seine Marktchance und verlängerte kurzentschlossen die Normallimousine. Auch dem Bedarf an Funk- und Einsatzwagen der Polizei und Feuerwehr wollte man entgegenkommen. Ein viertüriges Fahrzeug erlaubte natürlich ein schnelleres Ein- und Aussteigen der Besatzung.

Die Verlängerung des Volkswagens war im Prinzip einfach, bedurfte aber dennoch qualifizierter Handarbeit. Als erstes mußte die komplette Karosserie vom Fahrgestell abgehoben werden. Dann trat die Metallsäge in Aktion und halbierte Blechkleid und Chassis. Durch Einsetzen von Blechformteilen verlängerte sich die äußere Form des Aufbaus um 25 Zentimeter. Die guten Fahreigenschaften gingen dadurch nicht verloren. Das bestätigten auch Sachverständige der Technischen Universität.

Während sich beim Rometsch-Käfer der Komfort verbesserte, nahm der Treibstoffverbrauch nur unmerklich zu. Die zusätzlichen Türen schlugen bloß mit 25 Kilogramm zu Buche. Die Umbaukosten betrugen rund 2.000 D-Mark. Der erste viertürige Rometsch-Käfer lief als Berliner Droschke und behauptete sich im täglichen Straßenverkehr recht gut. Schon 1953 berichtete das Innungsblatt »Die Kraftdroschke«: *»Die Kraftdroschke KB 060-001 hat 100.000 Kilometer mit einem Volkswagen-Umbau der Firma Rometsch zurückgelegt. Der Umbau hat allen Belastungen standgehalten. Es geht auf den 200.000sten Kilometer.«*

Das Volkswagenwerk war über die Produktion des viertürigen Käfers und das positive Echo in der Fachpresse arg verstimmt. In einem Rundschreiben verwarf die technische Abteilung den Umbau und warnte ohne Angabe von näheren Gründen vor jedem Sonderaufbau auf Volkswagen-Fahrgestellen. Das barsche »Nein« der Wolfsburger hing weniger mit dem Produkt selbst zusammen, sondern hatte seine Wurzeln im enormen Verkaufserfolg des maßgeschneiderten VW-Sportkabrioletts. Als Kabriolett und Coupé stellte dieser Luxuswagen auf VW-Chassis eine individuelle Alternative zum herkömmlichen Käfer-Kabrio und dem 1956 in Serie gegangenen Karmann Ghia dar. »Das bestaussehende Auto, das in Deutschland gebaut wird«, lobte die Schreiberzunft.

So viel Lob weckte Mißgunst. VW-Chef Heinrich Nordhoff gab die Order aus: »Kein VW-Fahrgestell mehr an Rometsch!« Später wurde sogar die Lieferung von kompletten Käfern untersagt. In seiner Not sah der bedrängte Karosseriebaubetrieb nur einen Ausweg: Firmenchef Rometsch vergatterte alle seine Mitarbeiter dazu, sich als Privatkunden einen Käfer zu bestellen — und sofort nach Lieferung bei ihm abzuliefern.

Der viertürtige Käfer verließ nach Angaben von Fritz Rometsch nur in dreißig Exemplaren die Fertigungshallen. *»Die Taxifahrer wurden mit wachsendem Wohlstand immer anspruchsvoller. Die wollten dann keinen Wolf mehr vorne an der Fronthaube spazierenfahren, sondern vom Bock aus immer auf einen Stern blicken können.«*

Links: Rometsch Werkstätten 1945. Rechte Seite, oben: Rometsch Taxi mit vier Türen, 1953. Rechte Seite, unten: Achtsitzer mit vier Türen der US-Firma Trout & Barnes.

4 TÜREN VOLKSWAGEN
baut
ROMETSCH BERLIN

SONSTIGE

Sonderkarosserien auf VW-Fahrgestellen sind ungezählt. Sie zu entwickeln und zu montieren lag auch nahe, denn der Käfer verfügt nicht — wie alle modernen Automobile heute und »fortschrittliche Wagen bereits seit Mitte der 30er Jahre — über eine selbsttragende Karosserie. Beim Käfer werden die Karosserie und die Bodengruppe miteinander verschraubt. Sie sind auch schnell wieder voneinander zu trennen.

Allein die Produktions- und Verkaufspolitik von Wolfsburg verhinderte, daß die Käfer-Familie zu groß wurde. Nicht jeder, der eine Idee, einen gelungenen Karosserieentwurf und eine Marktlücke hatte, bekam Käfer-Chassis oder auch nur Aller-Welts-Käfer zum Einkaufspreis. (Nordhoff 1954: *Wir sind eine Automobilfabrik und keine Chassisfabrik. Wir wollen es in der Hand behalten, wie der Wagen aussieht, der unseren Namen trägt.*«) Der Kreis der offiziellen Käfer-Veredler und -Veränderer blieb exclusiv. Ihr Adelsprädikat ist die offizielle Werksnummer. Modelle von Karmann, Hebmüller, Miesen und Westfalia, auch Papler in Wien bekamen sie. Sie sind legale Käfer-Kinder. Alle anderen sind Bastarde — aber auch sie können attraktiv sein.

Ihre Schöpfer mußten Neuwagen beim Händler ordern, die Originalkarosserien zersäbeln oder weiterverscherbeln und dann — bereits recht kostspielig geworden — ihre Ideen realisieren und veräußern. Nach zwei ausgiebigen Blicken auf einen legalen und einen illegalen Käfer-Verwandler und nach einem Exkurs zu einem Volkswagen-Epigonen im folgenden weitere Käfer-Varianten.

Dannenhauer & Stauss formten 135 mal eine Stahlkarosse auf einem Hartholzmodell mit der Hand. Die Primitivmethode sah man dem schnittigen Kabriolett nicht an. Der 2/2-Sitzer wurde bei der Stuttgarter Firma von 1951 bis 1955 gebaut.

Beutler in Thun (Schweiz) versuchte sich einige Jahre später an den gleichen Käfer-Varianten. Der Lieferwagen — nicht in Holz — geriet recht gefällig. Wenn auch nicht üppig in der Ladefläche, bot er dennoch alle technischen Vorteile des robusten Käfers. Beutlers 2/2er Coupé gerieten diese Käfer-Qualitäten zum Nachteil — denn es war preislich in der Klasse eines Porsche angesiedelt. Die hatten seinerzeit aber schon eine andere Rasse. Beide Modelle des Schweizer Karossiers, der ja auch die ersten Porsche Kabrios karossierte, waren kein Erfolg.

Ganz oben: Lieferwagen auf VW-Basis von Beutler und Beutler-Coupé. Unten: Käfer Pick-up von Karl Meier (Kamei) sowie ein etwas mißlungenes Coupé von Heinrich Schwen (Wolfsburg). Rechte Seite: Auch nur ein weiterentwickelter Spezialvolkswagen: Porsche 356 als Cabriolet.

Modell: VW-Karmann-Ghia / Sonderkarosserien auf Käferbasis
Zeit: 1950 - 1973

Typ	PS	ccm	km/h	Preis bei Erscheinen	Bauzeit	Stück
Karmann-Ghia Coupé	30	1192	118	7.500,-	1955-60	79.176
Karmann-Ghia Cabriolet	30	1192	118	8.250,-	1957-60	14.547
Karmann-Ghia Coupé	34	1192	122	7.500,-	1960-65	110.271
Karmann-Ghia Cabriolet	34	1192	122	8.250,-	1960-65	24.556
Karmann-Ghia Coupé	40	1285	128	6.990,-	1965-66	28.387
Karmann-Ghia Cabriolet	40	1285	128	7.690,-	1965-66	5.395
Karmann-Ghia Coupé	44	1493	136	7.445,-	1966-67	19.405
Karmann-Ghia Cabriolet	44	1493	136	7.995,-	1966-67	4.183
Karmann-Ghia Coupé	44	1493	136	7.515,-	1967-70	77.476
Karmann-Ghia Cabriolet	44	1493	136	8.190,-	1967-70	18.615
Karmann-Ghia Automatik	44	1493	130	+ 465,-	1667-70	- - -
Karmann-Ghia Coupé	50	1548	140	7.990,-	1970-73	51.196
Karmann-Ghia Cabriolet	50	1548	140	8.790,-	1970-73	12.030
Karmann-Ghia Automatik	50	1548	134	+ 465,-	1970-73	- - -
Rometsch Cabrio (Banane)*	25	1131	115	ca. 8.900,-	1949-57	ca. 500
Rometsch Viertürer	30	1192	100	ca. 7.200,-	1952-55	30
Drews-Cabriolet	25	1131	-	- - - -	1949-50	?
Dannenhauer & Stauss	25	1131	-	ca. 9.000,-	1951-55	135

* auch als Coupé gebaut (12 Exemplare); alle technischen Angaben für Fahrzeuge der ersten Generation

KAMEI-STORY

Für wenige Betuchte wurde der Volkswagen zu einem individuellen Coupé-Traum von Rometsch oder der Mittelklassensportlichkeit von Karmann-Ghia. Die Mehrheit derjenigen, die mehr wollten, als Wolfsburg mit seinem Käfer bot, schufen sich ihren Individualvolkswagen mit dem Zubehör von Kamei.
Kamei ist eine der Firmen, die im Sog des Käfer-Erfolgs gediehen.

Eigentlich war es immer wieder die gleiche Geschichte: Jemand entdeckte am Volkswagen-Käfer etwas, was es zu verbessern oder zu verschönern galt — was galt es nicht alles zu verschönern und zu verbessern! — baute seine ersten Prototypen, fand Käufer — und konnte nicht liefern, weil Nordhoff, der unbeschränkte Herrscher im Volkswagenreich keine Fahrgestelle verkaufen wollte. So erfuhr es auch Karl Meier, den es 1939 als Konstrukteur in die »Stadt des KdF-Wagens« verschlagen hatte, wo er eigentlich Volkswagen bauen wollte, aber wie die anderen freiwilligen und unfreiwilligen VW-Arbeiter in der Rüstung eingesetzt wurde.

In der Nachkriegszeit nicht mehr beim Werk untergekommen, fing er bei dem Wolfsburger Karossier Heinrich Schwen an, der als erster ein — ästhetisch nicht sehr gelungenes — Coupé auf VW-Fahrgestell schuf. Karl Meiers Arbeitgeber erhielt keine Fahrgestelle von VW mehr, als Nordhoff 1948 im Werk das Ruder übernahm und konnte keine Sonderaufbauten mehr ausführen. Schwen stellte seinen Betrieb 1949 ein. Ein Glücksfall für Karl Meier, denn der kaufte aus dem Schwen-Nachlaß günstig gebrauchte Sitzgarnituren für den Volkswagen, mietete eine Halle und machte sich als Zubehörproduzent selbständig.

Karl Meier hatte einen Allerweltsnamen. Niemand kennt Karl Meier heute. Aber jeder, der seinen Augen im Straßenverkehr offen hält, kennt »KAMEI«. »Ka« und »mei« sind die Anfangsbuchstaben des Wolfsburgers, und aus Meiers Einfallsreichtum und der kargen Ausstattung des Käfers in den fünfziger Jahren wuchs ein bedeutendes Zubehörunternehmen der Autoindustrie.

1949 polsterte Meier die restlichen Schwen-Sitzgarnituren zunächst mit einem ausgefallenen Stoff-Design neu auf. Die VW-Händler kauften sie ihm in kürzester Zeit ab, denn schon damals war auch Volkswagenfahren nicht nur Fortbewegung, sondern hatte etwas von »My home is my castle«. Nicht jeder Deutsche wollte nach 12 Jahren Uniform in einer uniformen Karosse fortbewegt werden, und so gingen nicht nur die ausgefallenen gepolsterten Garnituren schnell von Meiers Wolfsburger Lager, sondern auch die

Schonbezüge, die Kamei fertigte, als die Garnituren ausverkauft waren.

Schonbezüge waren und sind für VW-Fahrer ein guter Teil des Wiederverkaufswertes. Gebrauchtwagen mit durchgescheuerten Sitzbezügen standen (und stehen noch heute) bei uns schlecht im Preis. Also werden sie geschont. Bei Kamei konnte man sie beziehen ...

Nicht jeder läßt sich gern in den Kofferraum schauen. Beim Volkswagen-Käfer ist das aber nicht leicht zu verhindern. Denn der »größere« Kofferraum liegt unter dem Heckfenster. Kamei bot eine Kofferraumklappe an. Sie verschloß die Mustermappen der Vertreter und die Hutschachteln der Damen vor den Blicken Neugieriger. Sie wäre aber nicht einer der großen Kamei-Verkaufserfolge geworden, hätte diese Klappe nicht gleichzeitig ganz hervorragend die Geräusche des luftgekühlten Motors gedämpft. Nun gab es für den Ideenreichtum Karl Meiers kein Halten mehr. Mit Kameis Angebotspalette ließ sich der Volkswagen zum mobilen Wohnzimmer des Motorisierten erheben und der karge Käfer auf unteres US-Komfortniveau hochstilisieren: Für den Herren mit Hut den Huthalter, für die müde Beifahrerin ein Kopfkissen mit Saugfüßen, für den Italienurlauber und die Jungverliebten Liegesitze. Dank Kamei gab es für die müden Volkswagenfahrer-Beine Waden- und Schenkelstützen, eine Armlehne über der Handbremse, eine Sonnenbrillenablage für den bebrillten Vamp.

Das Tigerfell für das Lenkrad machte den 34-PS-Wagen ebensowenig schnell wie die Kühlergrill-Imitation aus einem Heckmotor-Wagen einen Frontantriebler macht. Aber es verriet die Seele des Fahrers, den der Monatslohn und die Vernunft zum Volkswagen statt zum Rassewagen zwang.

Sinnvolles und wenig Sinnvolles, Verspieltes und uns heute verrückt Erscheinendes bot Kamei, oft nur wenige Jahre bevor VW ähnliches als Zubehör anbot oder gar in die Grundausstattung aufnahm. Karl Meier ging dann zu neuen Zubehör-Ufern.

Eines strebte er zu früh an. Seinen Frontspoiler, den ein ehemaliger Flugzeugkonstrukteur entwickelt hatte, wollte 1953 noch niemand. Seit dem Automobilrennsport der sechziger Jahre hat sich herumgesprochen, daß Spoiler Sinn machen.

Spoiler sind heute zentraler Angebotsteil des Kamei-Programms. Aus »Durokam« werden sie für fast jedes Modell angeboten. Denn Kamei hat sich längst von der Käfer-Monokultur und vom Volkswagen freigemacht. In drei Werken in Wolfsburg, Wittlich und North Haven / USA fertigt die Firma, die heute nicht mehr vom Firmengründer, sondern seinen beiden Söhnen geleitet wird, Zubehör fürs Wagenäußere und -innere.

Der Erfolg der Firma Kamei dokumentiert seit bald 40 Jahren, daß Autofahren für viele mit dem Wunsch nach Individualität gepaart ist, selbst wenn sie einen Allerweltswagen fahren.

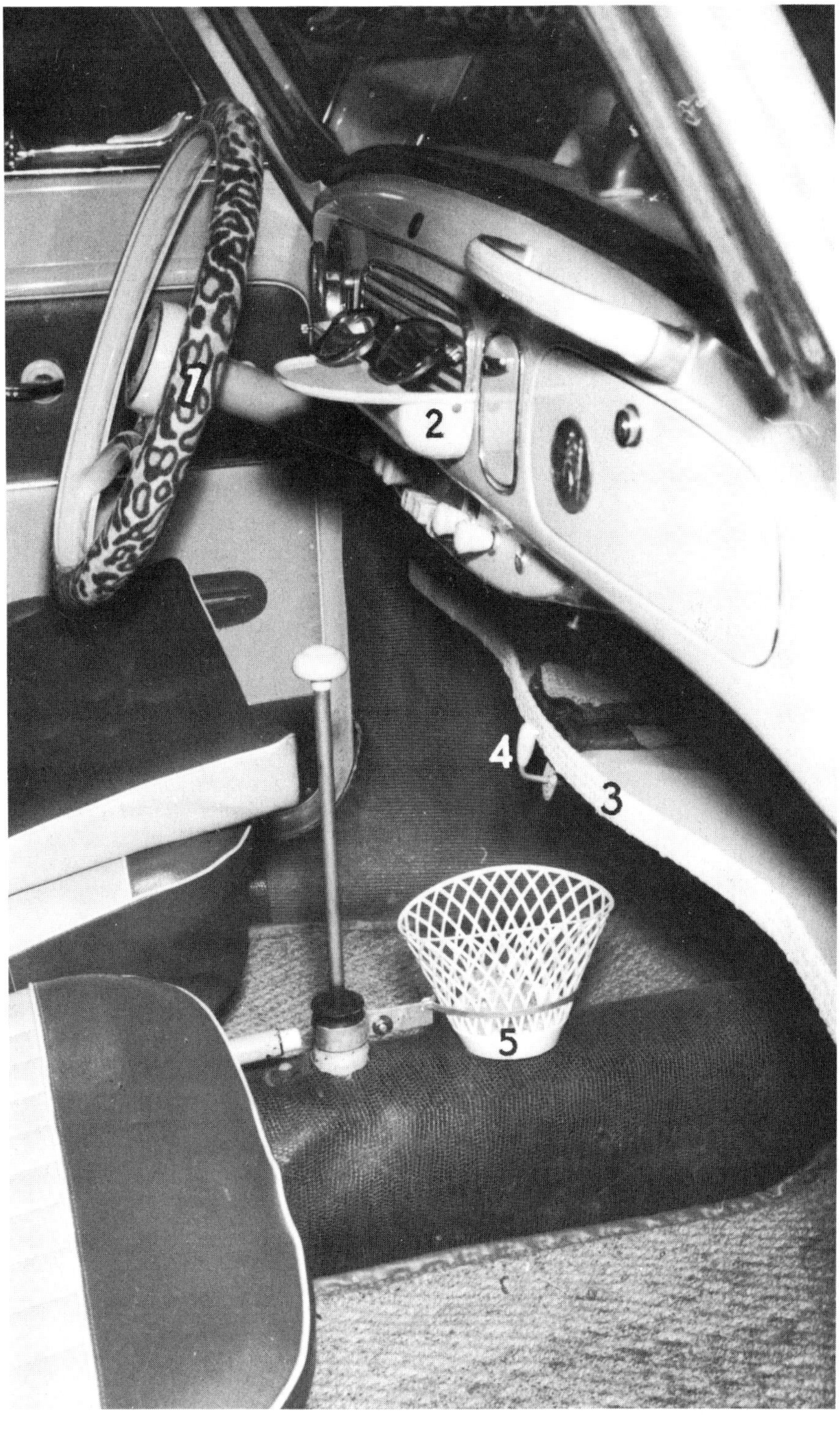

Linke Seite: Huthalter von Kamei aus dem Jahre 1958. Darunter der Kamei-Kofferraumdeckel, den es ähnlich später bei VW als Zubehör gab. 1953 noch kein Verkaufserfolg war der Kamei-Frontspoiler. Heute sind Spoiler jeder Art große Kamei-Verkaufserfolge.

Oben: Komfort im Käfer mit Hilfe von Kamei: 1) Lenkradhülle »Tigerfell«, 2) Picknick-Ablagetischchen, 3) Zusatzablagefach mit deshalb notwendiger Benzinhahnverlängerung (4) und Papierkorb (5) für den ordentlichen Wirtschaftswunder-Autofahrer. Der Korb war natürlich aus Plastik.

Exkurs:

VW-Transporter

Der Stiefbruder

1950 bekam der Volkswagen-Käfer einen großen Bruder, den »Bully«. Es gab kein nennenswertes Vorbild für diesen Transporter — und es gab keine Käufer, die in großer Zahl und mit noch größerer Ungeduld auf einen solchen Nutzwagen warteten. Im Werk Wolfsburg wurden 1950 10 (in Worten: zehn!) Fahrzeuge pro Tag gefertigt — und es gab manchen Einwand und bedenkliche Mienen, als man sich entschloß, auf 30 Fahrzeuge zu gehen. Doch: das Volkswagenwerk erschloß nach und nach den Markt, öffnete die Verkaufskanäle und verhalf dem Volkswagen-Transporter auch zu seinem Siegeszug.

Als im November 1949 das Volkswagenwerk den ersten Musterwagen des vom VW-Käfer abgeleiteten Transporters vorstellte, ahnte wohl kaum ein Mitarbeiter etwas von dem bevorstehenden Verkaufserfolg dieses Modells. Das etwas pummelig geratene Gefährt vom Typ 2 (der Käfer firmierte werksintern als Typ 1) wurde in einer Zeit auf die Räder gestellt, als sich die meisten Bürger noch ständig Gedanken machten, woher sie am nächsten Tag Preßkohlen, Kartoffeln und Kaffee (»Echt Bohnenkaffee«) bekommen würden. Kleintransporte besorgten bis dahin Pferd und Wagen sowie die unverwüstlichen »Dreikantfeilen« von Goliath und Tempo, die allerdings in den Kurven zum Umkippen neigten. Sie lösten den Gaul ab und schenkten ihren Besitzern jeden Tag ein paar Stunden Schlaf mehr.

Allerdings war die Leistungsfähigkeit dieser Dreiradtypen arg begrenzt. Sie eigneten sich kaum als Krankenwagen oder Achtsitzer-Busse und machten an jeder Steigung schlapp. Ihre Konstruktion stammte aus einer Zeit schwerster wirtschaftlicher Depression.

Als die Serienfertigung des VW Kastenwagens im März 1950 begann, bat VW-Direktor Heinrich Nordhoff zweihundert Gäste zur Taufe. Der »Spiegel« berichtete damals:

»Hinter den drei Weingläsern stand bei jedem Gedeck der Sektkelch, mit dem auf den Täufling getoastet werden sollte. Doch bei den Hors d'œvres schon mußte Heinz Nordhoff ans leere Glas schlagen, um, statt eine Taufrede zu halten, 'eine traurige Geschichte zu erzählen'. Die Gevattern hätten, als sie den Namen 'Bully' für den neuen 3/3tonnigen Schnellieferwagen wählten, nicht bedacht, daß es ja schon einen großen Bulldog (Anmerkg.: Glühkopfschlepper der Firma Lanz) gäbe. 'Und meine Damen und Herren, da machten die Väter des Bulldogs eine wirkliche Gefahr geltend. Daß nämlich dem Bauern Misthuber, wenn er an einen Bulldog gedacht hatte, irrtümlich ein crémefarbener VW-Lieferwagen aus Wolfsburg angeliefert werden könne. Oder es könne geschehen, daß dem Modehaus 'A la femme elegante', das mit einem zartgetönten Bully dem Theaterstar Pia de Nutti die neue Organdyrobe frei Haus liefern wollte, vom Händler aus Versehen ein Bulldog vor die Tür gefahren wird.'«

Um solchen Verwechslungen aus dem Weg zu gehen, katalogisierte das VW-Werk seinen Lieferwagen nur schlicht als VW-Lieferwagen.

Es handelte sich dabei um eine in den meisten Bereichen völlig eigenständige Konstruktion von Dr. Ing. Alfred Haesner, der von 1948 bis 1952 als Entwicklungsleiter in Wolfsburg fungierte und zuvor — von 1934 bis 1945 — die technische Leitung der sächsischen Phänomen-Werke in Zittau innehatte.

Mit dem Käfer-Modell hatte der Transporter den Boxermotor im Heck sowie die gleiche Spur gemeinsam. Dies erlaubte es den Werkstätten, mit ein- und denselben Einrichtungen sowohl die zweitürige Limousine wie den Bully zu warten und zu reparieren.

Das VW-Werk lieferte den Bully in zahlreichen Varianten, etwa als Kombi, Bus, Krankenwagen, Polizei- und Löschfahrzeug. Ständig wurde das Fahrzeug verbessert. So erhielten alle VW-Transporter im Oktober 1952 ein synchronisiertes Getriebe (II. bis IV. Gang), gab es im Juni 1960 die stärkere 34-PS-Maschine (statt bislang 30 PS) und Blinker anstelle der Winkerarme. Erst im Sommer 1967 erfolgte die Einstellung der Produktion des VW Typ 2, von dem über 1,8 Millionen Exemplare gefertigt wurden. Die nachfolgende Generation brachte es noch einmal auf mehr als 3 Millionen Exemplare.

Um den Absatz des Transporters und seiner Abwandlungen voranzutreiben, entwickelte die VW-Werbung immer wieder originelle Ideen. Etwa 1964, als man den ältesten VW-Transporter von ganz Deutschland suchte. Über fünfzehnhundert Zuschriften gingen ein und meldeten in Wolfsburg einen älteren Transporter an.

Der älteste Wagen wurde im württembergischen Waiblingen aufgetan. Er gehörte dem Landmaschinenbauer Karl Widmann und war erstmals am 18. April 1950 zugelassen. Am 9. Dezember 1959 hatte ihn Karl Widmann gekauft. Aus achter Hand.

Der typische Bully-Käufer Widmann unterhielt zunächst einen eigenen Fahrzeugbau und belieferte später seine Kunden, die kleinen Bauern in der Umgebung Stuttgarts, mit selbstentwickelten Kleinbandsägen. Seine Erzeugnisse lieferte er frei Haus: etwa eine vier Zentner schwere Kleinbandsäge im Kasten. Und nebenbei noch Eisenträger, Rohre und Zement. Und eine Kuh. Aus Gefälligkeit. Auf dem Lande ging das in Ordnung.

Als der Schwabe Karl Widmann als Sieger des VW-Wettbewerbs »Wer hat den ältesten VW-Transporter?« einen fabrikneuen Kastenwagen in Empfang nahm, meinte er: »Der isch fascht z' schad' zom Schaffe...«.

Luxuriösester Bully-Vertreter war der Achtsitzer-Bus in »Sonderausführung«, der als PKW zugelassen werden konnte. Er besaß einen 1,34 m zu öffnendes Golde-Sonnendach, Rundumverglasung und Plexiglasscheiben im Dach sowie viel Chromschmuck. Selbst die vordere Stoßstange glänzte grell auf. Die Armaturentafel reichte über die gesamte Fahrerhausbreite. Kostenpunkt 1960: 8475 D-Mark (Normalausführung Achtsitzer: 6975 D-Mark).

Auch Wunsch sorgte eine Eberspächer-Heizung für wohlige Wärme (ab 1954).

Linke Seite: Der Prototyp des Transporters, noch ohne Heckfenster. Oben: VW-Transporter als Kastenwagen. Mitte: VW-Transporter als Bus. Unten: VW-Transporter als Pritsche. Nicht im Bild: Zahlreiche weitere Versionen, die später auf den Markt kamen, wie z.B. der »Samba«-Bus mit Deckfenstern und Schiebedach, die Doppelkabine und Pritschen mit Planenaufbau.

Modell: VW Transporter (Typ 2) »Bulli«
Zeit: 1950 - 1979

Typ	PS	ccm	km/h	Preis bei Erscheinen	Bauzeit	Stück
Bus	25	1131	90	6.950,-	1950-54	
Bus	30	1192	95	6.975,-	1954-60	
Achtsitzer-Bus	34	1192	95	6.975,-	1960-64	
Achtsitzer-Bus	42	1493	105	6.975,-	1963-65	
Achtsitzer-Bus	44	1493	105	7.325,-	1965-67	
(2. Generation)	47	1584	110	7.980,-	1967-70	
Achtsitzer-Bus	50	1584	115	9.830,-	1970-73	
Achtsitzer-Bus L	66	1679	130	12.415,-	1971-73	
Achtsitzer-Bus	68	1795	128	13.525,-	1973-75	
Achtsitzer Bus (3. Generation)	70	1970	130	16.540,-	1975-83	
Produktion Bus & Kombie		1. Generation			1949-67	898.528
Produktion Sonstige Aufbauten**		1. Generation			1949-67	954.912
Produktion Bus & Kombie		2. Generation			1968-79	1.417.899
Produktion Sonstige Aufbauten**		2. Generation			1968-79	973.221

** Kastenwagen, Pritschenwagen, Doppelkabine, Krankenwagen, Sonstige

Bis 1955 wurde auch der Transporter im Wolfsburger Werk gefertigt. Die Bilder aus der Produktion, im Jahre 1951 aufgenommen, zeigen noch eine wenig rationelle und automatisierte Produktion. Selbst in der Karosseriebearbeitung herrschte schwere körperliche Arbeit vor. Die Montage der Transporter-Karossen erfolgte auch noch nicht am Band.

1955 wurde die Transporter-Produktion in ein hierfür eigens eingerichtetes Werk in Hannover verlegt. Wie das Wolfsburger Werk liegt auch das Werk Hannover am Mittellandkanal und hat einen direkten Zugang zur Autobahn. Diese beiden Gründe dürften mitentscheidend für die Standortwahl Hannover gewesen sein, zumal sich im Wolfsburger Raum kaum noch Arbeitskräfte finden ließen. Noch heute ist in Hannover die Transporter-Fertigung konzentriert.

Verjüngungskur

Modellpflege 1960-1985

In den sechziger Jahren setzte das VW-Werk seine Modellpolitik konsequent fort: der »Käfer« wurde ständig und weiter verbessert. Wem der Sinn nach Luxuriösem stand, bekam 1975 mit dem »Panorama-Käfer« vom Typ 1303 den aufwendigsten Edel-Käfer, den Wolfsburg je baute.

Allerdings hielten sich die teuren Käfer-Varianten nur kurzfristig am Markt. Überlebt wurden sie 10 Jahre vom schlichten »Sparkäfer«, der werksintern einmal respektlos »NSKK« getauft wurde: Nordhoffs-Striptease-Krisen-Käfer.

Nachdem Ende der fünfziger Jahre VW-Anwärter im Durchschnitt 12 bis 14 Monate auf einen Käfer warten mußten, änderten sich zu Beginn 1960 die Zeiten. Die Zeitschrift »Auto Motor und Sport« meldete: *»In Tageszeitungen werden zunehmend VW-Kaufverträge mit kurzfristiger Liefermöglichkeit angeboten. (...) Mit den Überpreisen ist es vorbei, und die Lieferfristen dürften sich kaum noch auf der bisherigen Höhe halten lassen. Und das schon, ohne daß die Produktionszahl die von Nordhoff angekündigte Höhe erreicht hat (...). Der VW muß auf das Eis der freien Konkurrenz.«*

Konkurrenten waren vor allem der DKW Junior, die Lloyd Arabella und der BMW 700; als der Opel Kadett und der Ford 12 M sich auch noch anschickten, in den Kreis der kleinen Erfolgswagen vorzustoßen, schrumpften die Lieferfristen im Bundesdurchschnitt auf vier Monate zusammen. *»Der Mythos schwindet«*, prophezeite »Der Spiegel« (Nr. 15/1960), und die »Süddeutsche Zeitung« meldete: *»Die verminderte Lieferzeit hat bei manchen VW-Käufern einen Schock hervorgerufen. In der Annahme, der Preis für Altwagen werde sich halten, bestellten sie einen neuen Wagen, konnten ihn aber jetzt nicht abnehmen, weil der Erlös aus dem Verkauf des Altwagens plötzlich niedriger war.«*

3.000 Käfer liefen im Frühjahr 1960 täglich vom Wolfsburger Fließband, als »Standard«- und »Export«-Modell. In der Branche nährten sich die Gerüchte, daß Auto-Souverän Nordhoff bald einen neuen Volkswagen vorstellen würde, doch die eiförmige Kontur des VW änderte sich weiterhin nicht. *»Es gibt Formen, die man nicht verbessern kann«*, pflegte Wolfsburg den Kritikern entgegenzuhalten und führte nur geringfügige Modelländerungen durch. 1960 tauschte der VW seine Winkerarme gegen Blinkleuchten auf den vorderen Kotflügeln ein; im Heck wurden die Blinker mit dem Rück- und Bremslicht in einem Gehäuse zusammengefaßt.

Als kleine Sensation wurde in der automobilen Fachwelt die Erhöhung der PS-Zahl registriert. Nach sechs Produktionsjahren stiegen 1960 die Pferdestärken von 30 auf 34 PS an.

Um das Gepäckvolumen von den bescheidenen 85 Liter Inhalt auf 140 Liter anzuheben, überarbeitete VW die Form des Benzintanks. Serienmäßig bekamen ab 1960 VW-Kunden auch eine Sonnenblende für den Beifahrer und einen Tacho mit Skala bis 140 km/h Höchstgeschwindigkeit. Das Vierganggetriebe war fortan vollsynchronisiert.

Am 4. Dezember 1961 knallten bei VW wieder einmal die Sektkorken: der fünfmillionste Volkswagen seit Kriegsende rollte vom Band. Inzwischen wurde auch die Scheibenwaschanlage verbessert und von Handbetätigung auf pneumatischen Betrieb umgestellt. Anstelle der Einkammer-Leuchte erhielt der Käfer eine Zweikammerausführung, welche das Blinklicht bei eingeschaltetem Rücklicht besser erkennbar machte. Serienmäßig nahm das Werk den Einbau von Sicherheitsgurtverankerungen vor.

Die Detailverbesserungen hielten in den folgenden Jahren an: u.a. bekamen die Standard-Käfer endlich die zeitgemäße hydraulische Bremse. Im Wageninnern löste ein Kunststoffhimmel den wohnlicheren Wollstoffhimmel ab. In der Ära der Nyltesthemden wollte sich schließlich auch das Wolfsburger Werk nicht vollkommen den Modetrends verschließen! Nur das Standard-Modell durfte vorerst noch den (empfindlichen) Stoffhimmel behalten, der ihm einen Hauch von Boudoir-Atmosphäre verlieh.

Die Verstärkung der Heizwirkung konnte mit Wärmetauschern erreicht werden. Sofort sprach der VW-Kundendienst von einer neuartigen »Frischluftheizung«. Im Dezember 1962 wurden täglich 3.300 Käfer produziert. 1963 löste ein Stahlschiebedach das geläufige Faltschiebedach ab — gegen Aufpreis natürlich.

Besonders die Kaskoversicherer waren mit dieser Innovation zufrieden, war es doch bis dato ein Leichtes gewesen, sich ungebetenen Käfer-Zugang durch Aufschlitzen des Stoffdaches zu verschaffen.

Der Anteil des VW-Werkes an der gesamten deutschen Automobilproduktion betrug 1963 42,4 Prozent. Von den 1.029.591 in Deutschland gefertigten Wagen exportierten die Wolfsburger 685.769 Exemplare, womit das Volkswagenwerk der größte Automobilexporteur der Welt war.

1964 nahm VW Änderungen am Karosserieaufbau vor. Das Heckfenster wurde rund 20 mm höher und 10 mm breiter, wodurch Käfer-Piloten endlich mehr Sicht im Rückspiegel bekamen. 68 spezielle Autotransportschiffe pendelten ständig zwischen der Nordseeküste und den Exportländern (vor allem den USA) hin und her. Charterkosten: 150 Millionen Mark.

Am 1. Dezember 1964 nahm das neue Volkswagenwerk in Emden seine Fertigung auf.

1965 bekam das Käfer-Programm Zuwachs. Nordhoff präsentierte den VW 1300 mit 1,3 Liter-Triebwerk. Optisch unterschied sich der »Kraftprotz« nur durch den verchromten Schriftzug auf der Motorhaube am Heck.

Nachdem das Volkswagenwerk im Januar 1965 von der Daimler-Benz AG die Auto Union in Ingolstadt erwarb, montierten bald auch die Ingolstädter den Käfer. Im gesamten Konzern entstanden nunmehr 4.500 Käfer täglich!

Rechte Seite, oben, VW 1500 mit 44 PS in einer Ausführung von 1970. Im gleichen Jahr wurde der Wagen durch eine Veränderung des Fahrgestells konstruktiv gründlich verändert. Bei dieser Version fallen vor allem die vergrößerten Heckleuchten, die zweifachen Lüftungsschlitze auf der Heckklappe und die Lüftungsschlitze hinter den hinteren Seitenfenstern auf. Mitte: 1971 wird das Rückfenster des Käfers noch einmal um 40 mm nach oben vergrößert. Der 50-PS-Motor dieses VW 1300 erfordert vierfache Lüftungsschlitze auf der Heckhaube. Unten: VW 1303 von 1974. Seit 1967 ist der Wagen von außen, von der Beifahrerseite und nicht mehr unter der Vorderhaube zu betanken. Die vorderen Blinker sind in die Stoßstange integriert, die Vorderhaube fällt bei den größeren VW Versionen seit 1970 steiler ab und bietet mehr Kofferraum. Die Frontstrahler stehen wegen der US-Vorschriften senkrecht — wie noch bei den ersten VW-Prototypen 1938.

1966 wurde noch einmal die Motorleistung des Spitzenmodells 1500 angehoben — auf 44 PS. Das steigerte die Höchstgeschwindigkeit auf 128 km/h. Abgebremst wurde das Modell 1500 an der Vorderachse durch Scheibenbremsen. Längst überfällig war im übrigen das Entschlüsselsystem. Zuvor mußten Käfer-Fahrer an der Tür und dem Zündschloß mit unterschiedlichen Schlüsseln hantieren.

Am 25. November 1965 lief der 12millionste Käfer vom Band!

Die Verkaufsstrategie des VW-Werks, in Zukunft nur den Absatz der stärkeren Käfermodelle vom Typ 1300 und 1500 zu fördern und die Produktion des 1200er einzustellen (August 1966), erwies sich als Fehlschlag. Schon im Januar 1967 sahen sich die niedersächsischen Manager veranlaßt, das Comeback des Frugal-Käfers einzuleiten, um endlich wieder mehr Kunden anzulocken. Werksintern wurde der 1200er «NSKK« getauft: Nordhoffs-Striptease-Krisen-Käfer. Er verkaufte sich gut.

Während die 1500er-Modelle zu immer größeren Halden anwuchsen (die Rede war von 50.000 Exemplaren), Kurzarbeit angemeldet werden mußte und die Konkurrenz ihren Marktanteil gegenüber dem Volkswagenwerk erhöhen konnte, hatten die Wolfsburger den Markt falsch eingeschätzt. Die Bundesbürger sparten 1967 wieder und hatten längst gemerkt, daß der 1500er Käfer ein gefräßiges Krabbeltier war. Zudem lagen für den 1500er die Versicherungsprämien erheblich höher. Dreißig Mark ließen sich mit dem »Sparkäfer« monatlich gegenüber dem Kraft-Käfer sparen, rechneten sich potentielle Kunden aus. Zudem erwarteten sie von einem 1500-Mittelklasse-Wagen mehr Komfort und Innenraum. Die ausländischen PKW-Anbieter setzten da oft Maßstäbe, vor allem Fiat.

Um die Käfer-Halden abzubauen, griffen die VW-Händler in die Trickkiste. Sie umgingen die Preisbindung, indem sie verstärkt »Vorführwagen« und »Ausstellungswagen« offerierten. Bei den mit einem Preisnachlaß von bis zu 500 D-Mark angebotenen Wagen handelte es sich jedoch in Wirklichkeit um Neuwagen der Bauserie 1966, die meist weniger als 10 Kilometer auf dem Tacho hatten. Da die Händler sich als Erstbesitzer in den Kfz-Brief eintragen ließen, mußten die Erwerber eines verbilligten Käfers mit dem Eintrag als Zweitbesitzer vorliebnehmen — und der Schein von Legalität blieb gewahrt.

In Interviews wies der Vorstandsvorsitzende der Volkswagenwerk AG, Nordhoff, auch 1967 immer noch alle Behauptungen zurück, die Käufer seien des Käfers müde. Tatsächlich hatte der Käfer noch einen Löwenanteil am Umsatz des Gesamtkonzerns.

Andererseits bekam VW den rauher gewordenen Wettbewerb zu spüren — gerade in den USA als Folge der amerikanischen Sicherheitsbestimmungen (Präsident Johnson: *»Es geht uns darum, die erschreckend ansteigende Zahl der Verkehrsunfälle zu verrin-*

gern«). Entsprechend den Vorschriften der US-Regierung mußten alle für die Zulassung in den USA vorgesehenen Käfer 12-Volt-Elektroanlagen, Zweikreisbremsen, eine Warnblinkanlage, Rückfahrtlampen und senkrecht stehende Scheinwerfer aufweisen. Ein Teil dieser Vorschriften trat bereits Anfang 1967 in Kraft.

Die Absatzlage des VW-Werks änderte sich 1967 so entscheidend, daß mehrmals Kurzarbeit eingeführt werden mußte. Diese Maßnahme sollte verhindern, rund 10.000 Beschäftigte der Volkswagen AG entlassen zu müssen.

Viel Staub wirbelte Bundesfinanzminister Strauß auf, als er in aller Öffentlichkeit dem VW-Werk Trägheit und Einfallslosigkeit vorwarf. Doch das Werk hielt auch in Zukunft an der 35 Jahre alten Konstruktion Porsches fest.

VW arbeitete unverdrossen weiter an der Perfektion des Nicht-Perfekten. So erhielten die 68er-Modelle, die nach den Werksferien vom 7. August 1967 an Wolfsburg verließen, breitere, höher angesetzte Stoßstangen ohne Hörner. Der Tankeinfüllstutzen wurde nach außen auf den Kotflügel verlegt, so daß die Kofferhaube beim Tanken nicht mehr geöffnet zu werden brauchte. Alle Modelle außer dem VW 1200 erhielten eine Frischluftanlage, die Fahrer und Beifahrer mit zwei Drehknöpfen am Armaturenbrett regulieren konnten. Die Benzinuhr wurde in den Tachometer einbezogen. Auf Wunsch konnte der VW 1500 mit einer Getriebehalbautomatik ausgerüstet werden.

Erst 1970, nach 25 Produktionsjahren, stellte das Volkswagenwerk endlich einen vollkommen überarbeiteten Käfer vor, den VW 1302. Er verfügte nicht nur über ein umgestaltetes und größeres Vorderteil (wodurch das Kofferraumvolumen von 140 auf 260 Liter stieg), sondern auch über neue Kotflügel. Trotzdem blieb die klassische Käferform gewahrt. Technisch aufwendig waren die Federbein-Vorderachse und die Schräglenker-Hinterachse.

Fortan gibt es zwei Käfer-Gesichter: Den VW 1200 und 1300 einerseits sowie den 1302 und später 1303 des neuen Modelljahrs. Stärkstes lieferbares Käfer-Triebwerk war die 1,6 Liter-Maschine vom VW-Transporter (50 PS).

Der Käfer wurde weiterhin verbessert: u.a. dehnte sich 1971 das Rückfenster vier Zentimeter aus. Der Gepäckraum bekam hinter den Rücksitzen eine serienmäßige Abdeckung (außer beim »Sparkäfer«).

Im Februar 1972 überrundete der Käfer den bisherigen Produktionsweltmeister »Ford T«. Der 15.007.034ste Käfer war ein VW 1302 S. Im August 1973 stellte das VW-Werk sein aufwendigstes Modell vor: den sog. »Panoramakäfer« vom Typ 1303, der 20 Kilogramm mehr auf die Waage brachte als das Vorgängermodell 1302. Dieser Wagen hatte eine gewölbte «Panorama«-Frontscheibe, die den Innenraum optisch vergrößerte. Täglich wur-

Modell: Volkswagen (Käfer)
Zeit: 1965 - 1970

Typ	PS	ccm	km/h	Preis bei Erscheinen	Bauzeit	Stück
1200 A	34	1192	115	4.485,-	1965-66	129.310
1300	40	1285	122	5.150,-	1965-66	1.796.468
1300 Cabriolet	40	1285	122	6.490,-	1965-66	21.114
1300 A	40	1285	122	4.735,-	1966-67	132.596
1500	44	1493	128	5.385,-	1966-67	654.550
1500 Cabriolet	44	1493	128	6.895,-	1966-70	64.473
1200 (Sparkäfer)	34	1192	116	4.485,-	1967-70	389.017
1300	40	1285	122	5.150,-	1967-70	s.u.
1300 Automatik	40	1285	117	5.615,-	1968-70	- - -
1500	44	1493	128	5.385,-	1967-70	s.u.
1500 Automatik	44	1493	123	6.350,-	1967-70	2.737.300*

* 1300er und 1500er Modelle zusammen

den 1972 über 5.000 Käfer hergestellt. Im September 1973 wurde VW modisch und offerierte den »Jeans-Käfer« mit Sitzbezügen aus Jeans-Stoff (Preis 5.995 D-Mark) sowie als teuersten Käfer den »Big-Käfer 1303 S/50« mit Metallic-Sonderlackierung, Cord-Sitzbezügen und Schlingflor-Teppich. Preis: 7.670 D-Mark.

Mit dem neuen »Golf« kam 1974 der ärgste Käfer-Killer auf den Markt. Im Mai des Jahres wurde er der Presse vorgestellt und beanspruchte fortan die VW-Fließbänder. Der letzte Käfer lief am 1. Juli 74 in Wolfsburg vom Band. Er war seit 1945 das 11.916.519te in Wolfsburg gefertigte Exemplar.

Fortan fand die Käfer-Herstellung aus 5.115 Teilen andernorts statt: in den Werken Emden, Hannover und Brüssel. Die Käfer-Blechkleider wurden aber weiterhin aus Wolfsburg beschafft. Am 4. Oktober lief der 18millionste Käfer in Emden vom Band. Tägliche Käfer-Produktionsrate: 2.600 Stück.

Nachdem 1975 der aufwendige Panorama-Käfer nur noch in Kabrio-Ausführung lieferbar war, blieb einzig der Sparkäfer mit 34 PS- und 50-PS-Motor im Programm. 1978 wurde auch seine Fertigung in Deutschland ganz eingestellt. Fortan mußten sich Käfer-Freunde das »Einsteigermodell« aus Mexiko bestellen. Am 10. Januar 1980 gaben auch die Karmann-Werke in Osnabrück die Käfer-Kabrio-Produktion auf. Insgesamt hatten sie 332.000 Exemplare ausgeliefert, womit das Käfer-Kabrio der meistgebaute offene Wagen der Welt war!

1981 feierte das VW-Werk den 20millionsten Käfer — er lief als Sondermodell »Silver Bug« in Pueblo/Mexiko vom Band und wurde in Deutschland doppelt so teuer angeboten wie ein Käfer zu Adenauer-Zeiten.

Der Kreis der Käfer-Kunden im Mutterland des rundlichen VWs war inzwischen so geschrumpft, daß sich nur noch nostalgieangehauchte Autofahrer einen Käfer als Zweitwagen in die Garage stellten. Im Durchschnitt verkauften die VAG-Händler nicht mehr als 10.000 Exemplare auf bundesrepublikanischem Boden. Kurzum: die Einfuhr aus Mexiko war nicht mehr rentabel. 1985 landete der letzte Autofrachter mit Käfern in Emden. Ein hoher Prozentsatz seiner vierrädrigen Fracht wurde bis heute nicht für den Straßenverkehr zugelassen, sondern als fabrikneues Sammlerobjekt weggestellt. Wird der Käfer also bald seine Weihe als technischer »Milestone« der Technikgeschichte bekommen?

Modell: Volkswagen (Käfer)
Zeit: 1970 - 1980

Typ	PS	ccm	km/h	Preis bei Erscheinen	Bauzeit	Stück
1200	34	1192	116	4.695,-	1970-73	363.575
1300 L	44	1285	127	5.495,-	1970-73	
1300 L Automatik	44	1285	122	5.900,-	1970-73	
1300 S/LS	50	1584	135	6.530,-	1972-73	
1300 S (LS) Automatik	50	1584	130	6.995,-	1972-73	
1302	34	1192	116	5.745,-	1970-72	
1302 L	44	1285	125	5.945,-	1970-72	
1302 Automatik	44	1285	120	6.245,-	1970-72	
13o2 S (LS)	50	1584	135	5.945,-	1970-72	2.350.219*
1302 LS Cabriolet	50	1584	132	7.490,-	1970-72	39.187
1200	34	1192	116	5.650,-	1973-78	
1200 L	44	1285	127	6.100,-	1973-78	244.794**
1200 L Automatik	44	1285	122	6.600,-	1973-78	- - -
1303 A	34	1192	116	6.910,-	1973-74	
1303 (L)	34	1192	116	7.110,-	1972-78	
1303 L	44	1285	125	6.690,-	1972-78	
1303 L Automatik	44	1285	120	7.190,-	1972-78	- - -
1303 LS	50	1584	135	6.890,-	1972-78	1.073.994***
1303 LS Automatik	50	1584	130	7.390,-	1972-78	- - -
1303 LS Cabriolet	50	1584	132	8.840,-	1972-80	93.705
1303 LS Cabriolet Automatik	50	1584	127	9.340,-	1972-79	
1303 LS Cabriolet	48	1584	125	14.423,-	1979-80	

* 1300 + 1302 Modelle zusammen außer Cabriolet ** 1200er Modelle
*** Alle 1303-Modelle außer Cabriolets

Linke Seite, oben: Klassische Schönheit — Karmann-Ghia Cabrio 1973. Unten: Karmann-Cabrio in der Version von 1965. Das Cabrio verändert sich weniger als die Limousine (was vor allem an den unveränderten Scheiben liegt). Man beachte die Verblendung des unteren Teils des hinteren Kotflügels! Ganz oben: 1963 sind die Winker schon einige Jahre verschwunden. Das Faltschiebedach ist durch ein einbruchsicheres Stahlschiebedach ersetzt worden. Die Hecknummernschildbeleuchtung wurde vergrößert. Oben: 1964 werden beim Käfer alle Scheiben vergrößert, was die Sicht verbessert. Folgende Seite: In den sechziger Jahren rollt die Export-Lawine. Auf alle erdenklichen Arten geht der Wagen in alle Welt: auf Schiene, Straße und zu Wasser.

DB

Ab geht die Post ...

Fridolin — Kleinlieferwagen für die Post

Nachdem sich bei der Briefkasten-Entleerung und beim Landpostdienst das Ein- und Aussteigen in den frugalen VW-Käfer auf Dauer als zu umständlich erwies, sann die Deutsche Bundespost über eine raumgreifendere Karosserie für ihren 1200er nach. In Zusammenarbeit mit dem Wolfsburger Werk und den Westfalia-Werken entstand die Konzeption für das Sonderfahrzeug »Typ 147«, der inoffiziell als »Fridolin« firmierte. Insgesamt wurden 6.125 Exemplare im Zeitraum von 1964 bis 1974 ausgeliefert.

Mit seinem kantigen Lieferwagenaufbau gehört er sicherlich zu den häßlichsten Käfer-Abkömmlingen, bewährte sich aber jahrelang bestens im harten Einsatz bei der Deutschen Bundespost und der Schweizerischen Post im Zustell- und Fernmeldedienst sowie bei der Briefkastenentleerung; bei der Lufthansa im Vorfelddienst oder in anderen Branchen bei der Zustellung der neuesten Lesezirkelmappen für die Oma von nebenan. Gemeint ist der VW-Kleinlieferwagen vom Typ 147, der inoffiziell »Fridolin« getauft wurde. Diese Bezeichnung durfte allerdings aufgrund einer Anweisung des Bundespost-Ministeriums nicht für die ausgelieferten Postmobile benutzt werden. In sprödem Behördendeutsch war stets nur die Rede vom »Sonderfahrzeug Post«.

Die ersten Gespräche über die Konzeptionierung des VW Kleinlieferwagens fielen in den Februar 1962. Am Verhandlungstisch trafen sich die Abgesandten Nordhoffs, der Karosseriefabrik Westfalia-Werke sowie der Post, die ihren »Fridolin«-Bedarf mit insgesamt 7.000 bis 8.000 Exemplaren anmeldete.

Das Posttechnische Zentralamt in Darmstadt verlangte nach einem wendigen Vehikel mit 2 m^3 Laderaum und einer Nutzlast von 350 bis 400 Kilogramm, das zugleich billig in der Anschaffung und Unterhaltung sein soll-

te. Zudem mußte das Gefährt zwei Schiebetüren und eine große Heckklappe besitzen. Diese erleichterten das zügige Be- und Entladen, was sich bei den bislang eingesetzten Post-Käfern auf die Dauer als zu mühselig erwies. Auch wollte man nicht länger mit rollenden Wellensittichkäfigen wie den 700 Goggomobil-Transportern der Dingolfinger Firma Glas auf Kurzstrecke gehen, zudem diese äußerst häufig ihren zweitaktenen Dienst versagten.

Die ersten Konstruktionszeichnungen und ein Plastilinmodell ließen die Westfalia-Werke am 2. April 1962 ins Bonner Bundespostministerium bringen, nachdem VW-Souverän Nordhoff seinen endgültigen Segen zu dem Käfer-Abkömmling gegeben hatte und sich außerdem bereit erklärte, bei diesem Modell gegenüber der Post als Generalunternehmer des Projektes aufzutreten. Es folgten weitere Besprechungen und Schriftverkehr, um penibel die auf den Posteinsatz abgestimmte Ausstattung abzusprechen.

Die ersten Musterwagen entstanden bei Westfalia zwischen Februar und August 1963 und wurden sogleich zur Erprobung der Post überlassen. Auch die VW-Entwicklungsabteilung in Wolfsburg bekam ein Exemplar des Kleinlieferwagens. Zwar wurden noch einige Änderungswünsche geltend gemacht, aber insgesamt behielt der Typ 147 sein bei Westfalia projektiertes Erscheinungsbild. Die Einzelabnahme der Versuchswagen nahm der TÜV Hannover vor.

Inzwischen liefen bei Westfalia auch die Vorbereitungen zur Serienfabrikation an, die Anfang Februar 1964 startete. Zur Montage bezog das Werk in Rheda-Wiedenbrück Karmann-Ghia-Chassis, die im Vergleich zum normalen Käfer-Fahrgestell vor allem im Frontbereich breiter waren. Angetrieben wurden die Kleinlieferwagen vom zuverlässigen 34 PS-Käfermotor.

Insgesamt stellte Westfalia 6.125 Exemplare des »Fridolin« her — der letzte Wagen trat im Juli 1974 seinen Post-Dienst an. Zuvor hatte noch der Lippstädter Lesezirkel-Service Wolfgang Berke vier der rüstigen Lieferwagen geordert. Der Lesezirkel-Service hatte 1966 als erster private Kunde einen solchen VW Typ 147 gekauft. In der Folgezeit bestellte Wolfgang Berke weitere elf 147er — ein Beweis für die Qualität und die Brauchbarkeit der VW 147 auch in dieser Branche.

Während bei der Schweizer Post 1983 noch diverse »Fridolins« im Einsatz waren, hatte die Deutsche Bundespost längst ihren Fuhrpark auf die größeren VW-Busse umgestellt. Trotzdem tauchen ab und zu noch einige 147er im Straßenbild auf — etwa als Campmobil der Berliner Hausbesetzerszene...

Oben: Einer der wenigen »Fridolin«-Wagen, der in privaten Besitz ging. 90% der Produktion nahmen die Deutsche und die Schweizer Post ab.

Modell: Kleinlieferwagen (Typ 147) »Fridulin«*
Zeit: 1964 - 1973

Typ	PS	ccm	km/h	Preis bei Erscheinen	Bauzeit	Stück
Fridulin	30	1192	100		1964-65	
Fridulin	34	1192	105	6.500,-	1965-73	6.126

* Sonderentwicklung für die Bundespost, einige Exemplare wurden auch an die Österreichische Bundespost und private Abnehmer geliefert.

König Nordhoff

Die Eunuchen und der Pascha

Vom arbeitslosen Stempelbruder zum Automillionär — so stellt sich heute die erstaunliche Nachkriegskarriere des Heinrich Nordhoff dar. 1947 offerierte die britische Militärregierung dem Autoprofi die Leitung der zerbombten Autofabrik der »Deutschen Arbeitsfront« am Mittellandkanal, und Nordhoff, in den 30er Jahren einer der ärgsten Kritiker des Volkswagen-Projektes, griff zu, nachdem Opel ihm nach 1945 den Laufpaß gegeben hatte. In weniger als einem Jahrzehnt lief der millionste Käfer vom Band, hatte Nordhoff das Werk zum deutschen Umsatzriesen und sich selbst zum Industriellen-Superstar aufgebaut.

Als am 5. August 1955 der millionste Volkswagen (»echt vergoldet«) aus den Werkstoren rollte, organisierte »König Nordhoff«, der Souverän im Reiche Wolfsburg, Brot und Spiele in seinem »Detroit am Mittellandkanal«. Wo vor knapp zwei Jahrzehnten noch schwarzbuntes Tieflandrind sich satt fraß, ließ der Generaldirektor das Werksstadion auffüllen. Alles, was Rang und Namen hatte im Showbizz, reiste im Auftrag des Volkswagen-Millionärs Nordhoff an, um vor 100.000 VW-Werkern und deren Familienangehörigen ein internationales Programm aufs Parkett zu legen: die locker geschürzten Girls des Pariser Moulin Rouge schwangen ihre langen Beine zum Can-Can; südafrikanische »Negerchöre« sangen Spirituals, und 32 kräftige schottische Tänzerinnen stampften zu Dudelsackklängen. Mit allerhöchster Erlaubnis des Königs Gustav VI. marschierte sogar die schwedische Leibgarde durch die Arena — und die Schweizer Eidgenossen wirbelten mit Fahnenschwingern vor dem staunenden Publikum herum. Schließlich hatte der eigentliche Star dieses Volksfestes seinen Auftritt. Unter den Klängen eines Johann-Strauß-Marsches schritt »König« Nordhoff, ganz auf Effekt bedacht, Stufe um Stufe zu seinem 15 Meter über der Holzbühne aufragenden Rednerpult, breitete in der Pose eines Wahlredners von der amerikanischen Ostküste beide Arme aus und rief mit fester Stimme in das Mikrophon: *»Ran an die zweite Million.«*

Der Jubel der Zuschauer war ihm sicher. Und die ausländische Presse staunte über den Bankierssohn: *»Dieser Mann steht fast im Glanze eines überirdischen Gottes, der Wohltaten über sein Volk ergießt.«* (Evening News, London)

In weniger als einem Jahrzehnt hatte Heinrich Nordhoff, Jahrgang 1899, mit dem ihm eigenen Perfektionismus und einer genialen Konstruktionsidee im Rücken, aus einem armen Moor- und Heide-Randgebiet eine bundesdeutsche Wohlstands-Enklave geschaffen, von der aus die Exportmärkte rund um den Globus mit blechernen Krabbeltieren »Made in Germany« versorgt wurden. Aus der zerbombten Fabrik der »Deutschen Arbeitsfront« war eine Millionenschmiede geworden.

Die Engländer hatten mit Nordhoff einen guten Griff getan, als sie ihm Ende 1947 die Leitung der Wolfsburger Autoschmiede überließen (»Times«: *Wenn die Engländer geahnt hätten, wie Nordhoff ihre eigenen Wagen von den Exportmärkten vertreiben würde, hätten sie ihm diesen Job nie gegeben.«*). Schließlich kannte der Produktionsrekordler die Automobilbranche schon vor seinem Standortwechsel nach Niedersachsen aus dem Effeff: Nach Abschluß seines Studiums an der Technischen Hochschule in Berlin begann der Ingenieur Nordhoff 1927 als Konstrukteur im Flugmotorenbau der Bayerischen Motorenwerke in München. Nach fast vier Jahren Reißbrettarbeit wechselte er zur Firma Adam Opel, die gerade vom US-Konzern General Motors geschluckt worden war. Hier übernahm Nordhoff zunächst die Organisation des Kundendienstes und verfaßte zahlreiche Kundendienstbroschüren. Später stieg er zum technischen Berater der Verkaufsleitung auf. Nordhoff wußte mithin, wie man Autos verkauft. Nach längeren Studienaufenthalten in der US-Autometropole Detroit berief ihn die Opel AG in ihren Vorstand und übertrug ihm 1942 — im dritten Kriegsjahr — die Gesamtleitung ihrer Lastwagenfabrik in Brandenburg/Havel, der damals größten in Europa. Monatlich bis zu 4000 »Blitze« lieferte Großproduzent Nordhoff an die Wehrmacht, bis schließlich die Russen 1945 das Werk übernahmen. Nordhoff hatte unmittelbar vor der anrückenden Roten Armee die Flucht ergriffen und sich in den relativ sicheren Harz davongemacht, wo schon seine Frau samt den zwei Töchtern Unterschlupf gefunden hatte. Dort verharrte er, das Schlimmste erwartend, als die »Stunde Null« anbrach.

Zwei Jahre lang war der Chef des ehemaligen Opel-Lastwagenwerkes arbeitslos. Dann schlug er sich als Kundendienstmann bei einer Hamburger Opel-Vertretung kümmerlich durchs Leben. Die Zukunft schien für den 46jährigen düster.

Besonders ärgerte es Nordhoff, daß ihn die Adam Opel AG nicht weiter beschäftigen wollte; schließlich hatte er sich siebzehn Jahre lang diesem Unternehmen verbunden gefühlt. Der Hintergrund für das »No« der Opel-Leute: Die GM-Manager konnten es Nordhoff wohl zurecht nicht vergessen, daß er mit ihrem Know-how und Geld einen Opel-Betrieb auf Hochtouren brachte, der für die Wehrmacht Autos baute, auf denen deutsche Landser in alle Herren Länder einfielen. Als Ingenieur Nordhoff schließlich von der amerikanischen Muttergesellschaft der Adam Opel AG schwarz auf weiß zu lesen bekam, daß man ihn nie wieder bei Opel beschäftigen würde, war — so das Nachrichtenmagazin »Der Spiegel« — *»Nordhoff reif für den Schmelztiegel Wolfsburg, der in jenen Tagen Tausende von entlassenen Kriegsgefangenen und Ostvertriebenen anzog. Denn hier gab es eine Wolldecke, einen Platz in der Baracke und mittags im Werk ein Kochgeschirr voll Suppe«.*

Nordhoff kam ohne Vertrag und ohne Kenntnis des Werkes und seines Produktes nach Wolfsburg. Aber er kam als Chef und nicht mit dem Blechnapf, wie Tausende von Bandarbeitern. Schnell hatte er sich drei Planziele gesteckt: sofortige Steigerung der Produktion des Werkes; Ankurbelung des Exportes und technische Verbesserung des Käfers, dem er einst bei Opel als einer der schärfsten Kritiker gegenüberstand (*»Ein armseliges Ding, minderwertig, häßlich und untüchtig«*).

Zunächst geschah dies unter sehr bescheidenen Arbeitsbedingungen, wie sich Arthur Railton in seinem Buch »Der Käfer« erinnert:

»Er (Nordhoff) zog direkt ins Werk und wohnte sechs Monate lang in einem Zimmer neben seinem Büro. Außer der Werkswache war er nachts und an Wochenenden allein in den riesigen Gebäuden. Er konnte in der Dunkelheit das Rascheln der Ratten hören (...). Er arbeitete sieben Tage in der Woche. Am Abend wanderte er in den leeren Hallen herum und plante seinen nächsten Schritt. Der Wiederaufbau des Werkes wurde bei ihm zur Besessenheit.«

Einen Tag, nachdem Nordhoff seine neue Arbeit aufgenommen hatte, war sein 50. Geburtstag. Es gab an diesem 2. Januar 1948 keine Feier aus diesem Anlaß. Biograph Railton: *»An dem Abend saß er in seinem stillen Büro und erkannte, daß er kein junger Mann mehr war und eine gewaltige Aufgabe zu bewältigen hatte. Mit 50 begann er eine neue Karriere.«*

»Wir brauchen Autos, ohne das Automobil kein Wiederaufbau, ohne deutschen Automobilexport kein Überwinden der Krise«, gab Nordhoff als frischgebackener Generaldirektor des Volkswagenwerks die Parole aus. Sie wurde zur Richtschnur für die Arbeit der damals kaum 8000 Menschen.

Nordhoff, den sein persönlicher Abstieg vom Opel-Generaldirektor zum arbeitslosen Stempelbruder damals nachhaltig erschüttert hatte, versprach seinen Autowerkern martialisch, mit ihnen gemeinsam eine neue Lebensexistenz aufzubauen oder gemeinsam vor die Hunde zu gehen...

Der Wiederaufbau des Wolfsburger Stammwerkes vollzog sich fortan schnell und sprunghaft. Nicht nur erreichte das VW-Werk in der Nordhoff-Ära das Vierfache seiner einstigen Größe, sondern es wurden auch Zweigwerke in Emden, Kassel und Hannover errichtet. Mit dem Erwerb der Auto-Union-GmbH kam zu Lebzeiten des Wolfsburger Autokönigs als weitere inländische Produktionsstätte das Werk Ingolstadt hinzu.

Nordhoff liebte es, Entscheidungen im Alleingang durchzusetzen, und lag deshalb im Clinch mit den Gewerkschaften, die ihm »autokratische und diktatorische Werksführung« vorwarfen.

Er selbst kanzelte diese »Quereler« — ganz Boss — von oben herab ab: *»Sie werden verstehen, daß mir nur noch die dekorative Rolle des Generaldirektors bleibt, mit dicker Zigarre hinter einem überdimensionalen Schreibtisch thronend, und je nach Laune — nur nach Laune natürlich — den warmen Regen einer Gehaltserhöhung oder Blitz und Donner eines Anpfiffes auszustreuen. So stellt sich das wenigstens in manchen Köpfen dar, und daran wird dann die Forderung geknüpft, daß natürlich das anders werden muß, ganz anders und vor allem demokratisch. Aber so tragisch nehmen wir uns selbst gar nicht!*

Ich weiß nicht, zu welcher der zahllosen Definitionen von Demokratie Sie neigen. Diesem Verlangen scheint die Auffassung zugrunde zu liegen, daß man umso demokratischer ist, je mehr man von etwas redet und je weniger man tatsächlich tut.

Da solche Lehrsätze, die man bekanntlich auswendig lernen muß, umkehrbar sind wie die der Geometrie, so folgt, daß derjenige, der die Probleme tatkräftig anpackt und sie bezwingt, ohne jedesmal nach langen Debatten abzustimmen und so zu lahmen Kompromissen zu kommen, ein Autokrat, ein Reaktionär, der Repräsentant des autoritären Systems sein muß.

Das ist eigentlich alles nicht allzu interessant, muß aber als planvoller Störungsversuch der aufsteigenden Entwicklung dieses Werkes beachtet werden, in dem Arbeiter und Angestellte ganz genau wissen, was ihnen ein Arbeitsplatz in diesem höchstbezahlenden Großbetrieb der britischen Zone wert ist, und in dem aus wirklichem sozialen Verantwortungsbewußtsein mehr auf diesem Gebiet getan als anderswo versprochen wird.«

Nordhoff hatte immer einen Hang zu Appellen und Ermahnungen und trat seinen Arbeitern mit einer Mischung aus Selbstbewußtsein und Selbstherrlichkeit entgegen. Und mit belehrender Allüre forderte er einmal von den Käfer-Kutschern: *»VW-Fahrer müssen in ihrer Fahrweise ebenso den ersten Platz einnehmen, wie ihr Auto es in automobiltechnischer Hinsicht schon längst getan hat.«*

Der Mahner selbst blieb allerdings nicht von Beulen im Blech verschont und war mit seinen privaten Käfern wie italienischen Sportwagen an diversen Karambolagen beteiligt (Originalton Nordhoff: *»Bei Überlandfahrten stets scharf rechts fahren«*).

Auch mit sozialpolitischen Meditationen pflegte Automobilist Nordhoff sich regelmäßig an das Publikum zu wenden; mit Neujahrsaufrufen (»Dr. Nordhoff's positiver Beitrag zum Verkehrsproblem« / Titel) an die AllerWeltsWagen-Fahrer oder an geladenes Publikum (Thema: »Woran ein Industrieführer denkt, wenn er nachts nicht schlafen kann«).

Seine »Einsicht in persönlichkeitsbezogene Repräsentation« (Der Spiegel) stellte VW-Souverän Nordhoff auch mit folgendem Arrangement unter Beweis: der Vermählung von Tochter Elisabeth mit dem 30jährigen Porsche-Enkel Dr. Anton Piech. An der Spitze eines Geleitzuges von 20 schneeweißen Käfer-Kabrios zog das Traumpaar bundesdeutscher Boulevard-Gazetten durch die Straßen der Autostadt Wolfsburg zur Christophorus-Kirche.

Nordhoff erhielt zahlreiche Ehrungen: Bereits 1950 wurde der Generaldirektor für seine Verdienste um den Wiederaufbau der deutschen Wirtschaft anläßlich der 200-Jahr-Feier der Technischen Hochschule in Braunschweig zum Dr. Ing. e.h. ernannt.

Im April 1951 ehrte ihn die Technische Universität Berlin durch die Verleihung der Würde eines Ehrensenators, und im Mai 1955 wurde Nordhoff von der TH Braunschweig zum Professor ernannt. 1964 erhielt Nordhoff die Würde eines Doktors der Wirtschaftswissenschaften von der Wirtschafts- und sozialwissenschaftlichen Fakultät der Universität Göttingen und die Würde eines Doktors der Naturwissenschaften von der Naturwissenschaftlich-mathematischen Fakultät der Universität Hamburg. Die Universität Boston ernannte ihn zum Ehrendoktor der Wirtschaftswissenschaften, und ein Jahr nach einer Privataudienz bei Papst Pius XII. und seinen Ausführungen über »Probleme sozialer Betriebsführung« wurde der in der Bischofsstadt Hildesheim geborene Industriekapitän zum »Ritter des Ordens vom Heiligen Grabe« geschlagen — eine Ehrung für Katholiken, die *»durch ein wahrhaft katholisches Leben hervorragen«*.

Als Heinrich Nordhoff nach über zwanzigjähriger Arbeit für das Volkswagenwerk am 12. April 1968 verstarb, hörte ein aufgeklärter Monarch auf zu regieren. *»Heinz Nordhoff sträubte sich nicht, diese Krone zu tragen«* (Der Spiegel). Er war nicht nur ein Industrieller, der einen nahezu konkurrenzlosen Markenartikel auf das Schild gehoben hatte, sondern konnte auch auf sozialpolitische Erfolge in den fünfziger Jahren zurückblicken, welche er in der ihm eigenen, ehrgeizigen Art realisierte.

Später sah es in Wolfsburg so aus, als ob Nordhoff einen »sterbenden Riesen« zurückgelassen hatte; denn er vermochte es nicht, seinen Nachfolgern auf den Chefsesseln einen echten »Nordhoff-Wagen« als Erbe zu vermachen. Dennoch: Nordhoff hatte dem VW-Werk erfolgreich seinen persönlichen Stempel aufgedrückt. Ohne ihn wären Wolfsburg und das Werk wahrscheinlich nicht zu dem geworden, was sie heute sind. Umgekehrt wäre aber auch Nordhoff nicht zum Automillionär ohne eine Konstruktion geworden, gegen die er einst bei Opel Front machte: den stromlinienförmigen Käfer von Porsche.

Oben: Das US-Nachrichtenmagazin »Time« rief zu einem Titelfoto, und Nordhoff ließ die Gesamtbelegschaft antreten. Die Aufnahme dürfte selbst bei Stundenlöhnen um 4,- DM eine der teuersten der Zeitschriftengeschichte gewesen sein. Sie wurde im übrigen vom Time-Magazin nicht für das Titelbild verwertet. Rechte Seite, unten: Zwei Herren des Wirtschaftswunders. Der eine, Ludwig Ehrhard, versprach »Wohlstand für alle«, der andere, Nordhoff, verkaufte ihn.

Die Privatisierung des VW-Werks

Volkskapitalismus mit Sozialrabatt

Seit dem 22. August 1960, vormittags zehn Uhr, war das VW-Werk eine Aktiengesellschaft. Zu diesem Zeitpunkt erfolgte die Eintragung des Umwandlungsbeschlusses in das Handelsregister.
Jahre zuvor schon propagierte die CDU/CSU mit ihrem Wirtschaftspapst Ludwig Erhard die Privatisierung der Käfer-Fabrik durch Ausgabe von »Volksaktien«. Die Geschäftsanteile des VW-Werks, die einst in den Händen der Deutschen Arbeitsfront lagen und lange Zeit, bevor sie in Bundeseigentum überführt wurden, herrenlos waren, sollten über die auf ihren Sparbüchern sitzenden Bundesbürger gestreut werden. Ludwig Erhard stilisierte die zugkräftige VW-Privatisierung, eines Werkes, an dessen Schicksal jeder Deutsche (zumindest jeder Autofahrer) Anteil nahm, zu einem entscheidenden Markstein in der Geschichte seiner Sozialen Marktwirtschaft hoch.

Auf dem Hamburger Parteitag der Christlich-Demokratischen Union kündigte Bundeswirtschaftsminister Erhard die »beschleunigte Ausgabe von Volksaktien« an. Noch vor den Bundestagswahlen im Herbst 1957 sollten die Bundesbürger zu Volkskapitalisten werden und ein Stück von der größten deutschen Automobilfabrik in Wolfsburg besitzen können. Unter den »richtigen Käufern« verstand Wertpapierpromotor Erhard *»in erster Linie die kleinen Sparer und unter ihnen besonders jene, denen der Gedanke des Sparens in Aktien heute noch fremd ist, ja, vielleicht sogar als anrüchig gilt.«*

Ganz so schnell wie Erhard und die Befürworter in den Reihen der CDU/CSU, der DP und der FDP sich die Privatisierung des bis dahin herrenlosen Automobilwerkes am Mittellandkanal vorstellten, ging die Sache allerdings nicht über die Bühne. Heinz Brestel schrieb in der FAZ vom 6. Februar 1959 dazu: Die *»kühnen Wahlträume sind nicht in Erfüllung gegangen. Bis heute konnten die Eigentumsverhältnisse beim Volkswagenwerk noch immer nicht endgültig geklärt werden. Der im Herbst 1957 gebildeten neuen Regierung wurde klar, daß die Privatisierung öffentlichen Vermögens schwerlich durch einen kühnen Handstreich, sondern nur durch langwierige zähe Arbeit erreicht werden kann.«*

Demzufolge trat das »Gesetz über die Überführung der Anteilsrechte an der Volkswagenwerk Gesellschaft mit beschränkter Haftung in private Hand« erst nach endlosen Debatten im Bundestag am 28. Juli 1960 in Kraft.

Die Privatisierung des Volkswagenwerkes erfolgte nach dem Willen der Bundesregierung als »soziale Privatisierung«. Deshalb wurden die neugeschaffenen VW-Aktien mit Vorrang an Bezieher kleiner und mittlerer Einkommen abgegeben. Die restlichen Stükke gelangten in den freien Verkauf.

Personen mit kleinen und mittleren Einkommen erhielten einen nach Einkommenshöhe und Familiengröße gestaffelten Nachlaß auf den Kaufpreis. Eine zusätzliche Erleichterung für diese Gruppen lag darin, daß sie den Kaufpreis für die Aktien nicht auf einmal aufzubringen brauchten, sondern ihn auf Wunsch auch in Raten abstottern durften. Der Preis der VW-Aktie wurde auf Grund von Gutachten unabhängiger Sachverständiger ermittelt. In diesem Preis fanden sowohl die Vermögenswerte (Substanz) und die Ertragskraft wie auch die Zukunftsaussichten des Volkswagenwerkes und die möglichen Risiken auf dem starken Schwankungen unterliegenden Automobilmarkt Berücksichtigung. So ergab sich ein Verkaufskurs von 350 Prozent. Das bedeutete, daß für eine Aktie im Nennbetrag von D-Mark 100,- exakt 350,- D-Mark zu zahlen waren. Hierauf erhielten sozial schwächer gestellte Bevölkerungskreise einen Nachlaß von 10%, 15%, 20% oder 25%. Der Kaufpreis ergab sich demnach aus dem Aktiengegenwert abzüglich Nachlaß. Auf diesen Betrag wurden die Börsenumsatzsteuer von 0,25% und eine Effektenprovision von 0,8% berechnet.

Welchen Nachlaß potentielle Kunden beanspruchen konnten, richtete sich nach dem steuerpflichtigen Einkommen von 1959 und der Anzahl der Kinder. Der Nachlaß für Verheiratete mit einem steuerpflichtigen Jahreseinkommen von nicht mehr als 12.000 D-Mark (nach Abzug von Kinderzuschlägen und -beihilfen) betrug beispielsweise 20%. Diese Nachlässe erhöhten sich jeweils um weitere 5% auf 15% oder 25%, wenn man drei oder mehr Kinder hatte, die am 15. März 1961 noch keine 18 Jahre alt waren.

Jeder zum Kauf Berechtigte konnte nur bis zu fünf Volkswagenwerk-Aktien im Nennbetrag von je 100 D-Mark (also bis zu insgesamt 500 D-Mark) erwerben. Die mit einem Nachlaß erworbenen VW-Aktien unterlagen einer zweijährigen Weiterverkaufssperre.

Das Grundkapital des Volkswagenwerkes betrug 600 Millionen Mark. Davon verblieben im Besitz des Bundes 20 Prozent und weitere 20% im Besitz des Landes Niedersachsen. 60% des Grundkapitals — Aktien im Nennwert von insgesamt 360 Millionen D-Mark — wurden 1960/61 privatisiert.

Ludwig Erhard lobte die Ausgabe der VW-»Volksaktien« als beispiellose Übergabe öffentlichen Vermögens »in die Hände des Volkes«.

Man sprach sogar von einem »ganz neuen revolutionären Typ einer Aktie«. In einem »Spiegel«-Gespräch (20. Februar 1957) lobte Erhard die Privatisierung der Käfer-Fabrik als eine *»unvergleichbar gute Position (für den) deutschen Arbeiter für den Tag der Wiedervereinigung«* und führte weiter aus:

»Können Sie sich vorstellen, daß die Arbeiter drüben in der Sowjetzone von dem Prinzip (der Verstaatlichung, Anmerkg. d.V.) besonders begeistert sind, daß das einen besonderen Wert für sie, das heißt für das Schicksal des einzelnen Arbeiters bedeutet, wenn der Staat im Besitz eines Mammutvermögens ist? Was können die sich denn dafür kaufen? Na, und die Arbeiter und Angestellten drüben erfahren doch, was bei uns los ist. Der Bevölkerung Mitteldeutschlands würde eindringlich klarwerden, daß wir hier der von Grund aus unlauteren kommunistischen Idee des sogenannten Volkseigentums eine unserer westlichen Lebensart gemäße, die Würde des Menschen respektierende Form des allen erreichbaren Eigentums entgegensetzen.«

Als im März 1961 die Ausgabe der VW-Aktien mit Sozialrabatt abgeschlossen war, wertete dies Bundesschatzminister Wilhelmi als eine überragende Leistung Bonner Eigentumspolitik. Die Presse dagegen verfiel nicht geschlossen in die Wertpapier-Euphorie. So urteilte nüchtern »Der Spiegel«, daß die schnelle Zeichnung von VW-Anteilen *»kaum anders zu werten ist als der Verkaufserfolg, der einem Manne sicher wäre, der 100-Mark-Scheine zum Vorzugspreis von 60 oder 70 Mark abgibt. Die von den Linksflüglern der christdemokratischen Bundestagsfraktion erzwungene Sozialausstattung erlaubt beispielsweise einem verheirateten Aktienkäufer, der drei Kinder und ein Jahreseinkommen*

von 12.000 Mark hat, die einzelne Aktie für 262,50 Mark zu erwerben. Demgegenüber wird die noch nicht emittierte VW-Aktie in Form von 'Anspruchsrechten' heute schon an der Züricher Effektenbörse für 600 Mark gehandelt. In Wolfsburg, wo sich Nordhoffs Belegschaftsmitglieder bis zu zehn der begehrten Papiere reservieren konnten, boten ausländische Aufkäufer sogar 750 Mark.« (Nr. 13/1981).

Der Spekulantenanreiz bei den VW-Aktien war groß. Demzufolge mischten sich auch viele Strohmänner unter die Interessenten. Etwa in Berlin, wo die Kriminalpolizei einen Aufkäufer festnahm, der schon 40 minderbemittelte Bürger angehalten hatte, Vorzugsaktien auf seine Rechnung zu erwerben.

Da nicht alle Kleinaktionärs-Wünsche befriedigt werden konnten, suchten die VW-Privatisierer nach einem Ausweg. Unter den Käufern, die drei, vier oder fünf Aktien mit Rabatt erwerben wollten, gab es eine Verlosung. Sie bekamen zunächst zwei Stücke, dann entschied Fortuna.

Während einer zweiten Zeichnungsfrist von April bis Mai 1961 durften sich die besser verdienenden Bürger noch mit VW-Papieren eindecken.

»SPARER« WERDEN »RABATT—FAHRER«

Bereits 1938, im ersten Jahr der KdF-Wagen-Sparaktion, beteiligten sich 270.000 gutgläubige Deutsche daran, dem im Bau befindlichen VW-Werk eine baldige Hochkonjunktur mit festem Absatzmarkt zu sichern. Mit mindestens fünf RM waren sie dabei, ihrem vierrädrigen Traum Woche für Woche ein Stück näher zu kommen, und klebten Sparmarken auch noch dann, als Deutschland schon an allen Fronten militärisch hoffnungslos ins Hintertreffen geraten war.
300 Millionen RM kamen bis Kriegsende auf Konto 21 706 der Bank der Deutschen Arbeit in Berlin zusammen. Nach dem Zweiten Weltkrieg entbrannte ein heftiger Streit um das eingefrorene Geld, befehdeten sich zwölf Jahre lang VW-Sparer und das VW-Werk vor bundesdeutschen Gerichten. Schließlich kam es zu einem Vergleich …

Ins Leben gerufen wurde das KdF-Wagen-Sparsystem im Herbst 1938, als Reichsorganisationsleiter Robert Ley den motorisierungssüchtigen Deutschen erstmals genaue »Aufklärung« über eine Sparaktion ohne Beispiel gab, die ihnen den Erwerb eines Volkswagens erlauben sollte. Beendet wurde das Klebekartenwerk 1959, als nach jahrelangem Mammutprozeß VW-Generaldirektor Nordhoff sich endlich bequemte, mit den ehemaligen Volkswagensparern einen Vergleich zu schließen und ihnen Entschädigung für ihre Sparmarken aus der grauen Vorkriegszeit zu gewähren.

Insgesamt hatten 336.638 Arbeiter, Angestellte und Selbständige auf einen KdF-Wagen gespart und bei der Bank der Deutschen Arbeit insgesamt 267.867.937,30 RM eingezahlt. Die entsprechenden Zinsen liefen auf einen Wert von 34.626.390,35 RM auf, bis die Alliierten nach dem Zusammenbruch des Dritten Reiches das Vermögen der Deutschen Arbeitsfront beschlagnahmten.

Für diese Summe hätte das Volkswagenwerk über 300.000 Autos liefern müssen und wäre über Jahre hinaus nur mit ziviler Fertigung beschäftigt gewesen. Erstaunlich ist der Erfolg der VW-Sparaktion schon deshalb, weil ein Jahr nach Ausgabe der Sparkarten (Stückpreis RM 1,-) der Zweite Weltkrieg begann und die Werbung für das KdF-Auto eingestellt wurde, viele Deutsche aber — des Endsieges sicher — weiter fleißig einzahlten. Die niedrigste Sparrate betrug fünf Reichsmark pro Woche. Schon das war ein Betrag, den sich viele KdF-Kartenkleber mühsam von ihrem Monatslohn absparen mußten, verdiente doch ein Angestellter im Durchschnitt 350 RM im Monat, und ein Arbeiter fand einen Stundenlohn von 1,20 RM (abzüglich Krankenkasse) in seiner Lohntüte vor — es herrschte die 48-Stundenwoche.

Angenommen, ein Arbeiter hätte tatsächlich seine Sparkarte vollgeklebt, wovon hätte er dann aber bei Lieferung seines PKW die laufenden Betriebskosten bezahlen sollen? Selbst bei nur gelegentlichen Fahrten zum Arbeitsplatz und vereinzelten Spritztouren wäre er schnell auf monatlich vierzig Reichsmark und mehr allein für Benzin gekommen, was praktisch seinem Wochenlohn entsprach. Das zeigt, daß bei Hitlers Willkürpreis von 990 Reichsmark sich die meisten Durchschnittsdeutschen einen KdF-Käfer überhaupt nicht hätten leisten können und weiterhin mit dem Drahtesel durchs Fabriktor hätten radeln müssen. Im Bestfalle reichte der finanzielle Rahmen für ein genügsames Motorrad.

Die Anmeldung zur Sparaktion des KdF-Käfers geschah bei allen Dienststellen der Deutschen Arbeitsfront und »Kraft durch Freude«, wo auch die Informationen einzuholen waren. Betriebe konnten Sammelbestellungen aufgeben.

Die regelmäßige Einhaltung der Sparrate garantierte — so Dr. Robert Ley bei seiner Proklamation der Sparaktion am 1. August 1938 auf dem Gelände der IG Farben in Leverkusen — *»nach einer noch festzusetzenden Zeit den Erwerb eines Volkswagens. Diese Zeitspanne wird bei Beginn der Produktion festgesetzt.«*

Zum Erwerb des KdF-Volkswagens kam es dann nicht mehr. Zwar liefen im Kriegsjahr 1941 einige serienmäßig hergestellte Käfer tatsächlich vom Band, aber sie wurden sogleich von der Nazi-Prominenz für sich vereinnahmt. Mancher Gauleiter pflegte mit einem Brezelkäfer seinen Geschäften nachzugehen; und auch die Diplomaten der mit den Nazis verbündeten Staaten reihten sich einen KdF-Wagen in ihren Fuhrpark ein. Prominentester Empfänger eines Geschenk-Käfers: der japanische Kaiser Hirohito!

Die VW-Sparer indessen machten lange Gesichter. Ihre Gelder lagen zinslos bei der DAF-eigenen Bank in der Reichshauptstadt; und der Traum von der »Familienkutsche« rückte angesichts der Kriegsentwicklung in immer weitere Ferne. Die KdF-Sparer mußten erkennen, daß ihre ganze Sparer-Mühsal letztlich der Finanzierung der Hitler-Armee diente und nicht der Finanzierung der Volkswagen-Produktion. Tatsächlich wurden die KdF-Sparer-Gelder nicht bei der Errichtung des Fallerslebener Werks herangezogen und blieb das Geld nach dem Untergang des Nazi-Regimes herrenlos als Konkursmasse des Krieges zurück.

Es war bloß eine Frage der Zeit, bis die betrogenen VW-Sparer in der Nachkriegszeit ihre Ansprüche auf den Klebekarten-Nachlaß erheben sollten und sich zum »Hilfsverein der ehemaligen Volkswagensparer« organisierten.

In ihrer Broschüre *»Unser Volkswagen-Prozeß. — Wichtige Aufklärungen für Volkswagen-Sparer (der Reinerlös dient der Fortsetzung unseres Kampfes, Preis 1,- DM)«* fragen die gebeutelten Markenerwerber naiv: *»Wer (…) sitzt heute am Steuer des Wagens des Volkes? Nicht wir Volkssparer, die wir Pate gestanden haben beim Volkswagen und beim Volkswagenwerk. Denn als Sparer schufen wir die wirtschaftlichen Voraussetzungen dazu, und als Volk gaben wir den Namen.«*

Gründer des Hilfsvereins ehemaliger Volkswagensparer war der Bierkaufmann Karl Stolz aus dem weltabgeschiedenen Niedermarberg im Sauerland. Er klagte schon 1949 auf Lieferung des von ihm ersparten Käfers. Die restlichen 300.000 KdF-Sparer verfolgten aufmerksam den juristischen Schlagabtausch des beinamputierten Mannes gegen das Volkswagenwerk und erhofften sich eine Präjudiz ihres Anspruchs. Aber es kam zunächst anders: Beim ersten Termin am 7. Juli 1949 in Hildesheim vertagte das Landgericht nach siebenminütiger Verhandlung seine Beschäftigung mit den Ansprüchen Stolz' und ging zur nächsten Ehescheidung über. Das Volkswagenwerk hatte Einspruch erhoben, weil es angeblich die Prozeßunterlagen nicht rechtzeitig hatte einsehen können.

Als neuer Termin wurde der 19. Januar 1950 angesetzt. Wieder verfolgten die 300.000 Käfer-Sparer gebannt den Schlagabtausch zwischen ihrem David namens Stolz und dem Goliath VW mitsamt seinem hartnäckigen Generaldirektor Nordhoff. Ergebnis: Die 3. Zivilkammer des Landgerichts Hildesheim wies die Klage des Vereins der ehemaligen Volkswagensparer im Namen seines Mitgliedes Stolz auf einen vollbezahlten Wagen sowie seines Mitgliedes Meichner auf einen zum Teil bezahlten Wagen kostenpflichtig ab. Das VW-Werk konnte vorerst jubeln! In der mündlichen Begründung führte das Landgericht Hildesheim aus, daß
»— die Geschäftsgrundlage der ehemaligen Sparverträge fortgefallen sei, — Herstellung und Absatz des Volkswagens hätten mit dem nationalsozialistischen Regime eng zusammengehangen und vor allem in der Aufrechterhaltung der Totalität des Dritten Reiches beruht;

Seite 93, unten: Volkswagen, wie er im Jahre 1961 produziert wurde. Noch gibt es ein Rolldach und kein Stahlschiebedach als Sonderausstattung. Rechte Seite, oben: Liegesitze gab es beim Käfer bis zum Schluß nur als Sonderzubehör, wie hier eine Konstruktion des Hauses »Kamei«. Rechte Seite, unten: 1959 noch gefragt: Beratung beim Autokauf! »Kopffreiheit« reichte seinerzeit noch nicht aus, auch »Hutfreiheit« war ein Volkswagenpluspunkt!

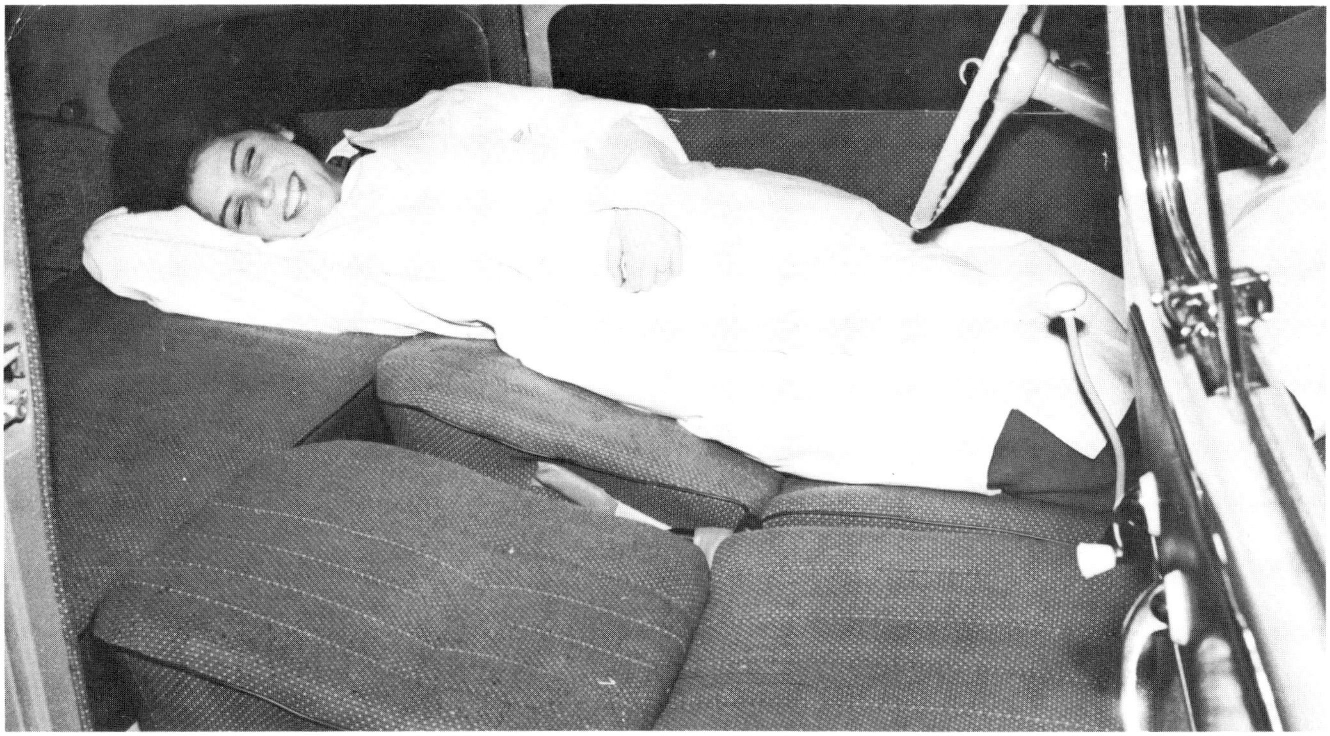

— das Volkswagenwerk konkursreif sein würde, wenn es sämtliche Sparverträge zu den alten Bedingungen erfüllen, d.h. für jede voll geklebte Sparkarte einen Wagen liefern müßte;

— die Sparer erkennen müßten, daß sie, wie alle Kriegs- und Währungsgeschädigten, ein Opfer der damaligen Staatsführung, ihrer Wirtschaftslenkung und Propaganda geworden seien;

— nicht die jetzt für die Leitung des Volkswagenwerkes Verantwortlichen die Sparverträge verletzt hätten, sondern der Vertragsbruch schon erfolgt sei, als zum Zeitpunkt der Grundsteinlegung des Werks die kriegerischen Pläne des Dritten Reiches bereits feststanden.«

Karl Stolz ließ sich durch dieses Urteil nicht entmutigen. Er pflegte seinen Glauben an seinen »Endsieg« über die Wolfsburger und zog mit dem Mut der Verzweiflung weiter juristisch gegen den Käfer-Produzenten zu Felde — bis zum Bundesgerichtshof!

Das VW-Werk zeigte sich zunächst allen Anfechtungen des rührigen Vereinschefs Stolz gegenüber immun und gab selbstbewußt, aber auch vielsagend die Hintergründe der eigenen Existenz markierend, kund:

»Zur Frage der persönlichen Verhältnisse der Kläger ist noch darauf hinzuweisen, daß sich in dem Entschluß, Volkswagensparer zu werden, ein besonderes Vertrauen zur nationalsozialistischen Staatsführung dokumentierte. Es ist kaum gerechtfertigt, diesen Kreis von Sparern besser zu behandeln als die Masse anderer Sparer, die ihr Geld bei öffentlichen Sparkassen, Bausparkassen, Genossenschaften oder dergleichen verloren haben. Bei den Verlusten der anderen Sparer handelt es sich meistens um in langen Jahren sauer verdiente Beträge, während die Volkswagensparer lediglich von dem Geldüberhang abgeschöpft haben, der ihnen in der Kriegszeit zufloß. Wenn die Volkswagensparer nicht, wie die anderen Sparer, wenigstens 6,5 Prozent der Spareinlagen zurückerhalten, so beruht dies ausschließlich darauf, daß sie ihr Vertrauen einer Parteiorganisation geschenkt haben, deren Verpflichtungen durch das Umstellungsgesetz in voller Höhe gestrichen worden sind.

Die Volkswagen-Aktion war in allen ihren Teilen eine hochpolitische Aktion. Die Kraft des deutschen Volkes, aus der das Werk entstehen sollte, ist gebrochen, die Freude, der es dienen sollte, erloschen. Auch von der ganzen Kraft der DAF ist nichts mehr übriggeblieben; die Organisation ist vergessen, das in ungeheuren Mengen angehäufte Geld ist verschwunden.«

VW-Sparer und Hilfsvereins»motor« Stolz wollte diese offizielle VW-Verlautbarung so nicht stehen lassen und konterte in seiner Denkschrift »Unser Volkswagenprozeß« emotionsgeladen:

»Die Krone der gegnerischen 'Beweisführung' ist die Behauptung, daß die Volkswagensparer ein besonderes Vertrauen zur nationalsozialistischen Staatsführung dokumentiert hätten! Da haben auf der einen Seite wahllos und zahllos hunderttausende deutscher Menschen ihre Spargroschen und ihre unentgeltliche Mitarbeit jahrelang dem Volkswagenwerk selbstlos zur Verfügung gestellt, damit dieses überhaupt erst entstehen und der Plan eines Volkswagenwerkes verwirklicht werden konnte. Dies taten sie fern von jeder Partei- und Kriegspolitik. Keiner fragte danach, ob der andere Parteigenosse war oder nicht.

Darum haben wir uns gar nicht gekümmert. Unter schwersten Augenblicksentbehrungen wollten wir den Volkswagen erwerben für friedliche Zwecke, und uns soll nun unser Recht vorenthalten werden zugunsten eines Privatunternehmens.

Alles ging im Wirbel der Ereignisse zugrunde, aber... das Volkswagenwerk steht! Dieses Volkswagenwerk, zu dem wir Volkswagensparer Pate gestanden haben, das eine Gründung der von ihm geschmähten DAF ist, das ohne das Mitgehen und die ehrenamtliche und unentgeltliche Mitarbeit jener Hunderttausender deutscher Menschen gar nicht hätte entstehen können, das während des Krieges durch seine Produktion den nationalsozialistischen Staat unterstützte und verteidigte, das ohne nennenswerte Verluste — im Vergleich zu dem, was wir verloren haben — aus dem Zusammenbruch hervorging, das seitdem am laufenden Band produziert und verdient und als ein selbstständiges wenn auch ungeratenes Kind der DAF anzusehen ist, das trotzdem seine Eigenständigkeit nach dem Kriege behielt und noch besitzt — dieses Volkswagenwerk will uns Volkswagensparer politisch diffamieren, weil es sich dadurch einen persönlichen Vorteil für seine auf so schwachen Füßen stehende Beweisführung erhofft.«

Wenngleich Stolz mit seiner Behauptung unrecht hatte, daß das VW-Werk aus den Spareinlagen errichtet worden war (das Stammkapital zur Errichtung der Fabrik auf der grünen Wiese stammte vielmehr von der »Gesellschaft zur Vorbereitung des Volkswagens GEZUVOR«), so konnte doch das Volkswagenwerk sich nicht von jeder Mithaftung in der VW-Sparerangelegenheit freisprechen. Bis beide Kontrahenten sich aber im Endeffekt verglichen, mußten über zwölf Jahre voller Querelen vergehen und die Prozeßkosten auf 880.000 D-Mark ansteigen (Streitwert: 100 Millionen D-Mark).

Das Volkswagenwerk erklärte sich schließlich bereit, die Sparverträge aus der Nazizeit zum Teil anzuerkennen. Für Klebekarten mit 750 RM Sparsumme (Hitlers KdF-Käfer-Preis: 990 RM) zahlte das Werk eine Höchstentschädigung von 100 D-Mark in bar oder rechnete beim Kauf eines neuen Volkswagens 600 D-Mark an. Zudem übernahmen die Wolfsburger die gesamten Prozeßkosten.

»Seine stille Mildtätigkeit fiel dem VW-König Nordhoff nicht schwer«, kommentierte launisch »Der Spiegel« (Nr. 25/1963) das Ende der Fehde; denn Kosten entstanden dem VW-Werk praktisch keine. Im Gegenteil: Als Folge des Vergleichs durfte VW die auf Konto 21 706 der DAF-Bank eingefrorenen Spareinlagen abheben. Auf 5 Prozent abgewertet, blieben von den 300 Millionen Reichsmark immerhin noch erkleckliche 15 Millionen D-Mark übrig.

Im übrigen waren auch die Autolieferungen an die Ex-Sparer ein gutes Geschäft, war doch dieser Handel *»im Rahmen der Abwicklung des Volkswagen-Sparervergleichs ein Direktgeschäft zwischen der Volkswagen AG und dem Volkswagensparer.«* Im Klartext bedeutet dies: VW umging den üblichen Händlerrabatt von 15-20 Prozent des Auto-Endpreises und konnte deshalb selbst die höchstmögliche Sparmarken-Entschädigung von 600,- DM leicht bei seinem Neuwagenverkauf verschmerzen.

Aus der Regelung zwischen VW und dem Hilfsverein konnten nach dem zwölfjährigen Prozeß rund 135.000 Sparer noch Nutzen ziehen; 40.000 davon waren im Stolz-Verein organisiert.

Nachdem das VW-Werk die ersten Wagen an die Altgläubiger auslieferte, verließen die Mitglieder ihren überflüssig gewordenen Verein in Scharen. Zum Kummer des »VW-Heros« Stolz, der sich nicht so recht von seinem »Lebenswerk« trennen konnte. Zwar liquidierte Stolz den Hilfssparerverein, nachdem ihm der Fiskus nach Ende der Prozeßarie die Gemeinnützigkeit und somit die Steuerbefreiung des e.V. aberkannt hatte, arbeitete aber weiter als Liquidator des Vereinsvermögens von 750.000 D-Mark und genehmigte sich mit Hilfe seiner Vorstandskollegen ein monatliches Liquidatoren-Salär von — 3.250 D-Mark! Zudem wurde bei der Schlußversammlung des Sparervereins 1963 im »Deutschen Haus« in Niedermarsberg beschlossen, die »verdienten Vorstände« mit je 5.000 D-Mark aus ihrer Pflicht zu entlassen und Stolz mit 15.000 D-Mark, dem Dienst-DKW und dem Vereinsmobiliar zu beglücken.

Ruheständler Stolz konnte damit gut leben. Da er laut Paragraph 56 des BGB zudem das Vereinsvermögen nicht vor Ablauf eines Jahres an die Mitglieder verteilen durfte, konnte der 68jährige noch viele weitere Monate sein üppiges Gehalt nebst Verwaltungsspesen weiterbeziehen.

Rechte Seite: Wolfsburg 1960. Immer dabei der Volkswagen.

Wirtschaftswunder-Retortenstadt

Ein Produkt produziert eine Stadt

Innerhalb weniger Nachkriegsjahre wuchs Wolfsburg von einer von Gespenstern durchgeisterten Barackenstadt zu einer neugepflasterten Retortenstadt empor, in der sich (fast) alles nur um eines drehte: den Volkswagen. Heute werden auch im Wolfsburger Straßenbild die Käfer rar, obwohl sich manch ein VW-Arbeiter ein silbergraues Exemplar des Auslaufmodells mit Werksrabatt zulegte.

Bis 1945 bestand die Mehrheit der Bewohner der »KdF-Stadt« aus Fremdarbeitern. Sie wohnten in einer Stadt, die sie erst nach dem Zusammenbruch des Dritten Reichs das erste Mal sehen durften. Ansonsten bewegten sie sich nur auf dem Fabrikareal oder blickten auf die Wachtürme der SS-Mannschaften. Nach dem Abzug der Fremdarbeiter strömten viele Ex-Soldaten der Wehrmacht in die Baracken — in den Kriegsgefangenenlagern der Briten wurde die Stadt Wolfsburg als Geheimtip gehandelt. Viele Flüchtlinge kamen auch über die Grenze der sowjetisch besetzten Zone, um sich in der Menschenwüste am Mittellandkanal anzusiedeln. Nach und nach formte sich so wieder eine Werksbelegschaft, nahm die Mitarbeiterfluktuation ab. 1947 wurden allerdings noch 3.921 Zugänge und 3.800 Abgänge bei einem Beschäftigungsstand von 8.382 verzeichnet; 1948 nur noch 2.165 Zugänge und 1.828 Abgänge.

»In Wolfsburg hat die Liebe kein Dach über dem Kopf«, berichtete »Der Spiegel« 1950 noch kritisch über die Lebensbedingungen. *»Die 1.200 Ledigen leben in den drei Ledigenlagern wie in den Mannschaftsbaracken eines Truppenübungsplatzes oder Fliegerhorstes, vier bis sechs Mann auf einer Stube. Jeder ein Spind, jeder ein Feldbett, Mädchenbesuche verboten.«* Baracken bewohnten in Wolfsburg auch der Bürgermeister, der Schulrektor, der Arzt — und der liebe Gott. NS-Stadtplaner Peter Koller, nach dem Krieg in den 50er Jahren unter konservativen Bürgermeister Stadtbaudirektor, hatte keine Kirchen für die Autostadt vorgesehen. Dafür aber mußte es nach seinen Plänen gigantische Straßen geben. In der »Stadt des KdF-Wagens«, so gaben die NS-Architekten vor, sollten schließlich nicht nur Autos gebaut werden, sondern diese auch autogerecht den Ort durchpflügen dürfen. Horst Mönnich schildert in seinem Roman über Wolfsburg ein aufschlußreiches Gespräch zwischen Koller und dem Generalbauinspekteur für Großberlin, Speer. Letzterer wollte wissen: *»Wie breit wollen Sie die Straßen anlegen?«* Koller hat sie ursprünglich auf vierzig Meter veranschlagt. *»Sechzig Meter«*, sagt er. Speer, lakonisch: *»Unter hundert werden Sie bei Hitler kein Glück haben.«*

Dem Auto wurde in Wolfsburg stets die Vorfahrt eingeräumt, und so gab es geräumige Betonstraßen, bevor es familiengerechte Wohnungen gab. Nachdem Heinrich Nordhoff das VW-Werk auf Touren gebracht hatte, spendierte das Unternehmen der Stadt die Erstausstattung: vom Schwimmbad über die Straßenbeleuchtung bis zum Gebetshaus. Nordhoff, nach dem Zweiten Weltkrieg zunächst selbst arbeitslos, machte Wolfsburg zu einer »sozialen Enklave«. Mit Durchschnittslöhnen von 2,34 D-Mark verdienten die Fließbandarbeiter am Kanal fast genauso viel wie die damaligen Spitzenreiter der Lohnskala, die Ruhrbergleute.

Zudem erhielt die Belegschaft eine Gewinnbeteiligung. »Der Klassenkampf bei uns ist tot!« verkündete denn auch selbstbewußt die Geschäftsleitung. Deren oberster Kopf Nordhoff war 1955 noch nicht zu bewegen, einem Arbeitgeberverband beizutreten.

Binnen weniger Jahre arbeiteten sich die Menschen in Wolfsburg aus Armut zu bescheidenem Wohlstand empor, und innerhalb der VW-Belegschaft kam so etwas wie ein »Wir-Gefühl« auf. Die Menschen, die einst wurzellos aus allen Teilen Deutschlands kamen, entwickelten ein beispielloses Gemeinschaftsbewußtsein — nicht so sehr auf die Stadt Wolfsburg, sondern auf das Werk gerichtet.

Das VW-Werk bestimmt bis heute den Lebensrhythmus der auf 130.000 Einwohner angewachsenen Großstadt Wolfsburg. Spätestens beim täglichen Verkehrsstau — bei Schichtwechsel — wird die Dominanz der Autofabrik, die auf Befehl eines Diktators aus dem Nichts entstand, unter Beweis gestellt.

Neapel in Wolfsburg

Italienische Gastarbeiter bauten den Aller Welts Wagen

Die Bundesverwaltung lieferte sie dem VW-Werk für sechzig Mark »frei Haus« — die Männer aus Napoli und Palermo, die »per moneta« — wegen des Geldes und der Arbeitslosigkeit in der Heimat — über den Brenner an den Mittellandkanal kamen und in der Käferfabrik den Produktionsablauf aufrecht erhielten, nachdem es an einheimischen Mitarbeitern fehlte.
Der Aller Welts Wagen VW-Käfer wurde nicht nur von »Aller Welt« gefahren, in Wolfsburg folgten den Intalienern auch noch Arbeiter anderer Nationen. Die Volkswagen der sechziger Jahre waren zwar in der Mehrzahl »made in Germany«, aber nicht »made by Germans«.

Punkt 0.06 Uhr lief der fahrplanmäßige Personenzug T 3181 aus Wolfenbüttel in Wolfsburg ein. 84 Italiener verließen ihre zwei Sonderwagen, mit denen sie über den Brenner an den Mittellandkanal gekommen waren, um sich fortan im Preßwerk oder in der Endmontage von VW »volle Lohntüten« zu verdienen. Sie waren die Vorhut für weitere Gastarbeitergruppen aus dem Lande der Fiats, Alfas und Ferraris, die sich ab 1962 in der autoreichsten und zugleich frauenärmsten Stadt Deutschlands niederließen.

Bis zum Ende des Jahres wuchs ihre Zahl auf 4200 Personen, fast durchweg Männer, an. Wolfsburg besaß ein Superlativ mehr: »Castellupo« hatte fortan die »größte Italienersiedlung nördlich vom 47. Breitengrad«.

Untergebracht wurden die neuen Wolfsburger in neuen, zweigeschossigen Holzhäusern, die Nordhoff extra für seine neuen Mitarbeiter aus Österreich hatte importieren und auf großflächigen Betonsockeln aufstellen lassen. Ein mannshoher Zaun umgab das Lager. (»Um Uhrenverkäufer, fliegende Teppichhändler, leichte Mädchen und vagabundierende Gastarbeiter den Quartieren fernzuhalten«.) Je drei Mann teilten sich ein Zimmer mit Betten und Spinden und einem Tisch als Grundausstattung. An jedem Flur gab es eine Küche mit jeweils achtzehn elektrischen Kochplatten zum Selbstkochen, wenn das italienische Essen in der Werkskantine einen zu teutonischen Nachgeschmack hatte. Einen Elektrokochtopf, eine Bratpfanne sowie ein Sieb (zum Abtropfen der Teigwaren) gab es als Präsent des VW-Werks beim Einzug.

Die »Italienersiedlung« verfügte über eine Lagerleitung, ein Krankenrevier und Gemeinschaftsräume. Wichtig war der »capo allogi«, der hauptamtliche italienische Hauswart, der für »Ordnung und Sauberkeit«, für Postholen und vierzehntägiges Bettwäschewechseln sorgte.

Für all diesen Service zahlten die VW-Werker dreißig Mark an Monatsmiete — die Benutzung der Boccia-Bahn und des Fußball-Bolzplatzes inklusive.

Da die meisten ausländischen Mitarbeiter ledig und jung waren, herrschte großes Heimweh. Besonders zu den Festtagen. Da ließ Ludwig Vollmann, Leiter der »Klein Napoli«-Siedlung, mit schöner Regelmäßigkeit lange Sonderzüge unter Dampf setzen, um die italienischen Kollegen ohne längeren Halt in den Werksferien gen Süden zu bringen. *»Für ganze 116 D-Mark kann man beispielsweise Brindisi in Süditalien erreichen, natürlich einschließlich Hin- und Rückfahrt«*, erklärte Gastarbeiter-Betreuer Vollmann gegenüber der »Wolfsburger Zeitung« vom 27.10.62.

Mit Vollmann hatte das VW-Werk den »rechten« Organisator für solche Massenverschiebungen bestellt. Er hatte schon während des Zweiten Weltkrieges das große Lager in Wolfsburg geleitet, in dem damals fast 20.000 Ausländer (Kriegsgefangene, Zwangsarbeiter, Angeworbene) — wenige freiwillig — untergebracht waren.

Für die Kriegsgefangenen, Zwangsarbeiter und »Angeworbenen« war der Aufenthalt im KdF-Werk Sklavenarbeit, für die einige Verantwortliche nach dem Krieg von den Alliierten zur Rechenschaft gezogen wurden. Der Lagerarzt wurde von den Engländern sogar zum Tode verurteilt und 1947 hingerichtet. Ludwig Vollmann kam ungeschoren davon und kehrte in den sechziger Jahren auf einen vergleichbaren Job zurück.

Im Unterschied zu den schweren Kriegsjahren waren die Gastarbeiter der Sixties im ganzen gesehen durchaus zufrieden mit den Verhältnissen in ihrer neuen Wahlheimat. Das lag vor allem an der Bezahlung. Durchschnittlich verdienten sie 600 DM; gut Eingearbeitete brachten es zuweilen auf 1.000 DM im Monat.

Der größte Teil des Geldes wurde in die Heimat geschickt. Wenn im Werk Zahltag war, stauten sich vor dem speziellen Einzahlungsschalter für Italiener im Wolfsburger Postamt Hunderte. Über eine Million DM flossen allmonatlich in die Heimat. Dort sprach sich das »Wunder von Wolfsburg« schnell herum. Immer mehr Italiener wollten sich in der Käfer-Fließfertigung ihren Lebensunterhalt verdienen.

Die italienische Zeitung »Quattrosoldi« berichtete im Juli 1962 euphorisch:

»In ein paar Monaten gelingt es einem einfachen Hilfsarbeiter aus dem Süden, einem Mann, für den die Arbeit nur eine Kraftanstrengung bedeutet, ein guter Industriearbeiter zu werden. Hilfsarbeiter und Bauern, die in Italien kaum eine Stellung bekommen können, weil ihnen die Berufserfahrung fehlt, werden praktisch mit geschlossenen Augen (...) eingestellt.«

Im einzelnen nahm der italienische VW-Kollege nach folgendem Muster seine Arbeit im Käfer-Werk auf: Nach seiner langen Reise zu den Wolfsburger Fabrikhallen und der Zuweisung von »Tisch und Bett« setzten sich die zuständigen Leute vom Werk mit ihm in Verbindung. Sie bemühten sich, ihn mit der zukünftigen Arbeit und mit der Werksorganisation vertraut zu machen, und zwar durch Filme und Dia-Vorführungen, Vorträge und Einzelgespräche. Dann folgten Auskünfte über Essen, Wohnen, Währung und die Arbeitskollegen. Zuletzt fand ein eingehender Besuch in den einzelnen Abteilungen des Werkes statt, so daß sich der Neueingestellte ein Bild von der Arbeitsteilung machen konnte.

Nach dieser Info-Reise wurde den Italienern die erste Arbeit zugeteilt — in der Regel sehr einfacher Art und unter Aufsicht eines deutschen Vorarbeiters, der sie kontrollierte und verbesserte. Da die Italiener fast durchweg kein Wort Deutsch verstanden und meist auch zum ersten Mal in einem Industriewerk arbeiteten, ergaben sich hier zahlreiche Schwierigkeiten.

Nicht jeder angeworbene Mitarbeiter blieb für die Dauer seines Einjahresvertrages. Die »Frankfurter Allgemeine Zeitung« berichtete am 26. August 1962 hämisch:

»Es heißt, das Werk investiere (...) in jeden Mann fünftausend Mark Wohn- und Betreuungskosten. Die Investition birgt Risiko (...) 'Aber an die sechzig Prozent Fluktuation, über die andere Industriebetriebe bei ihren Italie-

Oben: Blick auf das Barackenlager für italienische Gastarbeiter 1938 und das »Italienerdorf« 1962.

nern berichten, kommen wir hier nicht heran', sagen die Männer von der Sozialabteilung. 'Es gibt immer Leute, die trotz aller erdenklichen Aufklärung in der Heimat sich alles ganz anders vorgestellt haben, die sich an den Fabrikrhythmus nicht gewöhnen können. (...) Aber was bleibt, das arbeitet gut, zuverlässig und fleißig und lohnt die Investitionen.' (...)«

Ein wenig später präsentierte die »FAZ« ihren Lesern dann ein Bild von den neuen ausländischen Mitbürgern, wie es noch Jahrzehnte in den Köpfen der Deutschen rumspuken sollte:

»Eine Stadt von einigen tausend Männern, um 25 Jahre alt im Durchschnitt, einfachen Herkommens und nicht gerade preußischer Mentalität, stellt Probleme. In Wolfsburg klagen die Verantwortlichen nicht. Ernste Schwierigkeiten habe man bislang noch nicht gehabt, obwohl man tunlichst alles zu vermeiden suche, das nach 'Leitung' oder Reglementierung aussehen könnte. Nun ja, am Anfang habe man hier und da darauf hingewiesen, daß es nicht landesüblich sei, Essensreste auf dem Zimmerboden auszuleeren oder die Kaffeereste über die Schulter wegzukippen. Auch sei wildes Schießen mit Gaspistolen und Kleinkalibergewehren unterbunden (der Drang nach den in der Heimat verbotenen Waffen sei nun einmal groß). Schließlich habe aus gegebenem Anlaß auch darauf hingewiesen werden müssen, daß Igel in Deutschland nicht gebraten werden dürften und die zur Begrünung angepflanzten Sträucher nicht als Zimmerschmuck gedacht seien. Es sei auch kein typischer Einzelfall gewesen, wenn zwei naive Gemüter auf dem Holzfußboden ihres Zimmers ein munteres Papierfeuer angezündet hätten, um Drähtchen zu erhitzen, mit denen sie sich gegenseitig zum Zeichen unverbrüchlicher Freundschaft Herzen in die Arme ritzten.«

Es wird in Wolfsburg wohl nicht alles Gold gewesen sein, was vom Wirtschaftswunder über die Alpen herüberstrahlte. Denn im Oktober 1962 kam es zu heftigen Unruhen im »Italienerdorf«. Die Turiner Tageszeitung »La Stampa« vermittelte ihren Lesern ein Bild tristen Lager-Ghetto-Daseins, der Ungeliebtheit und Anfeindung unter deutschem Himmel. In großer Aufmachung berichtete das renommierte Blatt über schwere Zwischenfälle in Wolfsburg, über das Auspeitschen italienischer Gastarbeiter durch deutsche Polizisten und fremdenfeindliche Provokationen der Deutschen in den Cafés der Autostadt. Von Herrenmenschenart war die Rede und von arroganter Geringschätzung.

Aufhänger des Artikels war eine Schlägerei in einem Tanzlokal in der Heinrich-Heine-Straße, als ein Ortsansässiger (Mitglied des lokalen Ringervereins) einen Fremdarbeiter anraunzte: *»Du italienisches Schwein, mach, daß Du nach Hause kommst!«* Bei der anschließenden deutsch-italienischen Rempelei schaltete sich sogleich die Wolfsburger Polizei mit gezogenen Pistolen und Gummiknüppeln ein. »La Stampa«: *»Der Zwischenfall im Mariner Club ist nicht nur der jüngste, sondern auch der aufsehenerregendste. Wir hören, daß andere Italiener an anderen öffentlichen Stellen als unerwünscht hinausgeworfen wurden. Auch kommt es zu Gezänk und Schlägereien mit den Deutschen, die unsere Landsleute dauernd beleidigen und angreifen.«*

Es stand also zeitweise nicht zum besten mit dem deutsch-italienischen Klima am VW-Fließband. Doch zum Überlaufen des Fasses, zu einem Streik und Krawallen, kam es erst im November 1962, als die 4.000 italienischen Gastarbeiter geschlossen in den Ausstand traten. Laut dpa-Meldung war der Anstoß zu dem Streit *»Der Tod eines italienischen Arbeiters (...). Er war in der Nacht zum Sonnabend in einem Wolfsburger Krankenhaus an einem Gehirnschlag gestorben.«* VW's italienische Gastarbeiter beklagten sich über mangelhafte ärztliche Betreuung. Durch die Arbeitsverweigerung wollten sie erzwingen, daß ein Arzt auch nachts und sonntags im Italienerdorf stationiert werde.

Um ihrem Anliegen neben der Arbeitsverweigerung noch stärker Nachdruck zu verleihen, sperrten sie den Eingang zu den 46 zweigeschossigen Holzhäusern der Siedlung her-

metisch ab und ließen niemanden passieren. *»Selbst der Brötchenwagen mußte vor der Tür bleiben«*, stellte verblüfft die »Wolfsburger Allgemeine Zeitung« fest.

Da die Italiener zudem »mit südländischem Temperament« den Wolfsburger Straßenverkehr behinderten, rief die lokale Polizei Verstärkung aus Braunschweig herbei. *»Die Bereitschaftspolizei brauchte jedoch nicht einzuschreiten. Sie stand abwartend vor dem Tor des Italienerdorfes. Die Anwesenheit der bewaffneten Polizisten genügte offenbar, um die Italiener vor Ausschreitungen zurückzuhalten.«* (Wolfsburger Allgemeine Nachrichten v. 6.11.62). Nach der Verhaftung einiger Streikführer des wilden Streiks und Gesprächen zwischen der Leitung des Volkswagenwerks, einer Kommission vom italienischen Außenministerium sowie dem »Streikkomitee« kehrte schließlich wieder Ruhe ein. Während zur sonntäglichen Frühschicht im Volkswagenwerk fast keine Italiener gekommen waren, standen die Gastarbeiter der Montags-Spätschicht fast ausnahmslos wieder an ihren Arbeitsplätzen.

»An der Oberfläche ist damit alles bereinigt«, kommentierte die Frankfurter Allgemeine Zeitung hellsichtig die erheblichen Unruhen, *»aber zweifellos liegen die Wurzeln der Unruhen tiefer. Ausgebrochen ist hier offenbar eine latente Unzufriedenheit. (...) Noch sucht man nach den Ursachen, glaubt aber, einen wesentlichen Grund in der 'Vereinsamung' zu sehen«*, womit das Lagerleben gemeint war. Zudem entdeckte die FAZ von außen kommende Agitatoren:

»Es gibt handfeste Beweise dafür, daß Drahtzieher mitgewirkt haben. Zwischen den viertausend wirkten offenbar gut getarnte Scharfmacher und Provokateure. Sprechchöre, mit denen nach Chruschtschow und Castro gerufen wurde, und nicht zuletzt auch die reibungslos organisierte Streikwache lassen darauf schließen.«

Das VW-Werk stellte allen streikenden Arbeitern anheim, sie vorzeitig aus dem Vertrag zu entlassen. Doch von diesem Angebot machten kaum mehr als fünfzig Italiener Gebrauch. Das Gros akklimatisierte sich trotz aller Probleme in Wolfsburg bzw. fügte sich dem Schicksal aller Arbeitsemigranten. Dabei erwies sich die Trennung von den Familien als größte emotionale Hypothek. Sie war erst aufgelöst, als die große Mehrzahl ihre Familien nachholte, oder — oft als deutsch-italienische Symbiose — eine Familie in der Fremde gründete.

Besondere Aufmerksamkeit wurde den italienischen VW-Arbeitern von der DDR zuteil. Regelmäßig sendete bis in die siebziger Jahre der »Deutsche Freiheitssender 904« aus dem nahen Magdeburg Meldungen für sie, die oft gutes Insiderwissen verrieten.

»Radio Prag« sendete für italienisch sprechende VW-Arbeiter sogar in der Landessprache. Gemessen an der Unruhe, die einige Radio-Prag-Meldungen verbreiteten, hatte die Tschchoslowakei damit sogar einigen Erfolg.

Italien in Wolfsburg, statt Volkswagen wird Roller gefahren.

So meldete die italienische Tageszeitung «Il Mesaggero« am Mittwoch, dem 26. Oktober 1966:

»Der tschechoslowakische Sender hat verbreitet, daß die Regierung in Bonn einen atomaren Krieg vorbereite, und daß in diesem Fall kein Ausländer mehr das Land verlassen könne. Die durch verschiedene Sendungen von Radio Prag unter den italienischen Arbeitern in Deutschland erzeugte Panik hat in einigen Städten besorgniserregende Ausmaße angenommen. (...) Auf Grund der Unruhen (haben) sehr viele Arbeiter sich entschlossen, ihre Entlassung zu veranlassen und umgehend in ihr Heimatland zurückzukehren. (...) Viele Italiener packten deshalb ihre Koffer, da die tendenziösen Nachrichten von Radio Prag von vielen für Sendungen der Regierung gehalten werden, die besonderes Vertrauen verdienen.«

Heute lebt in Wolfsburg bereits die 2. Generation. Die Kinder der 1. Generation, die noch kaserniert in Holzbaracken lebten, sind in Wolfsburg aufgewachsen, zur Schule und bei VW in die Lehre gegangen. Sie sprechen Deutsch, auch wenn Wolfsburg heute, was die Eßkultur betrifft, eine Stadt mit zwei Kulturen ist.

VW-Buggy

Kurzlebige Mode

In seiner langlebigen Geschichte versperrte sich der Käfer stets modischen Strömungen im Automobilbau. Mit weniger Unbefangenheit rückten dagegen Karosserieschneider dem Käfer zu Leibe und verpaßten ihm Buggy-Kunststoffkarosserien, die im Vergleich zum Käferkleid geradezu avantgardistisch wirkten. Größter Hersteller der Buggy-Wagen mit Käfer-Technik war die Osnabrücker Firma Karmann.

Die VW-offiziöse Motorzeitschrift »Gute Fahrt« hob 1969 nach US-amerikanischem Bastler-Vorbild eine offene Glasfieberkarosserie aus der Taufe und gewann den renommierten Aufbautenhersteller Karmann für die Serienproduktion. Insgesamt entstanden 1.500 Karosserien als Bausatz. Kostenpunkt des automobilen Freizeitspaßes: 2.950 D-Mark.

Nachdem Karmann für seine Buggy-Fertigung fabrikneue Chassis vom Werk (komplett mit Motor und Achsen) geliefert bekam, offerierte man den motzigen Buggy-Käfer auch komplett montiert. Prominentester Kunde eines Karmann-GF-Buggy war der belgische König. Aber auch die Jeunesse dorée von Kampen zeigte eine Schwäche für den Strandflitzer mit dem verkürzten Käfer-Chassis.

Insgesamt gesehen lohnte sich die Buggy-Fertigung nicht. Karmann sah darin eher den Versuch, sich wieder einmal mit ausgefallenem Design dem Wolfsburger VW-Werk zu empfehlen.

Zudem litt die Buggy-Fertigung hierzulande stets unter dem Manko, daß in mitteleuropäischen Breitengraden die Sonne zu wenig scheint.

Der Karmann-Buggy besaß übrigens einen unscheinbaren Bruder, der im fernen Australien produziert wurde — im dortigen VW-Werk. Zwischen 1968 und 1972 liefen rund 2.000 »Country-Buggies« vom Band, die weniger für den Jet Set und verhinderte Porschefahrer denn für den Buscheinsiedler gedacht waren.

Der Aufbau bestand aus abgekanteten Blechen und erweckte den Eindruck, von einem Heimwerker im Do-it-yourself-Verfahren entwickelt worden zu sein. Die seelenlose Frontpartie erhielt allenfalls durch die beiden glubschäugigen Käfer-Scheinwerfer Profil. Im Heck blubberte der altbekannte, strapazierfähige 34 PS-Boxer (auf Wunsch auch 40 PS).

Dieser Buggy dürfte wohl der häßlichste Wagen gewesen sein, den VW je auf die Räder stellte.

Modell: VW Buggy (incl. Bausätze)
Zeit: 1968 - 1974

Typ	PS	ccm	km/h	Preis bei Erscheinen	Bauzeit	Stück
VW Buggy Karmann GF	44	1493	125	8.800,-*	1971-72	
VW Buggy AHS Imp	44	1493	125	9.100,-	1971-72	
VW Buggy Karmann GF	44	1285	125	9.100,-	1972-74	
VW Buggy AHS Imp	44	1285	125	9.400,-	1972-74	ca. 2.000
County Buggy**	34	1192	ca. 115	- - -	1968-72	
County Buggy**	40	1285	ca. 120	- - -	1968-72	1.956

* als Bausatz ca. 3.000,- DM
** gebaut vom Tochterwerk in Australien für den australischen Markt

VW 181

Volkswagen rüstet wieder

Ende der sechziger Jahre verdrängte der Typ 181 immer stärker den antiquierten DKW Munga von den Kasernenhöfen der Bundeswehr. 15.200 Exemplare bestellte die westdeutsche Armee von dem weitläufigen Nachfolger des Kübelwagens. Weitere Fahrzeuge nahmen in der Bundesrepublik stationierte Einheiten der Nato-Verbündeten ab. Aber auch in Mexiko und Indonesien fanden Kunden Gefallen an dem VW-»Kurierwagen« mit anspruchsloser Käfer-Technik. Jahrelang wurde das Gefährt in Übersee montiert.

Lange Zeit warf das Volkswagenwerk einen begehrlichen Blick auf die wieder erstarkte westdeutsche Armee. Vergeblich, denn das Geschäft mit geländegängigen Militärfahrzeugen in der »Schnapsglasklasse« machten andere Hersteller, vor allem DKW mit seinem müden »Munga«-Zweitakter.

In den sechziger Jahren hatten schließlich die Rüstungsexperten der Bundeswehr genug von der Ingolstädter Variante des Jeeps und forschten nach einem Nachfolgemodell, welches ausnahmsweise nicht bei 90 Stundenkilometer Autobahnfahrt auszubrechen drohte. Man übertrug dem Kübelwagen-erprobten Wolfsburger Werk den Entwicklungsauftrag für ein neues Mehrzweck-Fahrzeug, das vor allem als »Kurierfahrzeug« Verwendung finden sollte. Bei VW entstand der Typ 181.

1969 startete das VW-Werk die Fertigung des Wagens mit seiner eckigen Karosserie und dem wetterfesten Kunststoffverdeck. Anschließend wurde die Produktion in Mexiko fortgesetzt (Vollmontage). Während in Deutschland 26.351 komplette Fahrzeuge sowie 44.175 Bausätze entstanden (die Mexikaner montierten sie für den US-Markt zum Typ »Safari«), bauten die Mittelamerikaner von 1978 bis 1980 64.253 Exemplare in eigener Regie.

Luxuriöseste Ausstattungsvariante war die Strandwagen-Version »Accapulco« mit gestreiften Sitzbezügen und Sonnensegel. Sicherungsketten an den Türausschnitten sollten beim »Ritt« durch die Dünen vor unbeabsichtigtem Ausstieg bewahren.

Auch in Indonesien gab es von 1972 bis 1980 ein kleines Montageband, wo eine Importvertretung komplette VW-Bausätze des Typs zusammenschraubte — insgesamt 6.500 Stück.

Von den insgesamt ausgelieferten 90.605 Einheiten in der Baugeschichte des Typs 181 bezog die Bundeswehr 15.200 tarnfarbengestrichene Exemplare.

Von Anfang an war dem VW-Werk klar, mit dem Mehrzweck-Fahrzeug nur eine begrenzte Zahl von Kunden erreichen zu können. Es stand fest, daß der Wagen weder für den normalen Straßenverkehr prädestiniert war noch für Wüstenstrecken sich eignete, wie sie einst Rommel mit seinen Kübelwagen durchpflügt hatte.

Der Typ 181 besaß keinen Allradantrieb, und auch das gegen Aufpreis erhältliche selbstsperrende Differential steigerte nur unwesentlich die Geländegängigkeit. Dennoch fanden neben den Militärs auch die Bau- und die Forstwirtschaft Gefallen an dem spartanisch ausgestatteten hochbeinigen Wagen, verfügten diese doch über die ausgereifte Käfer-Technik.

Der Typ 181 entstand nach dem Baukastensystem: im Heck der Käfer-Motor mit 44 PS; die Vorderachse (allerdings verstärkt) stammte vom Käfer-Typ 1, und die Hinterachse war mit der vom VW-Bus identisch.

Für Amerika spendierten die VW-Ingenieure dem unkommoden Gefährt größere Heckleuchten (»Elefantenfüße«) sowie eine Einspritzanlage (ab Baujahr 1975), um den strengen US-Abgasbestimmungen genüge zu tun. Auch die Abgasschalldämpfer, die Benzinleitungen und der Tank bedurften einer Modifikation. Auf Wunsch gab es einen Überrollbügel.

Sieht man einmal von der noblen Acapulco-Ausführung ab, so war der Typ 181 von anspruchsloser Optik. Sitze und Lehnen bestanden aus strapazierfähigem, atmungsinaktivem Kunstleder, auf dem Fußraum prangte das matte Schwarz einer ordinären Gummimatte. Die Wagentüren waren nicht verkleidet, und die Seitenfenster mußten aufgesteckt werden. Frischluftfanatiker konnten dafür allerdings die Frontscheibe runterklappen.

Zahlreiche 181er sind noch heute bei der Bundeswehr und den Alliierten (etwa in Berlin bei der französischen Armee) in Einsatz.

Ihre endgültige Ausmusterung ist aber sicher. Die Gruppe der neuen Fahrzeughalter ist gemischt: sie reicht von neofaschistischen Wehrsportgruppen bis zu Aussteigern im entlegenen Bergbauernhof im Bayerischen Wald.

Modell: VW 181
Zeit: 1969 - 1978

Typ	PS	ccm	km/h	Preis bei Erscheinen	Bauzeit	Stück
VW 181 (1500)	44	1493	115	8.500*	1969-70	
VW 181 (1600)	44	1584	120	9.000*	1970-73	
VW 181 (1600)	48	1584	120	10.235*	1973-78	
Gesamtproduktion BRD						26.354
Safari**	48 (44)	1584	120	- - -	1970-80	64.254
VW 181 Indonesien	48 (44)	1584	120	- - -	1972-80	6.500

* Mit Sperrdifferential + DM 435,- (bzw. 465/520)
** in Mexiko gebaut bzw. montiert, 44.175 Bausätze wurden aus Deutschland bezogen

Der erste VW 181 verläßt das Band. Vertreter der Bundeswehr strahlen.

VW 181 in ziviler Lackierung.

Colani-VW

Plastik-Flunder

In den sechziger Jahren entwarf Lutz (»Luigi«) Colani eine windschnittige Sportkarosserie für den VW-Käfer, die ohne Umbauten am Motor dem VW zwanzig Stundenkilometer mehr Spitze verschaffte. Nur 261 Wagen wurden gebaut: die Produktion des Colani-Gefährts erwies sich als unrentabel.

Der Colani, der konnte einem mit 'ner Tube Zahnpasta auf der Tischdecke etwas räumlich aufmalen«, staunt der Berliner Kunststoffexperte Heinz Kühle noch heute, »egal, wie teuer die Tischdecke war!«

261 ultraflache Sportzweisitzer auf Basis des VW-Käfers baute das Gespann Kühle/Colani in den 60er Jahren gemeinsam. Für jeden Wagen erhielt Colani einen »Blauen«.

»Leicht war es keineswegs mit Colani«, zieht Kühle heute die Bilanz seiner Autoproduktion, *»als der seine neue Fahrzeugkreation schaffen sollte, da machte der gerade ein halbes Auto. Den Rest durften die Gipspanscher weiter machen.«*

Nachdem die Form stand, stellte Kühle in unregelmäßigen Abständen die Kunststoff-Bausätze für seinen Sportflitzer her. Jeder, der beliefert werden wollte, mußte 1000 D-Mark bar im voraus bezahlen. Das Geschäft ließ sich gut an, und auch ein ehemaliger Mitarbeiter Kühles hörte von dem Colani GT. *»Dieser Mann besaß mal eine Schaumstoff-fabrik, die ihm jedoch abbrannte. Gott sei Dank kam die Versicherung für den Schaden auf«*, erinnert sich Kühle. *»Das Geld brachte er dann gleich für unsere Fahrzeugfertigung ein.«* Vorbei sollte der Bausatzhandel an der Haustür sein, und man verzog in eine ehemalige Munitionsfabrik nach Hessisch Lichtenau. Dort kam allerdings bald die Ernüchterung: Die 150 Polyestertechniker der »Canadur GmbH & Co. KG« arbeiteten zu unrationell und zeitlich zu aufwendig. Unter dem Strich rechnete sich der Verkauf des windschnittigen Gefährts nicht. Das lag natürlich nicht an Colanis Formgebung, der Damenschuhe wie Autos entwarf, sondern an kaufmännischem Unvermögen. Kühle zog sich so schnell wie möglich aus der Affäre, aber sein Kompagnon war mittlerweile seine Versicherungsprämie in Millionenhöhe los.

Der letzte komplette Colani-Wagen auf VW-Chassis wurde aus dem hessischen Industriegebiet nach Berlin überführt und während eines Trabrennens als Siegerprämie gestiftet.

Kühle gab auch in den nachfolgenden Jahren den Kraftfahrzeugbau mit Chemie nicht auf. Er stellte sein Know-how für Sonderkarosserien von BMW und Volvo zur Verfügung. Letztere besaßen sogar eine selbsttragende Kunststoff-Bodengruppe.

Beim Colani GT bestand die Karosserie aus glasfaserverstärktem Vestopal der Chemiewerke Hüls. Vestopal ist unempfindlich gegen Rost und Korrosion, leicht im Gewicht und anspruchslos in der Pflege.

Die Werkstoffkombination von ungesättigtem Polyesterharz und feinen Glasfasern verlieh der gesamten Außenhaut eine hohe Festigkeit. Das bestätigte auch die Presse: *»Eine Kunststoff-Karosserie ist leichter, fester und dröhnfester als eine entsprechende Karosserie aus Stahlblech. Die Gewichteinsparung ist recht erheblich, darum werden in erster Linie Sportwagen eines günstigen Leistungsgewichts wegen in Kunststoff ausgeführt. Für die Festigkeit spricht die Tatsache, daß Fahrerhausdächer von Kipplastwagen gern aus Kunststoff gefertigt werden. Bei Zusammenstößen ist Kunststoff eine Art Lebensversicherung. Der Schreiber dieser Zeilen besitzt seit 5 Jahren einen Sportwagen mit Kunststoff-Karosserie, die, vom verwitterten Lack einmal abgesehen, heute noch so gut wie am ersten Tag ist.*

Auch den Beweis für die außergewöhnliche Festigkeit bei Zusammenstößen hat sie geliefert: Auf dem Düsseldorfer Nordzubringer wurde der Wagen an einer Ampel bei Übergang von Gelb auf Rot aus 70 km/h schnell abgebremst und ein nachfolgender, für seine Solidität überaus bekannter Reisewagen fuhr hinten drauf. Der Reisewagen mußte mit Brecheisen frei gemacht werden, damit man ihn abschleppen konnte, während an der Kunststoff-Karosserie nur Lack abgekratzt wurde.« (Frankfurter Allgemeine Zeitung v. 19.10.1963)

Schwierigkeiten gab es für den Autobauer Kühle bei der Belieferung mit VW-Chassis. VW-Boß Nordhoff legte sich quer. Also mußte sich auch die Firma Canadur, wie Rometsch und andere Hersteller von VW-Sonderkarosserien, komplette Käfer besorgen und die überflüssigen Blechkleider aus Wolfsburg an Autoversicherer verkaufen.

Als Frontscheibe diente zunächst die Heckscheibe des Karmann Ghia-Coupés, später bestellte man bei Südglas in Bietigheim eine elegantere Form und verpaßte ihr zudem noch eine gediegenere Umrandung. Wer den Colani GT nicht mit Faltschiebedach ordern wollte, legte sich das Gefährt mit einer Plexiglashaube zu. Kühle: *»Der Colani hat mir den technischen Ablauf für dieses Ding wochenlang vorgelogen. Angeblich hatte er ganz besondere Scharniere für die Käseglocke angefertigt. Davon war aber nichts wahr. Typisch Colani. Ich besorgte mir dann ein paar ordinäre Scharniere im Kfz-Zubehörhandel, und fertig saß die Haube!«*

Nicht nach jedermanns Geschmack war die Sitzposition in der Polyester-Flunder. Colanis Kunststoffschalensitz war direkt auf dem Käfer-Bodenblech montiert. Dadurch wurde die niedrige Linie des Wagens möglich. Ergebnis: 20 km mehr Spitze ohne Umbau des Motors.

Auf Wunsch gab es den Colani-Sportwagen mit hölzernem Sportlenkrad, Tourenzähler, Talbotspiegel, Armaturenpolsterung und Porsche-Felgen.

»Verbunden mit der millionenfach bewährten Qualität des VW 1200 werden Sie einen Sportwagen besitzen, der Ihnen nur Freude bereitet«, verhieß der bescheidene Werbeprospekt. Wenig Freude dagegen bereitete das Colani-Gefährt dem TÜV. Der monierte die zu niedrig montierten Blinker und verlangte ganz normale Käfer-Richtungsanzeiger auf den schlanken Plaste-Kotflügeln.

Rechte Seite: Ludwig »Luigi« Colani in dem von ihm entworfenen Plastik-Roadster auf VW-Basis vor der Kulisse der Westberliner Kaiser-Wilhelm-Gedächtnis-Kirche.

TELEFUNKEN
B-MV 412

Wagen für alle Welt

Der Export-Erfolg des Volkswagens

Der Wagen war für amerikanische Verhältnisse klein und untermotorisiert, aber dennoch rissen sich die US-Bürger um das »Ei des Herrn Porsche« so sehr, daß Hollywoods VW-Händler bald sogar Lieferzeiten für gebrauchte Käferexemplare einführen mußten.

Nachdem der Käfer 1949 noch als »Hitlers Blechkiste« von der US-Presse stiefmütterlich behandelt, ja übersehen wurde, entwickelte er sich bald zum Schreckgespenst der Detroiter Straßenreuzerproduzenten. Der Käfer war in den Augen der Amerikaner ein ehrliches Auto, das nicht vorgab, etwas zu sein, was es nicht war.

Autokönig Henry Ford wollte das Volkswagenwerk nach dem Zweiten Weltkrieg nicht einmal geschenkt haben. Über den Volkswagen selbst berichtete eine vom britischen »Automobilkönig«, dem späteren Lord Rootes, geleitete Abordnung im Jahre 1945 aus Wolfsburg nach England:

»Das Fahrzeug entspricht in keiner Weise den elementarsten technischen Erfordernissen eines Automobils. Auf Grund seiner Fahreigenschaften und Konstruktion bietet es dem durchschnittlichen Autokäufer kaum einen Anreiz. Es ist zu häßlich und zu laut. Diese Art von Automobil wird sich, wenn überhaupt, höchstens zwei oder drei Jahre lang einer gewissen Popularität erfreuen. Seine Produktion auf kommerzieller Grundlage dürfte sich als ein glattes Verlustgeschäft erweisen.«

Schon nach wenigen Jahren sollten die US-Autoindustriellen aus Detroit und die britischen Autozaren zur bitteren Erkenntnis kommen, in welchem Maße sie den unscheinbaren Käfer vom Mittellandkanal, den sie mit Spott zu überziehen pflegten, unterschätzt hatten. Und noch schlimmer: der Käfer wurde auf ihren heimischen wie Exportmärkten zu einer gefürchteten Konkurrenz. Englands »Daily Mail« grollte denn auch über den teutonischen Verkaufsschlager:

»Dieser Volkswagen hat seine Stupsnase in so viele Märkte der ganzen Welt gesteckt, daß die englische Automobilindustrie ihn jetzt als ihre größte Bedrohung überhaupt ansieht.«

Obwohl der Käfer im Vereinigten Königreich über 2.000 DM (180 Pfund) teurer war als der Morris-Minor, konnte sich Wolfsburg nicht über mangelnden »Run auf Hitlers Auto« (»Financial Times«) beklagen. Britanniens Presse prangerte den steigenden Käuferabsatz als eine Modetorheit an, konnte aber trotzdem nicht Einhalt gebieten: Zu viele Soldaten der Rheinarmee hatten während ihrer Besatzerjahre die Vorzüge der robusten Familienkutsche kennengelernt und schlossen sich sogar zu Volkswagen-Clubs zusammen.

Die verkauften Volkswagen wurden zu Propagandisten ihrer eigenen Gattung. Trotz aller Zollbarrieren! Nachdem der Export nach England offiziell im Oktober 1952 mit zwei Volkswagen begonnen hatte, waren es 1955 bereits 7.000. Unter den Kraftfahrzeug-Importen aus Westdeutschland stand der Volkswagen mit 84,5 % weit an der Spitze.

Schwieriger war zunächst der Absatz der norddeutschen Krabbeltiere in Frankreich, das seine heimische Kraftfahrzeugindustrie hartnäckig gegen unerwünschte Importe schützte. Volkswagen konnten nur gegen Lizenzen eingeführt werden, die, verglichen mit anderen europäischen Ursprungsländern, für den ehemaligen Kriegsgegner Deutschland nur sehr sparsam erteilt wurden. Demzufolge konnte der General-Importeur, die Firma »Diffusion-Automobile« in Paris, bis zum Produktionsablauf des millionsten VWs nur müde 3.800 Exemplare einführen. Einziger Trost für Auto-Tycoon Nordhoff: der Import war auch für andere westdeutsche Automobilfabriken angesichts dieser Kontingentierung nicht günstiger.

In den Niederlanden taten sich schon sehr früh die agilen Brüder Ben und Weynand Pon als Generalimporteure hervor. Schon vor der Währungsreform, im Jahre 1947, bemühten sie sich als erste Auslandskunden überhaupt um die »Heckschleuder«. Richard H. Berryman, Ex-Gruppen-Kommandeur der britischen Luftwaffe und Automobilexperte der Besatzungsmacht, erinnerte sich später an den Holländer:

»Dieser Ben Pon war ein übler Kerl. Er war ständig betrunken, wann immer er hier war. Er erzählte dann immer, wie die Holländer den Ärmelkanal hinaufsegelten mit einem Besen am Masttop. Oft hätte ich ihm die Zähne einschlagen können. Als ich ihn fragte, was er denn im Kampf für sein 'geliebtes' Holland getan habe, wurde er beleidigend. Er soll Brigade-Kommandeur oder so etwas gewesen sein, dabei hat er gar kein Pulver gerochen. Er bekam als erster Exportwagen, und, obwohl ich es nicht beweisen kann, bin ich doch ziemlich sicher, daß da Schmiergeld im Spiel war.«

Zunächst, Anfang Oktober 1947, bekam Ben Pon die ersten sechs Volkswagen geliefert, bis zum Jahresende folgten 50 weitere Vehikel. Dieser Auftrag war für das Wolfsburger Werk von großer verkaufspsychologischer Bedeutung und wurde von der Presse als *»Beweis für die Wiedergeburt Deutschlands als Exportland«* (Arthur Railton) groß gefeiert.

1955 liefen in den Niederlanden 43.000 Käfer (12 % aller Kraftfahrzeuge).

Ben Pon war es auch, der dem Käfer in den USA als erster ein Entrée zu vermitteln suchte.

Er besaß zahlreiche Kontakte im Automobil-Business auf der anderen Seite des Atlantiks.

Der Export nach Amerika war für Wolfsburg besonders wichtig, um an harte Dollars zu gelangen. Nur so konnte der Maschinenpark modernisiert und die Produktion rationalisiert werden. Nordhoff bat Pon 1948, einmal »drüben« auszuloten, was ging. Kurzerhand

Oben: Der erste Käfer wird in die USA verschifft. Rechte Seite, oben: Der Volkswagen wird zum »Aller Welts Wagen«, wie schon 1951 auf der Berliner IAA die Standgestaltung des Werks verkündet. Rechte Seite, unten: Volkswagen-Export in Emden. Im Hintergrund das Emdener Werk, das zunächst nur für den Export arbeitete.

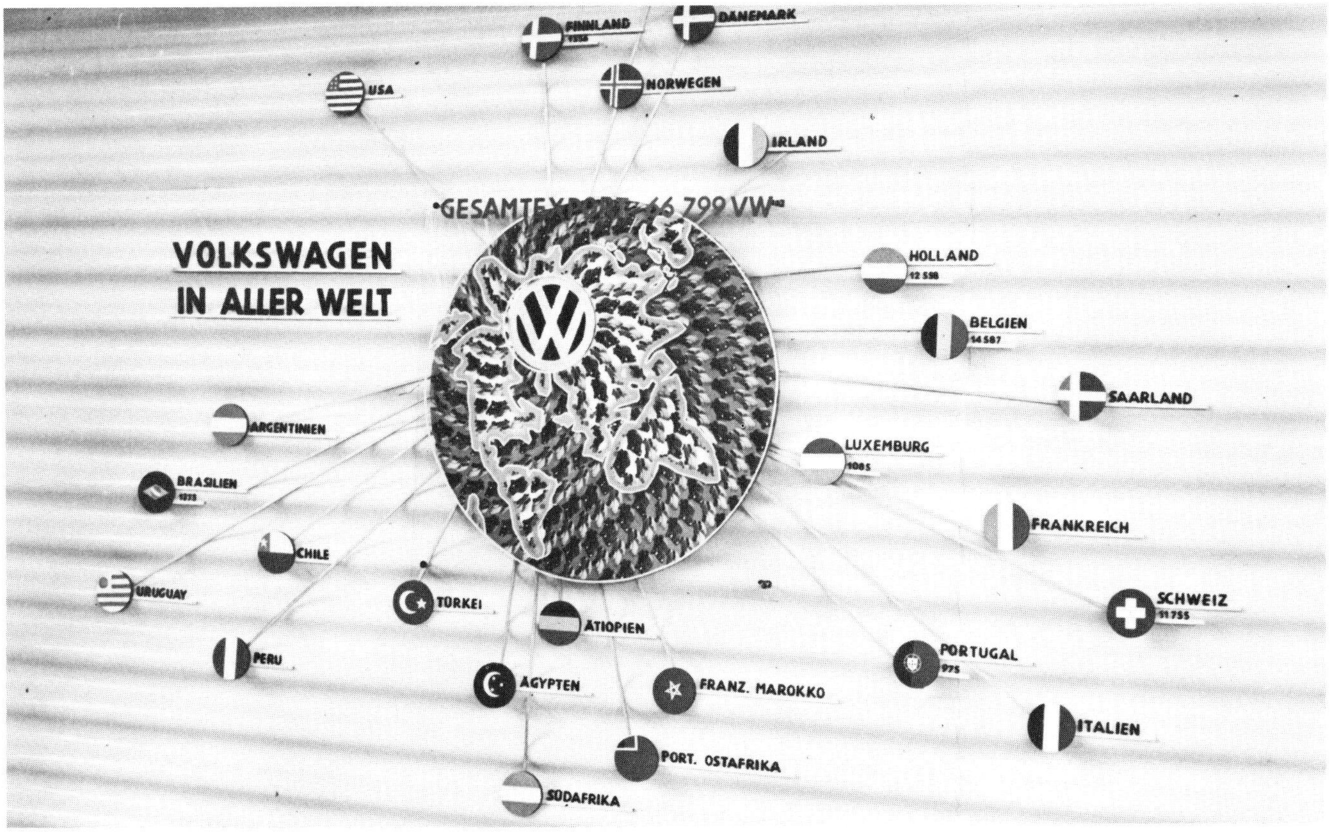

FINNLAND
DÄNEMARK
USA
NORWEGEN
IRLAND
VOLKSWAGEN
IN ALLER WELT
HOLLAND
BELGIEN
14 587
SAARLAND
LUXEMBURG
1085
FRANKREICH
SCHWEIZ
11 755
PORTUGAL
975
ITALIEN
ARGENTINIEN
BRASILIEN
CHILE
URUGUAY
TÜRKEI
ÄTIOPIEN
PERU
ÄGYPTEN
FRANZ. MAROKKO
PORT. OSTAFRIKA
SÜDAFRIKA

lud der »Chinese Europas«, wie Pon sich scherzhaft selbst zu nennen pflegte, einen Käfer auf den Frachter »Westerdam« der Holland-Amerika-Linie und legte am 17. Januar 1949 in New York an. Schon an Bord des Schiffes arrangierte der umtriebige Pon eine Pressekonferenz. Doch das Eis gegenüber dem ersten in der Neuen Welt angelandeten Käfer brach nicht so schnell. Arthur Railton, langjähriges Vorstandsmitglied der Volkswagen of America, berichtet in seiner Käfer-Biographie: *»Die ganze Reie war fruchtlos. Pon kam mit Byron C. Foy zusammen, dem Schwiegersohn von Walter P. Chrysler, und ließ ihn den Wagen die Park Avenue hinunterfahren. Bevor er aus Holland abfuhr, hatte er auf die Getrieberäder eine dicke Schicht Kupfer auftragen lassen, so daß sich die Gänge, obwohl sie nicht synchronisiert waren, leicht einlegen ließen, ohne daß man Zwischengas geben mußte. Foy bestand darauf, daß seine eigenen Nummernschilder am Wagen angebracht wurden. Sie trugen die Bezeichnung F-1, jeder Verkehrspolizist in dem Teil von Manhattan kannte sie und gab für den kleinen Wagen den Verkehr frei. Pon war begeistert. 'Die Polizei sah das Nummernschild und gab für uns den Verkehr frei — für mich in meinem kleinen Krabbeltier! Als sie am Chrysler-Gebäude ankamen, stieg Foy aus und nahm die Schilder ab. Der Verkehr in Manhattan war grauenvoll und mittendrin er mit holländischen Nummernschildern, ohne zu wissen, ob er damit überhaupt fahren durfte.«*

Pon klapperte einen Händler nach dem anderen mit seinem Muster-Käfer ab, aber überall biß er auf Granit: kein Importeur war bereit, bei ihm im ersten Jahr 1.000 Exemplare dieses für US-Verhältnisse winzigen Wagens zu bestellen. *»Das war ihr großer Fehler,«* konstatierte der Holländer später. *»Hätten sie mitgezogen, wären sie heute allesamt Millionäre.«* Da Pon langsam die Dollars ausgingen und er seinen aufwendigen Lebensstil — trotz strenger niederländischer Devisenbewirtschaftung mit knappen Tagesumtauschsätzen — nicht einschränken konnte, wurde ihm schnell das Geld knapp. Um wenigstens noch seine Hotel-Rechnung bezahlen zu können, ließ er seinen Käfer für 800 Dollar (Ersatzteilliste inklusive) bei einem Händler zurück.

Zurück in Europa setzte Pon einen Brief an Nordhoff auf. *»Noch ist es zu früh für den Versuch, den Volkswagen in den USA zu verkaufen.«* Der VW-Generaldirektor ließ sich durch diese pessimistische Einschätzung jedoch nicht in seinem Elan bremsen. Er wollte um jeden Preis den Export in die USA, obwohl der heimische Markt noch eine unerschöpfliche Aufnahmefähigkeit aufwies. »Der Spiegel« zur Exportmanie des Hildesheimer Bankierssohns:

»Unter Verzicht auf volle Ausnutzung des bequemeren und einträglichen Inland-Geschäfts hat der Generaldirektor von Anfang an alle Möglichkeiten ausgenutzt, Volkswagen ins Ausland zu liefern. Er hat den Ergeiz, sich mit den Autofabrikanten der ganzen Welt zu messen, zum anderen aber war für seine Exportpläne eine Erfahrung ausschlaggebend, die er während seiner anderthalbjährigen Tätigkeit bei der Muttergesellschaft der Firma Opel, der General Motors Corporation in Detroit, gewonnen hatte. Die Erfahrung nämlich, daß nur durch Massenproduktion die Kosten pro Fahrzeug immer weiter gesenkt werden können und daß der deutsche Markt auf die Dauer für eine solche Massenproduktion zu klein sein würde. Und noch etwas hatte der Chef des Volkswagenwerks frühzeitig in sein Kalkül einbezogen: Um in seinem Reich auch während der im Autogeschäft flauen Wintermonate die Vollbeschäftigung zu sichern, brauchte er den Verkauf in Übersee-Gebiete, in denen Sonne ist, wenn in Deutschland Schnee liegt.« (No. 33/1955).

Die Eroberung des US-Marktes leitete Ingenieur Nordhoff persönlich ein. Nach dem abschlägigen Bescheid von Ben Pon packte er noch im gleichen Jahr seine Koffer und landete zu Ostern '49 in New York. Die amerikanischen Zöllner konnten ihr lautes Gelächter nicht zurückhalten, als sie Nordhoffs Gepäck inspizierten. Auf seine Verkaufsunterlagen erhoben sie dreißig Dollar Zoll. *»Diesen Wagen können Sie nie bei uns verkaufen«*, argumentierten sie. *»Ihre Unterlagen sind keine Werbematerialien, sondern Kunstgraphik. Die kostet Einfuhrabgaben!«*

Überall, wo Nordhoff anschließend vorsprach, spürte er kaum Resonanz. Einzig in Detroit kam er mit den Crysler-Managern überein, daß deren Händler außerhalb der USA den Käfer anbieten durften. Einen Importeur fand der VW-Generaldirektor jedoch erst bei einer zweiten Reise über den Atlantik. Nordhoff war inzwischen zu der Überzeugung gelangt, daß sein spartanisches Grundmodell aufgewertet werden mußte, etwa mit

Chrom und anderen kosmetischen Verbesserungen. Er gab den »VW-Export« in Auftrag.

1950 ging schließlich sein sehnlichster Wunsch in Erfüllung: der Käferverkauf in den Staaten konnte losgehen. Am 16. Juli 1950 wurden bei der angesehenen Hoffmann Motor Car Company, Park Avenue/59th Street, die ersten 1200er zum Verkauf offeriert. Verkaufschef Hoffmann hatte — beim Augenlicht seiner Kinder — geschworen, von dem vierrädrigen Liliputaner jährlich höchstens 800 Stück absetzen zu können. Doch nicht einmal das gelang dem ansonsten bestens eingeführten Jaguar- und späteren Porsche-Händler. Der gebürtige Wiener Hoffmann setzte mühsam nur 330 der »westdeutschen Wagen mit dem günstigen Preis« ab. Als diese Quote bis Ende 1953 nicht besser wurde, gab Nordhoff seinem amerikanischen Statthalter den Laufpaß. Die Käfer ließen sich eben nicht in einem Laden für exklusive Importmodelle verkaufen, sondern benötigten ihr eigenes Umfeld. Nordhoff beschloß, eine eigene VW-Verkaufsorganisation aufzubauen. Die begann so: »(Nordhoff) *nahm sich zwei junge Leute, steckte sie in blaue Texashosen und schickte sie mit der strikten Anweisung nach drüben, 'auf die Dörfer zu gehen'. Von Kalifornien her über Texas begannen die beiden, den amerikanischen Markt zu beackern. Nordhoff hatte ihnen gesagt: 'Führt den Wagen jungen Händlern vor, die noch was werden wollen'« (Der Spiegel, Nr. 33/1955).*

Die Exportschlacht um den US-Markt begann. Schon im Jahre 1954 gingen 8.500 Käfer nach Nordamerika, 1955 waren es gar 2.500 Stück monatlich! Amerika wurde zu Wolfsburgs größtem Exportland in Übersee. Alle seit Jahren eingeführten englischen, französischen und italienischen Fabrikate wurden vom Volkswagen überflügelt; er stand fortan absolut an der Spitze aller von den USA importierten Kraftfahrzeuge. Damit wurden alle pessimistischen Prognosen und Warnungen der »Fachleute« widerlegt. Fazit: Die »klassischen« und so sehr verwöhnten Automobil-Länder der Erde, nämlich USA und Kanada, blieben nicht von der Käfer-Epidemie verschont. Gerade in diesen beiden Ländern stieg die Nachfrage nach Volkswagen geradezu von Tag zu Tag. Stolz hieß es in der Fest-Programmschrift zur Feier des millionsten Volkswagens am 6. August 1955:

Links: Carl Hahn, 1961 noch Leiter der US-Tochter »Volkswagen of America« mit VW-Boss Nordhoff und dem Leiter der Presseabteilung des Werks, Novottny. Heute ist Carl Hahn Vorstandssprecher der Volkswagen AG. Rechte Seite: Europäischer Kleinwagen und amerikanischer Straßenkreuzer vor der Skyline von Chicago.

BUICK
NF 1212

»Die Ausfuhr nach dort zeigt eine stark steigende Tendenz (...) Man lernt dort deutsche Werkmannsarbeit, vernünftige Dimensionen, europäischen Stil, ein günstiges Verhältnis zwischen Leistung und Unterhaltskosten zunehmend schätzen — alles Vorteile, die den VW gegenüber dem 'großen Amerikaner' abheben. So fährt man, je nach Bedarf, vielfach beide brüderlich nebeneinander in der gleichen Familie«.

Der Käfer war in den USA der Wagen, der auch in die Parklücken paßte, in die der Amischlitten längs passen mußte, und besaß für die Amerikaner darüber hinaus das Image, »eben anders« zu sein. *»Er ist eines jener Dinge 'mit 'nem Pfiff', die amerikanische Händler den auf Neuigkeiten versessenen Amerikanern immer wieder aus Europa zu beschaffen versuchen. Der Volkswagen bietet über seine Fahreigenschaft hinaus dem Amerikaner etwas von jener einfältigen Freude, die ihm ein deutsches Bierseidel verschafft, aus dessen Boden eine Spieluhr klingt. Er kommt dem Basteltrieb der 'Do-it-yourself-Bewegung entgegen, und er löst immer wieder schallendes Gelächter und Schenkelklatschen aus, wenn sein Besitzer einem Unkundigen, der unter der Kühlerhaube nach dem Motor sucht, erklären kann, daß sich der Motor nicht vorn, sondern hinten befindet.« (Der Spiegel Nr. 33/1955)*

Nachdem der Volkswagen bei seiner Einführung auf dem US-Markt von der Presse zunächst vernichtend kritisiert wurde, stellte sich bald ehrliche Begeisterung ein. So schrieb der einflußreiche »Consumer Report«: *»Es ist eine Freude, den VW zu fahren, der nur geringe Unterhalts- und Betriebskosten verursacht. Er ist ein solide gebauter, hochqualifizierter Wagen, ausgezeichnet lackiert und ohne billige Kleinigkeiten. Er steht in seinen Besonderheiten und Vorzügen über dem Durchschnitt. Für die Prüfer der Consumers Union ist er der überragende Wagen seiner Klasse.«*

Teilweise brauchte das Volkswagenwerk gar nicht sein Produkt zu den nordamerikanischen Kunden 'rüberverschiffen'. Die Amis holten sich ihren VW auch als sogenannten »Touristenwagen« in Europa ab. Ein entsprechendes Auslieferungsprogramm begann 1955. Im ersten Jahr motorisierten sich 2.000 Amerikaner mit einem Volkswagen für ihren Trip durch Europa, fünf Jahre später waren es bereits über 8.000, und 1965 wurden an den 56 Abholplätzen in allen Teilen des westlichen Kontinents insgesamt 18.010 Volkswagen an Touristen übergeben, die zu 75 % aus den Vereinigten Staaten kamen. Originalton VW-Werk: *»Ein großer Prozentsatz der Touristen machte dabei von dem Angebot eines eingebauten Radios Gebrauch«.*

Auch in Mittel- und Südamerika war die Kometenbahn des Käfers nicht aufzuhalten. Für die geographischen und klimatischen Verhältnisse dieser Region war der Volkswagen mit seiner Luftkühlung und Robustheit wie geschaffen.

Nachdem der größte Autoimporteur Kubas über 38 Jahre die amerikanische Autoschmiede Packard vertreten hatte, sattelte er nach einer Testfahrt mit dem deutschen »Maikäfer« kurzerhand um. Die Zeit der starken, spritfressenden US-Straßenkreuzer war vorbei. Havanna fuhr Käfer.

Rund um den Globus errichtete Verkaufsprofi Nordhoff Montagewerke, um weitere Export-Paradiese zu »knacken«: etwa Australien, Neuseeland, Südafrika und Irland. Einzig im fernen Nippon gelang es Nordhoff nicht, Fuß zu fassen. *»Die haben kein Geld für ein Zweigwerk«*, kehrte der Wolfsburger Exportstratege aus Japan zurück.

Die VW-Produktion lief indes weiter auf Hochtouren. Zum Teil mußten Sonderschichten gefahren werden. Nur so konnten 1959 100.000 Käfer statt der 60.000 Exemplare des Vorjahres gen USA verschifft werden. Dort war ebenso wie in Deutschland die Nachfrage größer als der Nachschub. Der latente Käfermangel wiederum begünstigte einen grauen Markt, an dem sich jahrelang auch VW-Werksangehörige gesund stießen. Sie gaben ihre Jahreswagen (Kaufpreis mit 20prozentigem Personalrabatt: 3.880 D-Mark) nach 12-monatigem Gebrauch zum Listenpreis (4.850 D-Mark/Exportmodell-Stand 1959) ab und verdienten sich so mal auf die Schnelle tausend D-Mark. Teilweise schlossen Aufkäufer, die Dauerquartier in Wolfsburger Hotels bezogen hatten, reguläre Verträge mit den VW-Arbeitern ab, um sich die Lieferung eines VWs nach zwölf Monaten zu sichern. Dabei wurden auch Anzahlungen von 200 D-Mark und mehr gemacht. Sobald die Verkäufer geliefert hatten, verschifften sie das »Wunderauto« über in Hamburg ansässige amerikanische VW-Exporteure (etwa die Firmen Rudi Arons und Kurt Liepold) und erzielten in den Vereinigten Staaten Anfang 1959 noch Preise von 7.980 D-Mark für einen gebrauchten Käfer (offizieller Richtpreis des VW-Werks für die Ostküste 6.490 D-Mark).

Viele Bundesbürger, darunter Studenten und Rentner, bestellten einen Käfer nur, um ihn anschließend an die grauen Exporteure zu verkaufen. Dies ließ die Lieferfristen für ernsthafte deutsche Kunden in die Höhe klettern. Manchmal mußten sie anderthalb Jahre warten!

1956 gingen schätzungsweise 40.000 Käfer via Grau-Händler in die USA.

Erst mit dem Ausbau der Produktion und der Verkürzung der Lieferfristen ging auch diese »Schattenwirtschaft« mit dem Symbol der teutonischen Motorisierung zurück.

1964 kam es zu einem Exportrekord. In den Monaten von Januar bis Juni verkauften die Wolfsburger 147.284 Wagen über den Atlantik und damit mehr als im Herstellungsland, wo nur mehr 134.986 Exemplare weggingen. Der VW kletterte in der Verkaufsstatistik von 344 in den USA angebotenen Modellen auf Platz 4, hinter den US-Straßenkreuzern Chevrolet 'Impala', Ford 'Galaxie' und Chevrolet 'Bel Air'.

Der Importwagen aus Deutschland wurde für Detroit zu einem unangenehmen Phänomen. In seinem Windschatten versuchten sich auch weitere deutsche Kleinwagenfabrikanten wie BMW, Goggomobil-Werke und Lloyd sowie schwedische und tschechische Autofirmen ein profitables Stück aus dem Kuchen zu schneiden, blieben aber bis auf Renault mit seiner »Dauphine« und Fiat mit dem 1100er relativ erfolglos. Andererseits gelang es den Herstellern der Ami-Schlitten nicht, den Strom der Importwagen, voran VW, zu stoppen. Die amerikanischen »Economy Cars« waren meist immer noch so groß wie ein Opel Kapitän...

Worin lag das Geheimnis des Käfer-Erfolges in den USA? Was hatte dieses kleine, häßliche, schwache Importwägelchen an sich, daß es die Amerikaner in Begeisterung versetzte und viele Besitzer wie einen Verkäufer sprechen ließ? Das auflagenstarke Magazin »Popular Mechanics« versuchte im Dezember 1956 eine Antwort und gab die Urteile amerikanischer Käfer-Piloten zu Protokoll:

»Wir befragten Hunderte von VW-Besitzern, ihre Antworten sind einfach unglaublich. Sie haben sich tatsächlich in ihr Auto verliebt. Nicht ein einziger unter ihnen bezeichnete den VW als »ärmlich«. Eine überraschende Mehrheit von 95,8 % sagte 'ausgezeichnet' — viele fügten noch einen Superlativ hinzu. (...) Einer von ihnen, ein Ingenieur aus Texas, faßt seine Meinung wie folgt zusammen:

»Der VW ist ein Meisterstück der Technik, Zweck und Preis bestimmten die Planung. Es galt, ein zuverlässiges Transportmittel für wenige (4) Personen zu einem für jedermann erschwinglichen Preis zu schaffen. Der VW hat nicht den Ehrgeiz, hochgezüchtete Rennwagen zu überholen oder sieben Personen auf einmal zu befördern. Bei verschiedenen Gelegenheiten saß ich 10 oder 12 Stunden hinter dem Steuer und kam in besserer Verfassung an, als wenn ich einen amerikanischen Wagen gefahren hätte. Dazu fuhr sich der VW noch besser. Wenn sich die Gelegenheit bietet, kann man Seitenwege einschlagen, um die Kurven rutschen und nach Herzenslust schalten — kurz: eine Menge Spaß haben, ohne dabei eine Witwe und drei unversorgte Kinder zu hinterlassen. Ich könnte mir einen größeren Wagen leisten, aber ich glaube, daß ich mir wieder einen VW anschaffen werde. Ich besäße lieber zwei VWs als einen großen Wagen. Ich liebe ihn so, wie er ist — den VW.«

Auf diese Töne ist das Loblied gestimmt, das Hunderte von VW-Besitzern anstimmen. Offenbar ist mehr an diesem Wagen, als man annimmt, wenn

Rechte Seite: Westdeutscher Personenbeförderer mit früher fernöstlicher Konkurrenz in Hongkong. Im asiatischen Markt konnte VW im Gegensatz zu Afrika und Südamerika wegen des Erwachens der japanischen Auto-Industrie nicht Fuß fassen.

Rechte Seite: Westdeutscher Personenbeförderer mit früher fernöstlicher Konkurrenz in Hongkong. Im asiatischen Markt konnte VW im Gegensatz zu Afrika und Südamerika wegen des Erwachens der japanischen Auto-Industrie nicht Fuß fassen.

Stephen & Davids
Leather Fashions Ltd
Swatow Weng Lee Co.
(ESTD. 1917)
SOLE DISTRIBUTOR OF
"OROTON" ®
GERMANY METAL BAGS
PENINSULA TAILOR & CO.
RICHARD KAN
Sincere International
Jewellery Co., Ltd.
TAKARAYA
JEWELLERY
LAI WAH
PETER CHAN
CUSTOM TAILORS
CEYLON GEM MUSEUM
SALE CENTER
MARX
CUSTOMIZED
&
READY TO WEAR
YASHICA
CAMERAS
PO WING RADIO CO.
VORY FACTORY
507

man ihn vorüberfahren sieht, mehr noch als Wirtschaftlichkeit im Unterhalt, obwohl dieses Moment wohl bei 68,9 % der befragten Eigentümer der entscheidende Grund für die begeisterte Anerkennung war.

»Wir tanken den Wagen jeden Freitag. Mein V 8 kostete mich früher zwischen 3,50 und 4,00 Dollar pro Woche (15 bis 17 DM) an Brennstoff. Trotz der Tatsache, daß der Benzinpreis um drei Cent pro Gallone (ca. 4 Pfg. pro Liter) gestiegen ist, sind es jetzt nur noch 90 Cent bis 1,10 Dollar (4 bis 5 DM).« — Rentner, New Jersey.

»Ich fahre täglich 90 km durch die Berge von Santa Cruz. Auf dieser Strecke muß ich 60 Mal stoppen und habe dabei nur einen Benzinverbrauch von 8,5 Liter pro 100 km.« — Zeitungsverteiler, Kalifornien.

»Bei einer 5.300 km langen Fahrt nach Florida verbrauchten wir durchschnittlich 7,7 Liter Brennstoff auf 100 km und insgesamt eine halbe Ölfüllung.« — Lehrer aus Michigan.

»Wir fuhren von Kalifornien nach Illinois und zurück. Die Abstecher eingerechnet, waren das 8.040 km. Unsere Gesamtkosten betrugen 51 Dollar (214 DM) für Benzin, zwei Abschmierdienste, zwei Ölwechsel und eine Wagenwäsche.« — Bankkassierer, Kalifornien.

»Wir fuhren in 11 1/2 Stunden 985 km mit 4,79 Dollar Benzinkosten (20 DM). Überholt mich ein anderer Wagen, was selten vorkommt, so bin ich immer ein bißchen schadenfroh, denn ihn kostet die Fahrt mindestens das Vierfache.« — Lehrer, Missouri.«

Der Käfer wurde in Amerika also primär aus wirtschaftlichen Überlegungen gekauft. Das Magazin Fortune zählte hierfür 1957 die Gründe auf:

— Wirtschaftlichkeit
— Leichteres Fahren und Parken
— Niedriger Anschaffungspreis

»Die Ersparnisse im täglichen Betrieb sind leicht zu demonstrieren«, erklärte Tortune seinen Lesern. *»Angenommen, ein Mann kauft sich einen neuen amerikanischen Wagen der unteren Preisklasse, etwa einen Ford Costum für 2.091 Dollar (8.782 D-Mark, d.V.), und ein anderer einen Volkswagen für 1.495 Dollar (6.249 DM). Angenommen, der amerikanische Wagen erreicht im ersten Jahr mit einer Gallone Treibstoff eine Fahrtstrecke von dreizehn Meilen, der Volkswagen dagegen schafft mit der gleichen Benzinmenge dreißig Meilen. Wenn beide Wagen 10.000 Meilen fahren, kostet das Benzin für den Ford ungefähr 277 Dollar (1.163 DM), das für den VW aber nur 107 Dollar (449 DM). Außerdem verbraucht der Volkswagen weniger Öl, sein luftgekühlter Motor benötigt kein Gefrierschutzmittel, und die Rechnungen für Reparaturen und Ersatzteile sind bei ihm wahrscheinlich auch niedriger. Man kann sagen, daß der VW-Fahrer (allein an Betriebskosten) im Jahr ungefähr 200 Dollar (840 DM) sparen kann.«*

Lange Zeit verkauften sich die Käfer in Amerika wie von selbst. Die Händler waren reine Auftragsschreiber. 1959/1960 begann jedoch die US-Autoindustrie eine großangelegte Kampagne für ihre neuen Kompaktwagen à la Falcon, Corvair und Vailant. Ed Cole, Generaldirektor von Chevrolet, posaunte lauthals aus: *»Volkswagen ist in diesem Land in zwei Jahren pleite.«* Doch er täuschte sich. VW ließ sich nicht ins Abseits drängen und kam Detroit mit einer einzigartigen Werbekampagne zuvor.

Oben: Parkplatz in der Schweiz Mitte der fünfziger Jahre. Österreich, die Schweiz, die Benelux-Staaten und Skandinavien bildeten den sichersten Absatzmarkt für den Volkswagen, lange vor den Exporterfolgen in den USA.

TOD DEM KÄFER? TOD DEM KÄFER!

Für den passionierten Fußgänger und Verbraucheranwalt Ralph Nader aus Winsted, Connecticut, war er ein »verchromter Sarg«: der Spitzenreiter unter den Importwagen auf US-Highways namens VW-»Beetle«. Als die rundliche Kleinwagenlimousine aus Deutschland sich auf dem Höhepunkt ihrer Popularität in den USA sah, führte Nader geradezu einen Kreuzzug gegen Nordhoffs Detroit-Schreck, der nicht spurlos vorüberging. Nader und die von ihm mitinitiierten scharfen US-Zulassungsnormen trugen ebenso wie die »starke D-Mark« in den siebziger Jahren dazu bei, den Käfer-Tod auf der anderen Seite des Antlantiks herbeizuführen.
1974 wurde der letzte Käfer über den Atlantik verschifft. Einzig dem VW-Kabrio verblieb noch eine Schonfrist bis 1980.

Mit derart schweren Vorwürfen begann 1966 der streitbare US-Rechtsanwalt Ralph Nader seine Kampagne gegen das VW-Werk, die zeitweise einem Kreuzzug gegen den erfolgreichen deutschen Importwagen glich: *»Es ist schwer, einen gefährlicheren Wagen auf Amerikas Straßen zu finden, als den VW«.* Schon vor seiner Attacke auf den Wolfsburger Käfer hatte Nader dem automobilen Establishment das Fürchten gelehrt. Erste Zielscheibe war der Fahrzeugriese General Motors. Nader, der sich während seines Jura-Studiums mit Unfallstatistiken beschäftigt hatte, kam dabei zu dem Schluß, daß die Schuld an Autounfällen immer den Beteiligten, jedoch niemals dem Automobilhersteller gegeben wurde. Am Beispiel des General Motors-Modells »C« von 1962 wies Nader nach, daß dieser Wagen, der als besonders moderne Konstruktion gefeiert wurde, schon von seiner Bauart her verkehrsuntüchtig sein mußte. Nader forderte daraufhin den Bau sicherer Autos und schrieb sein Buch »Unsafe at any speed« (Unsicher bei jeder Geschwindigkeit). Dieses wurde nicht zuletzt durch die törichte Reaktion von General Motors (*Motto: »Was gut für General Motors ist, ist auch gut für Amerika«*) zu einem Bestseller. Die GM-Manager schickten dem jungen Sicherheitsfanatiker einen Privatdetektiv auf den Hals, versuchten ihn mit angeheuerten leichten Mädchen zu kompromittieren und wollten ihn durch Enthüllungen aus seinem Privatleben unschädlich machen. Nader setzte sich zur Wehr, verklagte GM wegen versuchter Verleumdung und Eingriff in sein Privatleben auf 17 Millionen Dollar Schadenersatz — und erreichte, daß die Verkaufszahlen des GM-Mittelklassewagens Corvair um 93 Prozent sanken. Schließlich stellte der Detroiter Auto-Multi sogar die Fertigung ein, und GM-Präsident James Roche bat Nader öffentlich um Entschuldigung, der inzwischen als Verbraucheranwalt einen landesweiten Bekanntheitsgrad errungen hatte und fast ein Nationalheld geworden war.

Aufgrund der Nader-Untersuchungen beschloß der US-Senat neue Sicherheitsbestimmungen für die Automobilindustrie. Außerdem zahlte GM an Nader 425.000 Dollar Schadenersatz und erklärte sich zu einer Kompromißformel bereit, die dem Juristen eine Kontrollfunktion bei der Überwachung der Sicherheits- und Umweltschutzbestimmungen von neuen Automobilen durch General Motors garantierte.

Naders Stimme hatte also Gewicht, als er gegen das Flaggschiff der deutschen Exportindustrie zu Felde zog. Arrogant konterte VW Wolfsburg zunächst mit Herabsetzungen von Naders Intentionen. Naders Vorwürfe seien vollkommen unbegründet. Seine Attacken gegen den Käfer sollten nur Reklame für sein Automobilbuch »Unsafe at any time« machen. Richard Budde, VW-Pressechef konstatierte gegenüber der »Bild-Zeitung«: *»Wir halten es mit Abraham Lincoln: Man kann alle Menschen einige Zeit zum Narren halten, man kann einige Menschen alle Zeit zum Narren halten, aber man kann nicht alle Menschen alle Zeit zum Narren halten! Das Volkswagenwerk hätte nicht über 11 Millionen Autos gebaut und verkauft, wenn der VW ein gefährliches Auto wäre.«*

Nader bemängelte im einzelnen folgende Käfer-Mängel: *»Verletzungsgefahr durch die Windschutzscheibe, schwache Sitzverankerung und schwache Rückenlehnen, die Wahrscheinlichkeit, daß die Türen sich bei einem Zusammenstoß öffnen, Durchdringen der Steuersäule bei einem Frontalzusammenstoß, außerordentliche Empfindlichkeit gegen Seitenwind und Fahreigenschaften im allgemeinen, welche das Auto praktisch »nicht einschätzbar machen.«*

»Der VW neigt dazu, sich bei Seitenwind zu überschlagen«, behauptete der 32-jährige Rechtsanwalt vor einem Untersuchungsausschuß des Senats. *»Die Unfallhäufigkeit von Volkswagen liegt über dem normal üblichen! Die Fähigkeit des 'Käfers', bei einem Zusammenstoß zusammenzuhalten, liegt unter der normalen Sicherheitsgrenze.«*

Mit beißender Kritik wetterte Nader auch gegen die VW-Werbung, die seiner Meinung nach aus technischem Stillstand eine Tugend machte.

Die Nader-Kampagne blieb letzten Endes nicht ohne Wirkung auf den Volkswagen-Verkauf in Amerika. Arthur Railton, seinerzeit Sprecher der VW-Niederlassung in Englewood-Cliffe bei New York, erinnert sich später in seiner Käfer-Monographie:

»Nader (war) Anziehungspunkt für viele junge Anwälte. Dazu gehörten auch zwei junge Leute, die seine Freunde wurden, soweit man mit diesem sehr zurückgezogenen Menschen überhaupt befreundet sein konnte. Beide kamen, so wird berichtet, auf einer Urlaubsfahrt nach Kalifornien in einem Käfer bei einem Frontalzusammenstoß ums Leben. Nader machte den Käfer für den Tod der beiden verantwortlich. Von da an schwenkte er mit seinen Angriffen von General Motors auf Volkswagen um. Er war entschlossen, den Käfer (und andere VW-Produkte) in Amerika geschäftlich zugrunde zu richten. Er ließ kaum eine Rede oder eine Pressekonferenz aus, ohne die angeblichen Gefahren des Käfers und die Verantwortungslosigkeit des Unternehmens zu erwähnen, das aus Profitsucht Todesfallen baue. In seiner Kampagne ging er bis zum Äußersten. Er hielt hunderte von Reden über alle möglichen Themen auf Universitätsgelände, und wenn ihn, was gelegentlich vorkam, ein Student mit einem Käfer vom Flughafen abholte, lehnte er es ab, einzusteigen. Es war für ihn zu einem persönlichen Rachefeldzug geworden.«

1971 legte Nader in Buchform seine Beweise über die Unsicherheit des Käfers vor (»Volkswagen: Small on Safety«), worauf sich später viele US-Advokaten bei Haftungsklagen gegen den VW-Konzern beriefen.

Den amerikanischen Autoherstellern paßte die Anti-Käfer-Kampagne gut ins Konzept, stellten sie doch laufend neue »Käferkiller« vor, z.B. Ford den »Maverick«, der sich in einem Werbefilm als Insektenvertilgungsmittel präsentierte. Ein Druck auf die Sprühdose, und der im Film kurz auftauchende Käfer verschwand vom Zelluloidstreifen ...

Wie groß der Schaden war, den Naders Käfer-Kampagne anrichtete, läßt sich heute nicht mit Bestimmtheit sagen. Auf jeden Fall versuchten die Detroiter Auto-Multis, nachdem sie selbst halbwegs aus der Schußlinie des jungen Sicherheitsapostels geraten waren, Terrain auf Kosten des Kleinwagenmarktes zu gewinnen. Das gelang nur bedingt.

Railton: *»Trotz Nader liefen die Verkäufe weiterhin gut. Als er den Wagen 1966 zum ersten Mal kritisierte, betrugen die Verkäufe im Gesamtjahr 318.563. Im Jahre 1971, als sein Buch herauskam, wurden 318.990 verkauft. Im folgenden Jahr waren es 335.646, und ein Jahr darauf 342.790.«*

Inzwischen hatte der Käfer sogar das amerikanische Ford T-Modell an Stückzahl überrundet. Am 17. Februar 1972 lief der 15.007.034ste Käfer vom Wolfsburger Band; ein Ereignis, das Ralph Nader und die US-Autoindustrie sicherlich mit Zähneknirschen aufnahmen.

In all den Jubel über diesen Produktionsrekord mischten sich allerdings auch nachdenkliche Stimmen. Die — nicht zuletzt von Nader inspirierten — schärferen US-Sicherheitsbestimmungen läuteten in den

70er Jahren den Tod des Käfers auf seinem wichtigsten Exportmarkt ein. Vor allem die US-Abgasvorschriften verschlangen zig-Millionen Dollar an Entwicklungs- und Umrüstungskosten. So mußten in Kalifornien ausgelieferte Käfer mit teuren Katalysatoren und einem aufwendigen Einspritzverfahren versehen werden, was zugleich der Änderung des Hecks bedurfte. Auch die Frontscheibe erforderte eine Umgestaltung. Es gab kaum ein Wagenteil, welches die VW-Sicherheitsingenieure im Laufe der Zeit nicht ändern mußten, nur um die Stellung auf dem lukrativen US-Markt zu halten.

Wie kaum ein anderer Wagen mußte der Käfer ein um das andere Mal unter Beweis stellen, daß er den amerikanischen Vorschriften entsprach. Unzählige Tests vor den US-Sicherheitsbehörden wurden notwendig; ständig pendelten VW-Techniker zwischen der Neuen und der Alten Welt, um Testdaten zu erklären. Auch Auffahrunfälle gehörten zum Pflichtprogramm. Der Käfer bestand sie, ohne daß sein Kraftstofftank zu brennen anfing, wie die Kritiker behaupteten.

Das US-Fernsehen stellte dies trotzdem genau umgekehrt vor, wie VW-Pressemann Railton aus leidlicher Erfahrung zu berichten wußte:

»Häufig wurden Kongreßausschüssen und Fernsehzuschauern Filme von Auffahrtests gezeigt, die von Sicherheitsorganisationen zur Verfügung gestellt wurden, um nachzuweisen, daß der Käfer unsicher ist. In einem Film einer Versicherungsgesellschaft über die Dichtigkeit von Kraftfahrzeugtanks zeigte man einen Käfer, der von hinten auf einen amerikanischen Wagen auffuhr. Der Tank des Käfers blieb intakt, aber der Tank des größeren, amerikanischen Wagens riß, und Benzin floß aus, ohne daß es brannte. Um es dramatisch erscheinen zu lassen, entzündeten daraufhin die Filmleute das Benzin absichtlich. Als Ergebnis sahen die Zuschauer einen deutlich erkennbaren Käfer inmitten eines Flammenmeeres — ein schrecklicher Anblick (...). In einem solchen Falle arbeitete die charakteristische Form des Käfers, sonst ein Faktor für seinen Erfolg, in starkem Maße gegen ihn. Er war in Unfallfotos immer erkennbar, selbst dann noch, wenn er mit einem Zug zusammengestoßen war.«

Der letzte »normale« Käfer wurde 1974 über den »großen Teich« verschifft. Im gleichen Jahr verlegte die Volkswagenwerk AG die Käfer-Fertigung von ihrem Wolfsburger Stammwerk nach Emden. Amerika bekam fortan bloß noch Kabrios geliefert. Die amerikanische Presse war voller Nachrufe, als der Verkauf des Käfers zwischen Los Angeles und Baltimore sein Ende fand. *»Ein Wagen von besonderer Klasse«*, lobte die »New York Times« die drei Jahrzehnte alte Porsche-Konstruktion. Und der »Christian Science Monitor« sagte *»einem alten Freund Lebwohl. Für fast jeden Amerikaner bedeutet die bevorstehende Trennung vom Käfer schmerzliches Bedauern und eine Flut von Erinnerungen an diesen kleinen Wagen.«*

Small is Beautiful

Die Werbung für den Volkswagen-Käfer

Zwei Slogans prägen die Volkswagen-Werbung. In den USA wurde der Spruch »Small is beautiful« (»Klein ist schön«) zum Alltagswortschatz, in Deutschland brauchte man lange Jahre nur »Volkswagen« zu sagen, und schon hob jemand an: »Und läuft und läuft und läuft und läuft und läuft . . .«
Ein kurzer Streifzug durch die Geschichte der Käfer-Werbung.

Die Welt der Volkswagen-Werbung war 1954 noch recht simpel. Der Markt nahm ohne großsprecherische Reklame begierig auf, was das Werk produzierte. Er war noch übersichtlich, denn wie die Zeitschrift »Graphik, Werbung + Formgebung« formulierte: *»Das Kraftfahrzeug gehört zu jenen Industriegütern, deren Käuferkreis durch die Kosten der Anschaffung und Unterhaltung von vornherein abgegrenzt ist. Das bedeutet für die Werbeplanung: Keine Breitenstreuung, beispielsweise durch laufende Insertionen in Tageszeitungen und Illustrierten, vielmehr eine gerichtete Meinungsbildung …«*

Meinungsbildung war es denn auch, was Volkswagen in den fünfziger Jahren vor allem betrieb. Hierfür besaß das Werk in Frank Novotny einen außergewöhnlichen Pressesprecher, der im Jahre 1948, noch vor Nordhoff, bei VW angefangen hatte. Novotny war Exil-Tscheche und hatte gute Gründe, 1945 nicht nach Prag zurückzukehren, das zu dieser Zeit in der sowjetischen Einflußzone lag. Novotny, kein gelernter Journalist oder Medienmann, stellte nicht unbedingt das Produkt des Werks, den Volkswagen, in den Mittelpunkt seiner Arbeit, sondern das Volkswagenwerk selbst, vor allem seinen Direktor Heinrich Nordhoff, der in Novotnys Presse-Strategie zu einem »Markenartikel« für den industriellen Wiederaufstieg der Bundesrepublik wurde. Eine Strategie, die aufging, was nicht nur an immer wieder neuen Nordhoff-Artikeln in der Presse ersichtlich ist — eine Durchsicht der Spiegelhefte des ersten Jahrzehnts spricht im Sinne des Wortes Bände: Nordhoff in allen VW-Lebenslagen. Besonders die regelmäßigen Produktionsrekorde wurden wie weiland die Meldungen des Oberkommandos der Wehrmacht herausgestellt: Groß protzt die Produktionsziffer über dem Endband, davor in Champagnerlaune der gutaussehende Generaldirektor. Die fleißigen VW-Arbeiter hatten in den Schatten des Blitzlichtgewitters zu treten …

Wenn es trotzdem auch bis 1960 VW-Anzeigen in Illustrierten und Tageszeitungen gab, so war dies mehr eine großzügige Belohnung für die deutsche Presse, die auf ihr Wirtschaftswunderlieblingskind VW nichts kommen ließ und jede Verbesserung, sei es nur die Verbreiterung des Aschenbechers, als Fortschritt für die Menschheit oder doch ihre bundesdeutsche Teilmenge belobigte. Wie Arbeitnehmer heute ihr Weihnachtsgeld erhalten, so beglich VW bis zum Ende des ersten Nachkriegsjahrzehnts die ungeschriebenen PR-Rechnungen mit einer Anzeige, die ganzseitig und flächendeckend erschien. Besonders Hans Looser bewies in ihnen, daß es bei dieser Repräsentation weniger auf den Wagen — der sprach noch für sich — als auf dessen Erfolg ankam. Die Dynamik der von Nordhoff erreichten Expansion setzte er um: *»Werk und Wagen der große Erfolg!«* und *»Immer mehr und immer besser!«* war die VW-Devise. In Loosers Plakaten fährt der Volkswagen die Erfolgskurve entlang und schwärmt in alle Welt aus. Looser vermeidet dabei den Bonbon-Kitsch, wie ihn etwa die Werbung für Mittelklassewagen zu jener Zeit hatte, und setzt auf Grafik. Andere VW-Grafiker folgten ihm besonders bei der Gestaltung von Händler-Anweisungen und Handreichungen nicht ganz und illustrierten auch einmal mit gezeichneten Figuren. Ein helles Blau wurde zu jener Zeit die Volkswagen-Farbe und ist es auch heute noch bis zu den Kitteln der VAG-Angestellten.

Im übrigen erscheint dieser Werbestil eher vom Zeitgeschmack als vom Publikumsgeschmack geprägt. Die Autokäufer wollten biedere Prospekte, in denen die Zeichnungen auch schon einmal frech über die wahren Proportionen des Fahrzeugs hinweglügen durften. Das gab es bei Volkswagen natürlich auch, besonders bei den Zeichnungen von Reuters, der immer eine Perspektive suchte, die den Wagen länglicher und niedriger machte.

Heute sind diese Prospekte bei Sammlern begehrt, weniger Loosers Entwürfe.

Seit 1951 gab es eine spezielle Kundenzeitschrift für Volkswagen-Käufer und Fahrer, die »Gute Fahrt«. Nominell redaktionell unabhängig, erscheint sie seitdem im Bielefelder Delius-Klasing-Verlag und berichtet brav aus der schönen neuen VW-Welt, von den Abenteuern des VW-Fahrers und seinen Reiseträumen.

So hatte das Werk wenigstens in einer Automobilfachzeitschrift eine gute Presse, denn unter bundesdeutschen Motorjournalisten gehörte es zum richtigen Ton, am Käfer herumzumäkeln. Besonders aus Stuttgart, der Porsche-Stadt, kam viel Kritik. Aus Ham-

Wir wahren die Form. Bis zum Schluß.

Über die Form des Käfers gab es keine Diskussion. Sie war vernünftig. Sie war praktisch. Sie war verblüffend einfach. Und sie verkörperte eine einmalige Idee.

Natürlich haben wir am Käfer im Laufe der Zeit fast alle Äußerlichkeiten korrigiert. Weil wir das Auto immer weiter verbessern wollten, weil's der Zeitgeschmack so mit sich brachte.

Die Grundform jedoch haben wir bis heute erhalten. Alles blieb glatt und rund an diesem Wagen. Fast 21 Millionen Käfer-Käufer auf der ganzen Welt fanden das 50 Jahre lang auch völlig in Ordnung.

Vor kurzem hat sie ihren Abschied genommen, die erfolgreichste Automobilform aller Zeiten. Formvollendet, wie's zu erwarten war.

Und in der Erfolgsspur des Käfers läuft längst ein anderer Volkswagen: der Golf. Inzwischen schon über 7millionenmal verkauft. Das meistgekaufte Auto der Nation. Formvollendet und allseits beliebt. Eine neue Form von Volkswagen.

Da weiß man, was man hat.

© VOLKSWAGEN OF AMERICA, INC.

Don't laugh.

A Volkswagen police car may seem like a funny idea to you, but it makes a lot of sense to the city of Scottsboro, Alabama.

They wanted a car that could take Police Officer H. L. Wilkerson on parking meter patrol; all day, 6 days a week, in stop-and-go traffic. Without breaking down. And without breaking the taxpayers.

So, in 1964, they bought Car S-5: a VW with a dome light, siren, and 2-way radio.

That was the year of Scottsboro's only 12" snowfall. The other police cars were in trouble up to their hubcaps. But Car S-5 was a credit to the Force. It went uphill. And downhill. And Officer Wilkerson didn't even bother to put the chains on.

Officer Wilkerson isn't supposed to go after speeders. But one day (in 1965) he chased one. And caught him. It's hard to say who was more surprised.

Car S-5 still averages 29 miles per gallon. It still doesn't use any oil between changes. And it's never had a breakdown.

After a year and a half of continuous use, it had its clutch replaced, and its valves adjusted.

That is all.

burg lieferte der Spiegel die Häme und nervte Nordhoff bis an sein Lebensende mit der Frage, wann die Sanduhr des Käfers abgelaufen sei.

Wenn uns heute diese Dekade der Käferwerbung als nicht sehr gelungen erscheint, so liegt das an der bis heute trendbestimmenden Werberevolution, die der unscheinbare Käfer im nächsten Jahrzehnt auslöste.

Die Revolution in der Werbewelt konnte nicht in Deutschland entstehen, denn hier fehlte ihr jede Motivationsgrundlage. Man konnte schließlich nur soviel verkaufen, wie man produzieren konnte.

Für die VW-Erträge günstig war es, in den USA die Produktion abzusetzen. Seit Ende des Zweiten Weltkriegs waren die Wechselkurse der Währungen festgelegt. Der US-Dollar bildete die Leitwährung, in fester Proportion zu ihm standen alle anderen Währungen. Das britische Pfund und der französische Franc wurden so über lange Jahre künstlich hochgehalten, was Einfuhren in die USA erschwerte. Deutschland sollte mit einem »ungünstigen« Kurs von 1 : 4 diskriminiert werden. Die niedrig bewertete Mark machte zwar US-Einfuhren teuer, verbilligte aber für US-Bürger den Käfer. Nordhoff erkannte dies früh und setzte auf den Export. Lieber versorgte er andere Märkte mit Verzögerung, als harte Dollars zu verlieren. Das führte zu der Devise, in den USA soviele Wagen wie möglich zu verkaufen. Werbung sollte die seit Mitte der fünfziger Jahre schon guten Absätze steigern. 1959 erhielt eine junge New Yorker Werbeagentur den noch recht bescheidenen VW-Werbeetat: »Doyle Dane Bernbach«.

Dem im Vergleich zu den US-Straßenkreuzern »Außenseiter« VW-Käfer verordnete die Agentur eine Außenseiter-Werbung: »Ich bin häßlich, aber ich bin wie ich bin!« könnte als Motto über der Werbung stehen, die aus den Eigenschaften des Wagens und dem Glauben an seine — versteckten — Qualitäten hervorging: Heckmotor, mittlerweile skurrile Bukkel-Stromlinienform, Sparsamkeit, Qualität und Modellkonstanz bildeten die immer wiederkehrende Grundsubstanz, die mit Selbstironie angereichert wurde.

»Ugly is only skin-deep« (»Häßlichkeit geht nicht unter die Haut«) wurde eine Anzeige unterschrieben, die nur den Wagen zeigt und im Untertext die Vorzüge preist. Wann gab ein Markenartikler schon zu, daß sein Produkt häßlich war? Andere kauften schöne Frauen ein und drappierten ihre verunglückten Entwürfe zumindest noch mit Schönheit. VW verwies auf andere Werte, und eine Gesellschaft nickte zustimmend, denn denen es an äußerer Schönheit mangelt, tat schon immer der Hinweis auf innere Werte gut. Das Werk versprach in seinen Anzeigen nicht, was der Wagen nicht halten konnte.

2.16 m groß war der US-Baseballstar Wilt Chamberlain. Er stand neben einem Volkswagen und blickte leicht irritiert in die Kamera. *»They said it couldn't be done. It couldn't.« (»Sie sagten, es ginge nicht. Es ging tatsächlich nicht!«)* meldete die Agentur. Um aber die Masse der Amerikaner zu beruhigen: Wenn sie nur einen Fuß kleiner seien, wäre der VW ihr Wagen. Allerdings sei auch im Tank nicht viel Platz, schreckte der Text am Ende der gleichen Anzeige die Leser erneut auf, um sie dann zu beruhigen: Mit einer Gallone könne ein VW 29 Meilen fahren. Was braucht Wilt Chamberlain einen Volkswagen und der normalwüchsige Amerikaner Raum für 2.16 m? Warum einen großen Tank bei kleinem Wagendurst?

Die Werbekonzeption der »sanften Überredung« durch selbstironisches aber selbstsicheres Understatement wurde auch in Werbefilmsprache übersetzt. Zwei US-Spots wurden besonders berühmt. Einmal wurde eine in Luxuslimousinen sichtlich wenig gerührt vom Friedhof abreisende Beerdigungsgesellschaft gezeigt, eine Ansammlung von skurrilen Zeitgenossen, wie sie sich niemand auf der eigenen Beerdigung wünscht. Die Stimme des Verstorbenen liest dabei das Testament vor. Schadenfroh nimmt der Zuhörer zur Kenntnis, daß diese lieben Verwandten enterbt oder mit kleinen Bosheiten abgefunden werden. Sie rauschen in ihren Prachtlimousinen davon. Wie es sich gehört, folgt der Kolonne als letztes ein häßlicher Volkswagen. Dem Fahrer am Steuer fließen echte Tränen über die Wange. Ein Mensch wie du und ich, eine ehrliche Haut ...

Dieser Ansicht scheint auch der Verstorbene gewesen zu sein. Er lobt den jungen Mann am Steuer nicht wegen seiner echten Rührung, sondern wegen seiner Bescheidenheit und Sparsamkeit. Die Millionen sind bei ihm gut aufgehoben. Gerne hörte die von Hollywood und den eigenmissionarischen Vorstellungen geprägte Käuferschaft die Werbebotschaft. *»It makes your house bigger« (»Er läßt Ihr Haus größer erscheinen«)*, verkündete eine Anzeige zum in Seitenansicht gezeigten Wagen. Bescheidenheit ist eine Zier ...

Volkswagens größter Werbespot spielt in einer verschneiten Landschaft. Ein Mann kämpft sich zu seinem Volkswagen vor,

schaufelt ihn unter Schneemassen hervor. Sofort springt der Wagen an. Schon hier, denkt jeder, sei die »message« verkündet worden, und ist irritiert, als die Kamera kommentarlos dem Käfer durch die verschneiten Straßen bis vor eine große Halle folgt. In ihr verschwindet der Fahrer. das Hallentor geht auf und heraus fährt ein Schneeschieber: *»Have you ever wondered how the man who drives the snowplow drives to the snowplow?«* fragt eine Stimme in die ruhige Landschaft (*»Haben Sie sich jemals gefragt, wie der Mann, der den Schneepflug fährt, zum Schneepflug gelangt?«*)

Am Tag nach der ersten Mondlandung schaltete VW / DDB landesweit eine Anzeige, die die Mondfähre zeigte. Kein Volkswagen war zu sehen. Dafür wurde knapp festgestellt: *»Sie sieht nicht gut aus. Aber sie erfüllt ihren Zweck.«*

Kaum eine Werbeaussage vor oder nach dieser Anzeige transportierte soviele Botschaften, ermöglichte so zahlreiche Assoziationen. Sie war patriotisch, obwohl der Volkswagen nicht amerikanisch war (ein Thema, das »Doyle Dane Bernbach« übrigens nicht gern anpackte), und aktuell. Sie war sicher anmaßend, aber sie traf den Kern.

Die DDB-Werbung prägte das Image des Volkswagens in den USA. Es war ein anderes, als es der Wagen in seiner Heimat hatte. Auf dem US-Markt konkurrierte er mit ausladenden Straßenkreuzern. In Deutschland maß er sich mit Zweirädern und drei- und vierrädrigen Fast-Automobilen. Er spekulierte ab 1960 auf eine Kundschaft, die dem Auto noch fremd gegenüberstand und die spitz nachrechnete, ob ein Wagen überhaupt zu unterhalten war.

DDB, 1961 in Deutschland mit einer Niederlassung in Düsseldorf vertreten, nahm diese anderen Bedingungen ernst und übernahm nicht einfach seine US-Kampagne. Allein die Form — man benutzte Fotos statt Zeichnungen und stellte den Wagen frei, wenn nicht eine Bildkomposition notwendig war, auch die Typografie — wurde aus den USA übernommen. Die Anzeigen informierten sachlich über die Vorzüge und Verbesserungen, leisteten sich hin und wieder ein Sprachspiel und bauten auf die Erfahrungen der VW-Fahrer, die vor allem für eine Wiederanschaffung beworben wurden. Denn mittlerweile war das Land zu einer Nation von VW-Fahrern geworden. Was sollte denen gesagt werden, außer daß der Wagen läuft und läuft und läuft und läuft und läuft ...

Solange Menschen über Werbung nachdenken, wird nicht vollkommen geklärt werden können, warum dieser Slogan so erfolgreich war, daß er in die Umgangssprache eindrang. Er ist nicht sonderlich originell, versteckt keinen Witz und entsprach durchaus nicht allen Erfahrungen der VW-Besitzer. Nicht ohne Grund wurden sie ja auch von den VW-Werkstätten umworben und gehörten der Service und die billigen Reparaturen zum Argumentationsfundus der VW-Werbung. Der Slogan konstituierte mehr Wirklichkeit als sie wiederzugeben.

Der Autor glaubt, daß er wohl den Rhythmus der VW-Maschine getroffen hat, den kaum jemand noch wahrnahm, der sich aber in die Gehörgänge gebohrt haben mußte. »Und läuft und läuft und läuft und läuft ...«, tuckerte es vertrauenserweckend aus dem Heck.

In der Absatzkrise um 1972 verflachte die VW-Werbung in Deutschland. Der Preis wurde das Hauptwerbeargument. Die Inflation hatte den Preis in Bewegung gebracht, und diese Bewegung lenkte zusehends die Blicke der Käufer auf diese Frage. Die Werbung forderte sie auf zu vergleichen. Auch versteckte sich jetzt unter dem fast gleichen Käferblech eine relative Typenvielfalt. Sonderausstattungen und die stark motorisierten Modelle verlangten eine eigene Werbung. Die Linie ging verloren.

Mit der Verlagerung des Produktionsschwerpunktes auf den Golf wurde sie — nach einer Übergangszeit, in der der Golf von einem Teil des Käfer-Images zehren sollte — verlassen. Die heutige Golf-Werbung ist grundsätzlich anders, vor allem zielgruppenorientiert. Damit folgt sie nur der Produktion, die ja gerade auch mit umprogrammierbaren Robotern eine spezifische Produktion ermöglichen will, die Schweißautomaten mit ihrer Statik nicht hatten.

Zur Verabschiedung des Käfers im Herbst 1985 kehrte die Käfer-Werbung noch einmal wieder. Klassische Anzeigen wie die mit dem Ei und die Läufer-Werbung wurden zitiert. Das war schon keine Absatzförderung für die Auslaufmodelle mehr, sondern Werbung für das Konzern-Image.

Schon glaubte Volkswagen an seinen Käfer erinnern zu müssen. Eine neue Generation von Autofahrern, die zu Zeiten des Ölschocks die Mütter und Väter vom Kindersitz aus über den Käferverbrauch und die Benzinpreise schimpfen und stöhnen hörte, bekommt den Führerschein in die Hand gedrückt. Für sie waren die alten Anzeigen nostalgischer Schnee von gestern.

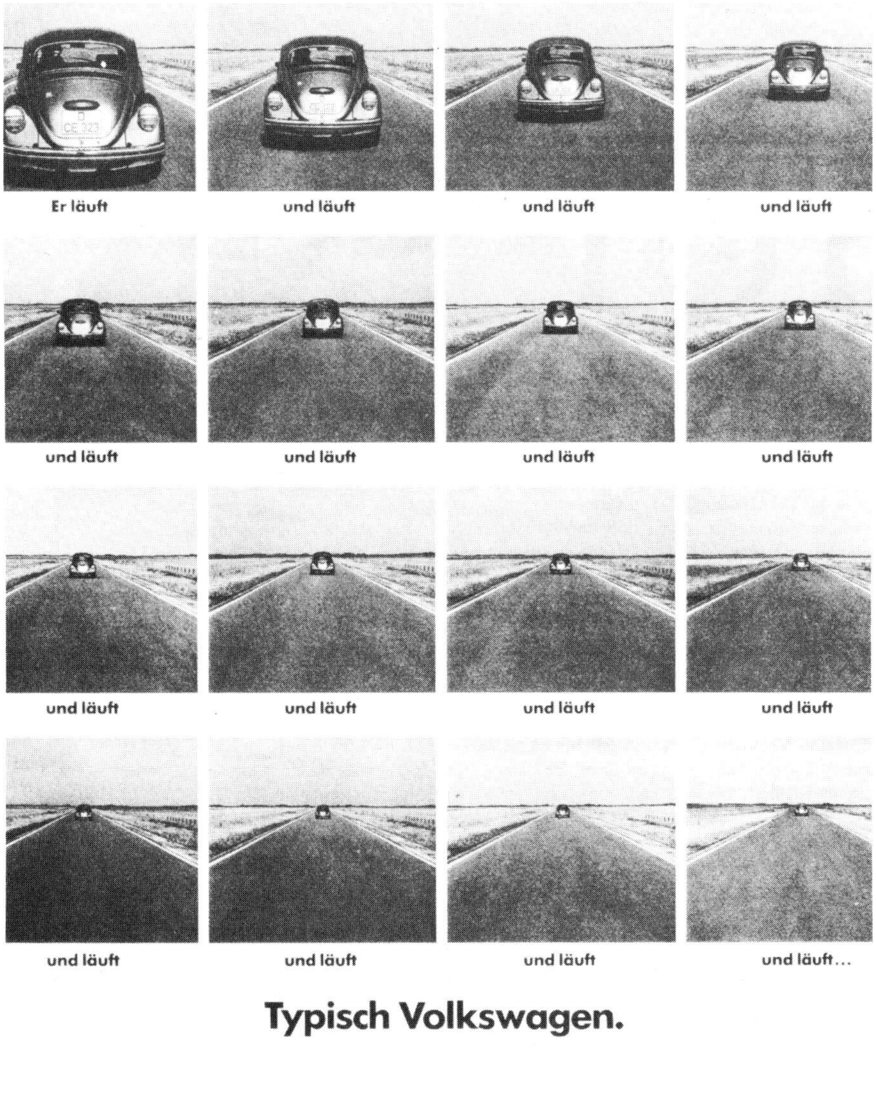

Wagen aus aller Welt

Käfer-Montage und Produktion außerhalb der Bundesrepublik

Der Volkswagen-Käfer war im wahrsten Sinne des Wortes ein »Allerweltswagen«. Er wurde bis heute nicht nur in über 140 Staaten der Welt exportiert, sondern auch auf allen fünf Kontinenten, in 20 Ländern, produziert. Von Irland bis Neuseeland, von Südafrika bis Jugoslawien reicht die Liste der Käfer-produzierenden Staaten. Noch heute läuft der Wagen in Mexiko, Brasilien, Peru, Ägypten und Nigeria von den Bandstraßen, wenn er sie sich auch schon mit Golf- und Passat-baugleichen moderneren Modellen der VW-Produktionspalette teilen muß.

Warum schweifte das VW-Werk in die Ferne, wo daheim eine gut ausgebildete und motivierte Facharbeiterschaft die Basis der Produktionserfolge bildete und seit den frühen sechziger Jahren die knappe »Ware Arbeitskraft« aus dem südlichen Europa an den Mittellandkanal, nach Emden, Wolfsburg, Kassel, Hannover und Ingolstadt vermittelt wurde? Spielten die Marktnähe oder — so vermutet jeder zunächst — die niedrigen Löhne in Entwicklungsländern die Hauptrolle bei dem Aufbau von Produktionsstätten? Oder brauchte das Werk nach der schrittweisen Aufgabe der Käfer-Produktion in Wolfsburg, Ingolstadt, Hannover und schließlich Emden (1978) einen Abnehmer für die Produktionswerkzeuge, die in der Masse Käfer-spezifisch und auch veraltet waren?

Marktnähe, Lohngefälle und Produktionsmittelweiterverwertung spielten sicher eine Rolle beim außerdeutschen Expansionsdrang der Volkswagen AG. Entscheidend war aber die dirigistische Wirtschaftspolitik der Importländer, die eine eigene Autoindustrie aufbauen wollten und in der Regel importierte Fahrzeuge mit hohen Import- und Luxussteuern belegten. Nicht nur Schwellen- und Entwicklungsländer der Dritten Welt, sondern auch das Industrieland Belgien (Käfer-Montage von 1954 bis 1975), Autralien und Neuseeland, die rückständigen europäischen Staaten Irland (1950 - 1977), Portugal (1964 bis 1976) und das sozialistische Jugoslawien (1973 - 1976) reizten so die Autoproduzenten oder deren Importeure zur Errichtung von Fertigungs- und Montagestätten.

Versüßt wurden Volkswagen — und anderen Autoproduzenten wie Ford, General Motors und Fiat — die Investitionen durch Steuervergünstigungen und Marktristriktionen, die z.B. die Konkurrenz fernhielten. Ohne Konkurrenz, hohe Steuerlast und in Ländern der Dritten Welt »lästige« Gewerkschaften ließen sich Gewinne erzielen. Und selbst wenn diese oft hinter den Erwartungen zurückblieben, waren südamerikanische, asiatische und australische Massenmärkte notwendig, die Millionen der Käfer und Käfer-Teile aufzunehmen, die im Mutterland produziert wurden. Denn seit dem Ende der fünfziger Jahre zeigte sich immer mehr, daß die Käferproduktion nicht nur »technisch« sondern auch »produktionstechnisch« problematisch war. Ein Käfer bestand (und besteht) aus ca. 7.000 Einzelteilen. Einige Modelle der Konkurrenz kamen schon vor 25 Jahren mit 3.000 Teilen weniger aus, was eine rationelle Produktion ermöglichen sollte.

Was in der Käferproduktion durch Rationalisierung in diesen Bereichen nicht zu erzielen war, mußte durch Massenproduktion (und hohe Arbeitsteilung) erreicht werden. Wolfsburg konnte auf kein Marktsegment verzichten. Die Notwendigkeit zur Expansion auf die Weltmärkte verstärkte sich Mitte der sechziger Jahre mit dem Erwachen der bundesdeutschen und US-Konkurrenz. Ein Teil der VW-Kundschaft war den Kinderschuhen entwachsen und stieg zu Konkurrenzmodellen um. Die noch weitgehend herrschende Käfer-Monokultur im VW-Angebot befriedigte die Wünsche der »Automobil-Einsteiger« nach einem preiswerten Gefährt. Aber auch dieser Markt mußte nach Erreichen einer weitgehenden Massenmotorisierung schwinden. Unerschöpflich erschien er nur in der Dritten Welt. Ihn galt es zu erobern oder zu halten. Die Produktionskosten spielten dabei eine untergeordnete Rolle. VW do Brasil und VW de Mexiko produzieren trotz niedrigem Lohnniveau nicht günstiger als es VW noch heute in Deutschland könnte. Denn in diesen Staaten fehlt die industrielle Infrastruktur von Zulieferern, qualifizierten Facharbeitern und effizienter staatlicher Bürokratie. Automatisiert auf dem Produktionsniveau Deutschlands der späten sechziger Jahre, mit hohen Bezugskosten für Zulieferteile lohnt sich die Käfer-Montage in Mexiko, Brasilien und Nigeria noch heute. Denn Schutzzölle und die konkurrenzlose Marktstellung ermöglichen Verkaufspreise, die über dem liegen, was freie Märkte hergeben. TDer Mexiko-Käfer kostete zu der Zeit, in der der Export nach Europa eingestellt wurde, im Herstellungsland 50% mehr als in Deutschland. Konkurrenz der gleichen Wagenklasse blieb ihm erspart oder wurde auf ein gleiches Preisniveau hoch»gesteuert«. Der Preisabstand zur nächsten Wagenklasse wurde mit dem gleichen Mittel gehalten.

Aber nicht nur in so erzielten Gewinnen liegt für Volkswagen — und andere Autokonzerne — der Vorteil einer breiten Produktionsstreuung. Wie der iatlienische FIAT-Konzern die Lada-Fabriken im sowjetischen Togliattigrad mit den Maschinen seiner eingestellten FIAT 124-Produktion ausstattete, aktivierte VW die in seiner Bilanz bereits abgeschriebenen Werkzeuge seiner Käfer-Produktion durch Verkäufe an die eigenen Tochtergesellschaften. Gerade die Werkzeuge der Käferproduktion, wie Karosseriepressen und -formen oder Schweißautomaten, wären sonst nur zu Schleuderpreisen verkäuflich oder als Schrott verwertbar gewesen.

1950 wurde in Irland die erste Auslandsmontage eines Volkswagens aufgenommen. Keine VW-Tochtergesellschaft, sondern ein unabhängiger Generalimporteur ließ in Einzelteile zerlegte Fahrzeugsätze montieren. So wurden im Importland durch die Montage arbeits- aber nicht kapitalintensive Arbeitsplätze geschaffen, ein Effekt, um den es zu jener Zeit den Importländern vor allem ging. Know how blieb im Produktionsland, im Produktionsumfeld entstanden keine Zulieferunternehmen. Diese Art der Produktion wird international CKD (Completely Knocked Down)-Production genannt. Dabei ist die Anzahl der so geschaffenen Arbeitsplätze vom Zerlegungsgrad abhängig, der wiederum durch die gesetzlichen und steuerlichen Vorschriften der jeweiligen Länder und durch die Qualifikation der einheimischen Arbeiter bestimmt wird. Bei der CKD-Produktion werden die Bausätze also im Hauptproduktionsland vorproduziert und dann in großen Holzkisten verschifft.

Rechte Seite, oben: Karmann-Ghia-Werk in Brasilien. Unten: Neues Karmann-Modell für den brasilianischen Markt (1970).

KARMANN
Ghia

S.PAULO
S-6

Die Mehrzahl der 20 Länder, in denen in den letzten 35 Jahren eine VW-Montage stattfand, begnügte sich mit diesem Effekt für die eigene Wirtschaft. Sie hätten wahrscheinlich vom Volkswagenwerk nicht mehr erwarten können, denn in der Regel waren ihre Märkte und die Kaufkraft der Bevölkerung nicht sehr groß.

In drei Ländern aber ging (und geht) die VW-Käfer-Produktion weit über den Grad der CKD-Produktion hinaus.

BRASILIEN

Im März 1953 nahm Volkswagen do Brasil mit zunächst 12 Mitarbeitern in Sao Paulo die Produktion von Käfern und Transportern auf. Bis heute hat sich aus diesen Anfängen die größte Autofabrik des Landes und der größte Arbeitgeber Brasiliens überhaupt entwickelt. Volkswagen do Brasil ist im übrigen keine hundertprozentige Volkswagen-Tochter. Schon früh wurde inländisches Kapital an der Gesellschaft beteiligt, wie es den brasilianischen Vorschriften entsprach. Mittlerweile ist ein Teil des ehemals brasilianischen Kapitals in kuwaitischer Hand (25% des Gesellschaftskapitals). Brasilien, das größte Land Lateinamerikas, stellt auch den potentiell größten Absatzmarkt des Halbkontinents dar. Die Region um Sao Paulo und Rio de Janeiro war schon früh industrialisiert. Wenn Brasilien selbst auch bis heute ein Agrarland geblieben ist (was VW do Brasil dadurch unterstreicht, daß es in agroindustrielle Projekte investiert), so konnten schon 1961 95% der zur Produktion des Käfers und des Transporters notwendigen Teile im Lande selbst hergestellt werden. Die Erfolge der VW-Produktion führ-

ARBEITEN BEI VOLKSWAGEN DO BRASIL

Volkswagen do Brasil war 1985 mit rund 39.000 Beschäftigten einer der größten brasilianischen Industriebetriebe überhaupt. Während des brasilianischen Wirtschaftsbooms (1969 - 74) und des Einstiegs in die Exportproduktion (ab 1972) wuchs die VW-Belegschaft auf über 47.000 Beschäftigte an, bis das Unternehmen 1981 in eine dramatische Absatzkrise geriet. Infolge des Produktionsrückgangs von über 500.000 Einheiten auf rund 300.000 wurden 13.000 VW-Arbeiter innerhalb weniger Monate entlassen.

Der Kündigungsschutz wurde schon kurz nach dem Militärputsch von 1964 weitgehend abgeschafft und durch ein minimales zweckgebundenes Arbeitslosenhilfesystem (FGTS) ersetzt, so daß Volkswagen do Brasil, wie alle anderen Automobilbetriebe auch, jährlich je nach Auftragslage mehrere tausend Arbeitskräfte nach dem Motto 'hire and fire' einstellen und wieder entlassen konnte.

An hinreichend qualifizierten und physisch leistungsfähigen Arbeitskräften hat es der brasilianischen VW-Filiale bisher nicht gemangelt. Mit Durchschnittslöhnen, die ca. 40% über denen der übrigen Metallindustrie im Großraum von Sao Paulo lagen, und besseren Löhnen für unqualifizierte Arbeitskräfte, wurden Arbeiter aus allen Richtungen angezogen, obwohl die Arbeitsbedingungen in vielen Produktionsabteilungen extrem belastend und die Vorgesetzten für ihre Antreiberei berüchtigt waren. Auch nach dem 52tägigen Streik von 1985, in dem u.a. die 40-Stundenwoche gefordert wurde, konnte nur eine Reduzierung der Regelarbeitszeit von 48 auf 46,5 Std. / Woche durchgesetzt werden. Durch unfreiwillige Mehr- und Wochenendarbeit bis zu 100 Stunden im Monat sind 60 Stunden Wochenarbeitszeit keine Seltenheit. Der gesetzliche Jahresurlaub beträgt in Brasilien 30 Kalendertage, die sich jedoch je nach Anzahl der unentschuldigten Fehltage bis auf 12 Urlaubstage reduzieren können.

Die von VW do Brasil bereitgestellten Sozialeinrichtungen wie Sportanlagen, Clubs, Krankenstationen, Kantinen und Transportmöglichkeiten sind so teuer, daß sie in erster Linie nur von den bessergestellten Angestellten in Anspruch genommen werden. Und da sie auch der sozialen Kontrolle dienen, werden sie von den Arbeitern meistens gemieden.

In der werkseigenen Konsumgenossenschaft werden die Waren häufig zu höheren Preisen angeboten als in anderen Supermärkten der Gegend. Das Kreditsystem verführt jedoch vielfach zum Einkauf auf Pump, was das Abhängigkeitsverhältnis von VW noch vergrößert.

Die örtliche Metallarbeitergewerkschaft, formell durch das Arbeitsgesetzbuch (CLT) vom Staat an die Kette gelegt und vom Arbeitsministerium kontrolliert, durfte bis zum Ende der Militärherrschaft 1985 offiziell nur soziale Dienstleistungen ausüben. Das Streikrecht war so gut wie abgeschafft, Lohnverhandlungen fanden nur auf höherer Ebene und unter Leitung des Arbeitsministeriums statt, gewerkschaftliche Agitation im Betrieb war verboten. Durch die Zwangsmitgliedschaft und das Gewerkschaftssteuersystem ist jeder Erwerbstätige automatisch Mitglied der jeweiligen Gewerkschaftskategorie. In den siebziger Jahren bildete sich trotz Verfolgung hauptsächlich in der Automobilindustrie eine authentische Gewerkschaftsbewegung, die das offizielle Gewerkschaftssystem unterwanderte und es für eine authentische Interessenpolitik instrumentalisierte. Seit dem Militärputsch, vor allem Ende der siebziger Jahre, kam es wieder zu den größten und längsten Arbeitskämpfen mit harten Auseinandersetzungen zwischen den Streikenden und der Militärpolizei. Volkswagen do Brasil vertrat die härteste Linie gegenüber den Streikenden und holte die Militärpolizei sogar auf das Werksgelände. Anhänger der neuen Gewerkschaftsbewegung wurden vom Management fristlos entlassen. Anfang 1982 kommt auf Druck und unter Beteiligung der örtlichen Metallgewerkschaft ein neues Statut zur Bildung einer Fabrikkommission (Betriebsrat) zustande, die allerdings eher den Charakter einer Reklamationsinstanz ohne erzwingbare Mitbestimmungsrechte besitzt.

Reinhard Doleschal

ARBEITEN BEI VOLKSWAGEN DE MEXIKO, S.A.

Volkswagen erhielt 1965 die Lizenz für die Produktion von Kleinwagen und begann in Mexiko, den Käfer und den Transporter zu produzieren. Seit einigen Jahren werden im VW-Werk in Puebla auch Golfs, Jettas und Santanas hergestellt. Die Produktion ist überwiegend für den Binnenmarkt bestimmt, obwohl auch Motoren (und bis 1985 Käfer) exportiert wurden, um den Auflagen der Regierung zu genügen. Mit dem Binnenmarkt ist auch die Produktion und die Beschäftigung gewachsen. 1960 arbeiteten gerade 250 Menschen bei Volkswagen, im Jahre 1981 aber 15.000. Das Wachstum, 1976/77 erstmals unterbrochen, fand in der Krise und in Massenentlassungen 1982 ein jähes Ende.

Innerhalb nur eines Jahres wurde fast ein Fünftel der Belegschaft entlassen, vor allem Arbeiter aus der Produktion. Auch wenn das mexikanische Arbeitsrecht bei Entlassungen hohe Entschädigungen vorsieht (3 Monatslöhne und zusätzliche Leistungen), kamen die Entlassungen dem Unternehmen billig: Nach der ersten Krise in den siebziger Jahren war das Unternehmen dazu übergegangen, sich einen Konjunkturpuffer von Arbeitern mit befristeten Verträgen zu schaffen. Bevor jemand in die arbeitsrechtlich und tariflich geschützte Stammbelegschaft übernommen wurde, mußte er zunächst einen oder mehrere befristete Verträge hinter sich und die Auswahl bestanden haben. Im Jahre 1981 stellten die 4.400 Zeitarbeiter 37% der Arbeiterschaft; gut 3.000 von ihnen wurden 1982 ohne Entschädigungen entlassen und darüber hinaus einige hundert jüngere Stammarbeiter.

Die Arbeiter von Volkswagen sind in einer Betriebsgewerkschaft zusammengeschlossen, welche sich nach heftigen internen Konflikten von Dachverbänden unabhängig gemacht hat.

Die Gewerkschaft schließt jährlich Lohntarifverträge und jedes zweite Jahr Manteltarifverträge ab, welche nicht nur die Gewerkschaftsrechte, Arbeitsbedingungen und Sozialleistungen, sondern auch detailliert Einstellungen, Beförderungen und Entlassungen von Stammarbeitern regeln. Die Gewerkschaft hat erheblichen Einfluß auf die Personalauswahl, weil sie die Kandidaten zur Einstellung vorschlägt. Arbeiter müssen Mitglieder der Gewerkschaft sein und verlieren mit dem Ausschluß auch ihren Arbeitsplatz; Beförderungen gehen strikt nach Dauer der Betriebszugehörigkeit, ebenso Entlassungen. Dies gilt freilich nur für Stammarbeiter, befristet Beschäftigte haben dagegen nur wenige Rechte.

Nicht nur die Heerschar von über 250 Deutschen, welche die oberen Ränge im Unternehmen einnimmt und die Aufstiegs- und Qualifizierungshoffnungen der Mexikaner blockiert, sondern auch die gesamte Angestelltenschaft ist dagegen nicht gewerkschaftlich organisiert und arbeitet mit individuellen Arbeitsverträgen.

Die Arbeiter von Volkswagen verdienen zwar mehr als viele andere Industriearbeiter in Mexiko: ihre Verdienste hinken aber hinter jenen ihrer Kollegen in den Traditionsbetrieben Ford und General Motors hinterher und sind seit 1982 nicht mehr der Teuerung nachgekommen. Im Jahre 1983 lagen die Löhne gerade bei einem Viertel der Einkommen deutscher VW-Arbeiter.

Die Arbeitszeiten sind länger als in anderen Autobetrieben Mexikos und der deutschen VW-Werke. Es bedurfte eines Streiks, um 1984 die wöchentliche Arbeitszeit der Tagesschicht von 46 Stunden auf 44 Stunden zu senken.

Rainer Dombois

ten zeitweise zu einer VW-Käfer-Monokultur auf Brasiliens Straßen. Heute bewegt sich VW do Brasil auf die vierte Million produzierter Käfer zu. Mitte der siebziger Jahre beschäftigte das Werk 50.000 Arbeiter und Angestellte, geriet dann aber in die brasilianische Rezession. Seit 1973 werden bei VW do Brasil nicht mehr nur Käfer und Transporter gebaut. Unter anderem Namen wird der Passat gefertigt, aber auch eigene Entwicklungen und Abwandlungen (ausgelaufener) deutscher Volkswagen-Typen gehören zur Produktionspalette.

Seit der Energiekrise 1972/73 und dem Dollarverfall Mitte der siebziger Jahre nimmt VW do Brasil eine wichtige Funktion im VW-Weltmarkt-Konzept ein. Von der mittlerweile fast autarken Gesellschaft werden heute CKD-Bausätze unter anderem an die VW-Töchter in Mexiko, Nigeria und wahrscheinlich bald in die Volksrepublik China geschickt.

Vor allem Volkswagen of Nigeria ist eng mit der brasilianischen Produktion verzahnt. Über den Südatlantik ist der Austausch aber recht einseitig. Das nigerianische Werk ist noch weitgehend eine Montage-Einrichtung, wenn es auch im VW-Konzept in Zukunft eine größere Rolle spielen wird.

In der Folge der Expansion von VW do Brasil gründete auch die Osnabrücker Firma Karmann 1962 eine Tochterfirma in Brasilien. An Karmann-Ghia do Brasil war auch die Firma Ghia aus Turin beteiligt. Das Karmann-Werk liegt zwischen Sao Paulo und Santos an der Autobahn und wurde in einer ehemaligen Möbelfabrik errichtet. Schon 1962 wurden in dem Werk die ersten Karmann-Ghia-Modelle karossiert. Der Hauptgrund für die Karmann-Ansiedelung aber dürfte der Bedarf an Werkzeugen für die Autoproduktion sein, den nicht nur VW do Brasil, sondern auch die Fabriken von DKW, Renault, Simca, Willys u.a. hatten. Die Produktion von Werkzeugen ist heute der Haupterwerbszweig von Karmann-Ghia do Brasil, das in den Zeiten der südamerikanischen Automobilhochkonjunktur schon einmal mehr als 1.200 Mitarbeiter beschäftigte und eine von dem deutschen Hauptwerk unabhängige Modellpolitik betrieb. Die brasilianischen Karmann-Modelle kamen allerdings nie auf den europäischen Markt. Einzig im — nicht öffentlichen — Karmann-Werksmuseum stehen sie neben der Osnabrücker Produktion.

Linke Seite: Straßenszene in Sao Paulo. Oben: Käfer-Produktion in Puebla / Mexiko 1968. Folgende Seite: Karmann-Ghia 1962 vor der Skyline von Sao Paulo.

SÜDAFRIKA

Bereits 1951 begann Volkswagen in Südafrika mit der Käfer-Montage. VW of South Africa besitzt heute in Uitenhage bei Port Elizabeth eine Automobilfabrik, in der bis zum Jahre 1979 auch der Käfer noch montiert wurde. Für die VW-Produktion im Apartheidstaat Südafrika gilt mehr als für alle anderen Käfer-Produktionsländer, daß die Tatsache ihrer Existenz Ursache der Restriktionen der nationalen Regierung ist. Südafrika, eine zweigeteilte Gesellschaft mit einer weißen Minorität auf europäischem Lebensniveau und einer unterdrückten farbigen Mehrheit, die nur knapp über der in der Dritten Welt üblichen Armutsgrenze leben muß, verfügt über einen besonderen Automobilmarkt. Er nimmt zwar nur rund 1% der Weltautomobilproduktion auf, versprach aber bis in die achtziger Jahre außergewöhnliche Profite.

Die (von Weißen gemachten) gesetzlichen Vorschriften sehen vor, daß ⅔ des Gewichts eines Automobils in Südafrika gefertigt werden müssen. Durch diese Vorschrift ist es zwar möglich, z.B. die »leichte« VW-Elektrik, Zündanlage, Vergaser etc. zu importieren, Fahrwerk, Reifen und Bleche entstammen aber der südafrikanischen Produktion, die aufgrund der Ausbeutung der schwarzen Arbeitskraft und dem Reichtum an Bodenschätzen eine Rohstoff- und Schwerindustrie hat, die weit entwickelt ist. Obwohl im Jahre 1978 von VW of South Africa weniger als 50.000 Fahrzeuge produziert wurden, ist eine Produktion am Kap trotzdem lukrativ. Automobile kosten in Südafrika im Vergleich zu Europa fast das Doppelte, was sie für Farbige unerschwinglich, für Weiße aber immer noch zu einer leicht zu bewältigenden Anschaffung macht. Das Betriebsergebnis von VW in Südafrika verbessert ganz entscheidend auch die niedrigen Löhne für die schwarzen Arbeiter, die bei VW seit Mitte der siebziger Jahre die Mehrheit der Beschäftigten stellen.

1979, als die Käferproduktion bei VW of South Africa auslief, bekamen schwarze Arbeiter in der Stunde umgerechnet 2.25 DM. Im Verhältnis zum Preis eines Volkswagen (ca. 20.000,-) im Lande wird der Grad der Ausbeutung deutlich, zumal schwarze und farbige Arbeiter für gleiche Arbeit deutlich weniger verdienen als weiße.

Für jede der »Rassen« (Schwarze, Farbige/Mischlinge, Inder und Weiße) gibt es eigene Gewerkschaften. Seit 1980 ist auch die schwarze Gewerkschaft im Werk anerkannt, weil sie mehr als 50% der schwarzen Arbeiter organisiert, und auch Schwarze — sehr wenige — gelangen an qualifiziertere Arbeitsplätze. Aber solange der Käfer montiert wurde, war kein Schwarzafrikaner jemals Vorgesetzter eines Weißen.

Ob Volkswagen heute noch glücklich mit seinem Engagement in Südafrika ist, darf bezweifelt werden. Seit 1985, nicht ohne Zusammenhang mit dem Aufstand der Schwarzen in ihren Ghettos, befindet sich Südafrika in einer Wirtschaftskrise. Der Absatz von Automobilen stockt, auch bei VW kam es zu Entlassungen. Teile der sog. »kleinen Apartheid«, wie z.B. die nicht gemeinsame Benutzung von Kantinen und sanitären Einrichtungen durch die Rassen, wurden beseitigt. Vom Käfermontageband gingen die Arbeiter bis 1979 noch nach Rassen getrennt zum Essen und zur Toilette. Auch der Allerweltswagen »Käfer« machte nicht alle gleich ...

Oben: Soweto / Südafrika, 1976. Auch Volkswagen hat durch seine Produktionsaufnahme in Südafrika den Wind gesät. Den ersten Sturm haben auch diese Käfer beim Schüler-Aufstand geerntet. Unten: Der letzte südafrikanische Käfer. In Uitenhage werden auch Audi-Modelle gefertigt.

MEXIKO

Die bundesdeutsche Industrie zeigte 1954 in Mexiko auf einer Industrieausstellung ihre Produkte. Der Volkswagen durfte dabei nicht fehlen, und so gelangten in diesem Jahr die ersten Wagen in das mittelamerikanische Land. Im gleichen Jahr wurde in Mexiko eine Volkswagen-Importgesellschaft gegründet. Ein Jahr später begann Volkswagen Mexikana, S.A. mit der Montage von Käferbausätzen, allerdings nicht in eigenen Hallen, sondern bei der mexikanischen Tochter des US-Autokonzerns Studebaker-Packard. Da der Käfer für mexikanische Straßen mit seiner großen Bodenfreiheit ideal war und der luftgekühlte Motor für das Land mit Höhenlagen über 2.000 Meter und ausgedehnten Wüstenregionen die richtige Konzeption hatte, fand er schnell einen größeren Käuferkreis, vor allem unter der in Mexiko seit der Revolution vorhandenen bürokratischen Mittelschicht. In der Folge dieser Nachfrage baute VW im Land ein Händler- und Servicenetz auf. 1962 wurde von VW die Firma »Promexa« gegründet, die in der Stadt Xalostoc das erste VW-eigene mexikanische Montagewerk (mit mexikanischem Kapitalanteil) errichtete. Promexa ging 1964 in Volkswagen de México, S.A. auf. Noch lief die VW-Produktion in Mexiko auf niedrigem Niveau. 1964 wurden nur 260 Mitarbeiter beschäftigt. Ein Jahr später wurde der Bau einer großen Fabrik in Puebla beschlossen, die 1967 fertig wurde. Als am 23. Oktober der erste Käfer vom Band lief, waren bis dahin 50.000 Fahrzeuge im Land montiert worden. Ein Jajr später hatte das neue Werk diese Produktionszahl erreicht, und seitdem feiert Volkswagen in Mexiko in schöner Regelmäßigkeit Produktionserfolge mit den obligatorischen Schnappschüssen. Im selben Jahr wurde VW die Nummer 1 auf dem mexikanischen Automarkt und ist es noch heute.

1970 wurde an der Modell-Politik von Volkswagen de México, S.A. deutlich, warum von Wolfsburg aus gerade in diesem Land die Entwicklung so stark gefördert wurde. Zum einen natürlich wegen des Bevölkerungsreichtums und einer größeren Mittelschicht, die sich — teure — Autos leisten kann, zum anderen wegen der günstigen geografischen Lage zu den US-Märkten. Es ist nicht verwunderlich, daß gerade das Modell VW 181, der in Mexiko »Safari« genannt wurde, ab 1979 in Mexiko montiert wurde. Die Produktion zielte vor allem auf den Export in südliche US-Bundesstaaten wie Texas und Kalifornien. Sicher hätte er bei Farmern und Obstbauern einen größeren Abnehmerkreis gefunden, hätte in den USA nicht fast gleichzeitig die Abgasdiskussion begonnen. So war der VW 181 auch als »Safari« in Mexiko kein Erfolg. Seit 1971 wird in Puebla im übrigen auch der Transporter gefertigt. Besonders

Der letzte Käfer.

auffällig sind im mexikanischen Straßenbild die über 15.000 Käfer-Taxis, die durch den Ausbau des Beifahrersitzes einen relativ bequemen Einstieg bieten und im Volksmund »Mini-Taxis« genannt werden.

1973 übernahmen die Mexikaner aus Brasilien das Modell »Brasilia« (VW-Variant ähnlich), 1976 auch ein Fahrzeug der modernen VW-Generation: Am »Golf von Mexiko« wurde der Wagen allerdings nicht wie in Deutschland »Golf« getauft, sondern »Caribe«, was stark auf den westindischen und mittelamerikanischen Markt zielte. 1981 wurde der Wagen auch in der Jetta-Version als »Atlantic« ins Modell-Programm genommen.

Die Käfer-Produktion ging weiter: 500.000 Käfer waren bis 1975 in Mexiko gefertigt worden, über eine Million sind es bis heute. Der 20millionste Käfer lief am 15. Mai 1981 in Puebla vom Band.

Ab 1978 hatte das mexikanische Werk die Versorgung der europäischen Märkte mit Käfern übernommen, nachdem auch in Emden die Produktion (auf den Passat) umgestellt worden war.

Allerdings ist die Tatsache, daß es in Europa noch sieben Jahre nach der Produktionseinstellung in den deutschen Fabriken Käfer zu kaufen gab, nicht der — relativ geringen — Nachfrage zu verdanken, sondern den Besonderheiten der mexikanischen Industriepolitik. Sie legte seit Beginn der siebziger Jahre Volkswagen nicht nur die Verwendung von immer mehr inländischen Produktionskomponenten auf, sondern im Gegenzug für die Einfuhr von (manchmal gebrauchten) Produktionsanlagen auch eine »Exportquote«. Sie konnte von Volkswagen de México, S.A. nur durch den Export von Käfern erfüllt werden. Erst im Gesamtpaket der Konzernpolitik war dieser Export ökonomisch sinnvoll. Die »Mexiko-Käfer« wurden weit unter den Entstehungskosten abgegeben und in Europa billiger als im Herstellungsland verkauft. Für VW lohnend war ihr Verkauf nur durch die gute Ertragslage auf dem mexikanischen Binnenmarkt und die Käuferpflege, die man sieben Jahre lang auch eingefleischten Käfer-Fahrern andienen konnte.

VW-KÄFER — EIN AUTO FÜR DIE DRITTE WELT?

Im Herbst 1985 wurde mit viel PR-Rummel in Deutschland das Ende der Käfer-Produktion »gefeiert«. Was die Medien so aufwendig begingen, war aber nur das Ende der Käfer-Einfuhr in die westeuropäischen Märkte. Hier war der Wagen vom Preis und vom technischen Standard den jüngeren Konkurrenz-Modellen, wie etwa dem Fiat-Panda, nicht mehr gewachsen. Sein Verbrauch von fast 10 l auf 100 km war es ebenso wenig, und auch die Umweltdiskussion bedrohte ihn. Was noch für den Käfer sprach, war die Verarbeitungsqualität. In Puebla lief der Käfer von einem besonderen Export-Band, das nicht nur auf die ständig wechselnden Sonderausstattungen eingestellt war, sondern auch einer zusätzlichen Qualitätskontrolle unterlag. Seit 1985 Volkswagen de México, S.A. seine Exportverpflichtungen mit der Einbettung in ein weltweites Konzern-Austausch-Programm von Komponenten erfüllt und u.a. Motoren für die modernen Konzern-Modelle liefert, produziert Volkswagen in Mexiko vor allem für den einheimischen Markt. Export-Käfer in die Dritte Welt und Bausätze liefert Brasilien. In Mexiko wie auch in Brasilien ist der Wagen dabei längst nicht mehr der Produktionsschwerpunkt. Der Käfer wurde wie in Europa in den sechziger Jahren zum »Einstiegsmodell«. Golf- und Passat-Modelle machen heute das Renomée der VW-Produktion auch in der Dritten Welt aus.

Ob diese die richtigen Wagen für Länder mit schlechten Straßen und nicht immer optimalen Wartungsmöglichkeiten sind, darf bezweifelt werden. Sie wurden für Europa und Nordamerika entwickelt, wo Asphaltstraßen und ein dichtes Werkstattnetz vorhanden sind. In Mexiko und Brasilien ist dies in längst nicht allen Landesteilen der Fall. Nur schwer kann man sich einen Passat oder Golf auf Schlaglochpisten oder in Urwaldschneisen vorstellen. Und in der Tat sind diese Fahrzeuge auch für den Stadtverkehr bestimmt, der die unter anderem hochprozentig VW-infizierten Blechlawinen längst nicht mehr aufnehmen kann. Die Fernsehbilder des Stop-and-Go-Verkehrs in Mexiko-City kennt jeder …

Gegen der Käfer in der Dritten Welt spricht auch sein nach heutigen Maßstäben enormer Durst. Gerade die Öl-Einfuhren belasten die Handelsbilanzen der meisten Entwicklungsländer. Mexiko mit seinem Ölreichtum bildet

hier eine Ausnahme. So dürfte zumindest in diesem Land der Käfer noch eine Zukunft haben, und erst in jüngster Zeit wurde in Ägypten die Montage von brasilianischen CKD-Bausätzen aufgenommen. Der Käfer bleibt, wenn nicht ein »Aller Welts Wagen«, so doch ein weltläufiges Automobil.

MEXIKO-KÄFER

Seit 1950 hatte der Volkswagen-Käfer eine Evolution durchgemacht, ablesbar an der Motorleistung (von 25 auf bis zu 50 PS) und der stetigen Vergrößerung des Rückfensters.

Die Mexiko-Käfer hatten eine kleinere Rückscheibe, wie sie die Volkswagen in Deutschland bis 1971 hatten. Schon dies zeigt, daß die Mexikaner die ausgemusterten Werkzeuge der Konzern-Mutter benutzten. Die Motorhaube weist vier Lüftungsschlitzsegmente auf, wie sie die 50-PS-Käfer hatten — ein Tribut an das südliche Klima. 1981 fallen diese Schlitze übrigens fort.

In Europa sind nur noch Fahrzeuge mit 34-PS-Maschinen zu haben. Der Käfer wird zum »Spar-Automobil«, seine Käufer gelten nicht mehr unbedingt als preisbewußt — es gibt bessere Autos, die billiger sind —, sondern immer mehr als Sonderlinge oder werden für ausgesprochen konservativ gehalten. Der Wagen zehrt von seinem Sparsamkeitsmythos, der aber arg angekratzt wurde, als der Benzinpreis auf über 1,40 pro Liter stieg. Die schleppende Nachfrage kurbelt VW immer wieder durch Sondermodelle an. »Silver Bug« heißt ein Metallic-Modell 1981, das den 20millionsten Volkswagen edel feiert, »Jeans Bug«, das 1982-Sondermodell, das auf jugendliche Individualisten setzt, die sich von der neuen Kleinwagen-Monotonie der Polos, Fiestas und des Renault 5 absetzen wollen. Für ältere Semester sind im gleichen Jahr die marsroten und glänzend schwarzen »Special Bugs« bestimmt. Sie überschreiten allerdings die 10.000 DM Schallmauer (10.045,- DM).

Ein »Aubergine-Käfer« präsentiert 1983 seine gewagte Farbe, die allerdings zu den Gardinenvorhängen manch eines bundesdeutschen Wohnzimmers paßt.

Strahlen soll noch einmal die Verkaufssonne mit dem »Sunny Bug«, der in sonniges Gelb getaucht ist. Ein Gruß aus der neuen Käfer-Heimat. »Samtrot« verabschiedet sich der Import-Käfer 1984. Der Preis liegt jetzt bei 10.525,- DM, allerdings inklusive dem bewährten Radio »Braunschweig«.

1980 lief in Deutschland die Käfer-Produktion aus. Ein Cabrio war der letzte Käfer, der in seinem Entstehungsland vom Band lief — direkt in das Karmann-Werksmuseum. Mit 332.000 produzierten Wagen ist auch Karmann ein »Weltmeister«. Kein offener — ziviler — Wagen wurde öfter gebaut. Fanatische »Oben-ohne-Käfer-Fans« orderten gleich im halben Dutzend und ließen die Fahrzeuge konservieren — keine schlechte Investition, denn das VW-Cabrio scheint erst jetzt richtig in Mode zu kommen. Deshalb fand sich auch noch später ein Karossier, der Mexiko-Käfer importierte, das Dach abtrennte und ein Cabrio-Verdeck montierte. Das »Eller-Cario« wurde in Frankfurt in guter Handwerksarbeit gefertigt, konnte sich aber nicht mit Karmanns Originalen messen.

Nobel ging die Käfer-Epoche in Deutschland zu Ende. Mit 2.400 Sondermodellen in zinngrauer Metallic-Lackierung, Stahlrädern mit Reifen der Größe 165 SR 15, einem Vierspeichen-Sportlenkrad und Jubiläumsschriftzug verabschiedete sich der Wagen nach 50 Jahren aus den Verkaufsräumen der VW-Händler. Auf unseren Straßen wird er noch einige Jahre zum Straßenbild gehören.

Privatimporte sind aber nicht wahrscheinlich. Die Preise in der Dritten Welt und die Strapazen einer individuellen TÜV-Abnahme würden das zu einem snobistischen Unterfangen machen.

Linke Seite: Der letzte Käfer kam nobel aus Mexiko... Oben: Die Mini-Taxis von Mexiko-City sind auf dem Platz vor der Kathedrale angetreten.

DER AUTOR

Ulrich Kubisch * 1951 in Bremen, studierte in Zürich und Berlin Geschichte und Slawistik. Nach dem Examen und dem Volontariat in einem Hamburger Zeitschriftenverlag ließ er sich zunächst in Berlin als freier Journalist nieder. Heute ist er Mitarbeiter des »Museums für Verkehr und Technik« und verfaßt regelmäßig Beiträge zu automobilhistorischen Themen für Tages- und Wochenzeitungen. Regelmäßig schreibt er für die größte europäische Oldtimer-Zeitschrift »Markt für klassische Automobile«. In der Reihe »Verkehrskultur und -technik« « sind von ihm bisher erschienen: »**Borgward** — Ein Blick zurück auf Wirtschaftswunder, Werksalltag und einen Automythos« und »Motor**ROLLER**-mobil — Vom zivilisierten Zweirad zum Fast-Automobil — Eine Geschichte der Massenmotorisierung«. Ferner veröffentlichte er Bücher über das Taxi und den Automobilbau in Berlin. Bücher über die Marke »Hansa-Lloyd« und zur Technik- und Sozialgeschichte des Omnibus' sind in Vorbereitung. **Ulrich Kubisch** selbst besitzt drei Volkswagen: einen Brezelkäfer, Baujahr 1951, ein Fahrzeug mit ovalem Heckfenster, Baujahr 1957 und einen VW-Käfer 1303 (1973).

LITERATURNACHWEISE

Jerry Sloninger **Die VW Story** Stuttgart 1981, Horst Mönnich **Die Autostadt** Frankfurt 1951, Arthur Railton **Der Käfer** Pfäffikon/ Schweiz 1985, Hans Rüdiger Etzold **Der Käfer I** Zug/ Schweiz 1986, dergl. **Der Käfer II** Eine Dokumentation, Zug/ Schweiz 1985, dergl. **Der Käfer III** Eine Dokumentation, Zug/ Schweiz 1986, Janusz Piekalkiewicz **Der VW Kübelwagen Typ 82 im Zweiten Weltkrieg** Stuttgart 1984, Lothar Boschen **Das große Buch der Volkswagen Typen** Alle Fahrzeuge von 1934 bis heute, Stuttgart 1983, **Is the Bug dead?** The Great Beetle Ad Campaign, New York 1983, **Think small** The story of those Volkswagen Ads von Frank Rowsome, Brattleboro/ USA 1970, Hickethier / Lützen / Reiss **das deutsche auto** Volkswagen und Volkskultur, Giessen 1974, Fritz Holzapfel **Volkswagenwerk** Demagogie und Wahrheit, Berlin/DDR 1962, dergl. **Volkswagenwerk — Werk des Volkes**, Berlin/DDR 1968, Paul Kluke **Hitler und das Volkswagenprojekt** in: Vierteljahreszeitschrift für Zeitgeschichte (8), 1960/ Heft 4, Walter Henry Nelson **Die Volkswagen Story** Frankfurt/M 1968, Schenzinger / Simon / Zischka **Heinrich Nordhoff** München 1969, Martin Schwonke **Wolfsburg** Soziologie einer jungen Industriestadt, Stuttgart 1967, Johann Heinrich von Brunn **Ein Mann macht Auto-Geschichte** Stuttgart 1972, Werner Oswald **Deutsche Autos 1945-1975** Eine Typengeschichte, Stuttgart 1983, dergl. **Deutsche Autos 1920-1945** Stuttgart 1982, dergl. **Lieferwagen Transporter Kleinbusse** Stuttgart 1984, Halwart Schrader **Automobilspezialkarosserien** München 1985, dergl. **Automobil Faszination** Aus der Chronik des Automobils, München 1982, Peter Keetmann **Eine Woche im Volkswagenwerk** Fotografien aus dem April 1953, Berlin 1985, Otl Aicher **kritik am auto** schwierige verteidigung des autos gegen seine anbeter, München 1985, Reinhard Doleschal / Rainer Dombois **Wohin läuft VW** Die Automobilproduktion in der Wirtschaftskrise, Reinbek 1982, Michael Sedgwick **Die schönsten Autos der 50er und 60er Jahre** Düsseldorf 1983, dergl. **Die schönsten Autos der 30er und 40er Jahre** Wien 1982, Ulrich Kubisch **Automobile aus Berlin** Vom Tropfenwagen zum Amphicar, Berlin 1985, **Waldemar Koch** Ein Leben mit dem Automobil, Bremen 1965, **Heimatgeschichtlicher Wegweiser zu Stätten des Widerstands und der Verfolgung 1933-1945 — Niedersachsen** Köln 1985, Bernd Wiersch **Die Vorbereitung des Volkswagens** Hannover 1974 (Diss.), Wolf Strache **100 Jahre Porsche** Stuttgart 1975, John Bentley / Ferry Porsche **Porsche ein Traum wird Wirklichkeit** Ein Auto macht Geschichte, Düsseldorf 1981. Ferner wurden benutzt: **Der Spiegel** diverse Jahrgänge, **Motor Klassik** Heft 9/1985, **Gute Fahrt** Bielefeld, diverse Hefte. Zahlreiche Aufsätze und Beiträge in in- und ausländischen Zeitschriften, die im VW-Werksarchiv gesammelt wurden, sowie Archivalien des Verfassers und **Firmenchroniken** von **Volkswagen AG**, **VW do Brasil**, **VW de México, S.A.**, **Karmann**, **Kamei**